Schriftenreihe

Technische Forschungsergebnisse

Band 16

ISSN 1435-6856

Verlag Dr. Kovač

Geothermische Niedertemperaturwärme im deutschen Energiesystem

– Nachfragepotenziale und ihre Bewertung –

Dem Promotionsausschuss der
Technischen Universität Hamburg-Harburg
zur Erlangung des akademischen Grades

Doktor-Ingenieur (Dr.-Ing.)

vorgelegte Dissertation

von
Nils Kock

aus
Preetz

2013

1. Gutachter: Prof. Dr. -Ing. Martin Kaltschmitt
Technische Universität Hamburg-Harburg
Institut für Umwelttechnik und Energiewirtschaft

2. Gutachter: Prof. Dr. -Ing. Detlef Schulz
Helmut Schmidt Universität Hamburg
Fachgebiet Elektrische Energiesysteme

Disputation am 24.10.2013

Nils Kock

Geothermische Niedertemperaturwärme im deutschen Energiesystem

Nachfragepotenziale und ihre Bewertung

Verlag Dr. Kovač

Hamburg
2014

Verlag Dr. Kovač GmbH
Fachverlag für wissenschaftliche Literatur

Leverkusenstr. 13 · 22761 Hamburg · Tel. 040 - 39 88 80-0 · Fax 040 - 39 88 80-55

E-Mail info@verlagdrkovac.de · Internet www.verlagdrkovac.de

Bibliografische Information der Deutschen Nationalbibliothek
Die Deutsche Nationalbibliothek verzeichnet diese Publikation
in der Deutschen Nationalbibliografie;
detaillierte bibliografische Daten sind im Internet
über http://dnb.d-nb.de abrufbar.

ISSN: 1435-6856
ISBN: 978-3-8300-7686-5

Zugl.: Dissertation, Technische Universität Hamburg-Harburg, 2013

© VERLAG DR. KOVAČ GmbH, Hamburg 2014

Danksagung

Mit der Vollendung meiner Dissertation möchte ich einen besonderen Dank meinem Doktorvater Prof. Martin Kaltschmitt aussprechen. Neben der Überlassung des interessanten Themas haben sie mir stets sehr viel Geduld entgegen gebracht und sich viel Zeit genommen, um die Inhalte meiner Arbeit zu diskutieren, dabei haben zum Gelingen meiner Arbeit ihre wertvollen Ratschlägen einen wichtigen Beitrag geleistet.

Ein weiterer großer Dank geht an meine Eltern Renate und Gerhard Kock, ohne die mir ein Studium mit anschließender Promotion niemals möglich gewesen wäre. Des Weiteren möchte ich mich auch bei meinen Kollegen Sebastian Janczik und Hannes Wagner bedanken, die mir mit ihrem fundierten Fachwissen viele Anregungen für meine wissenschaftliche Arbeit geben konnten.

Inhaltsverzeichnis

Symbolverzeichnis

A	Annuitätenfaktor, Abgangsquote
A_0	Wärmeübertragerfläche Vergleichswert, Anfangsinvestitionen
A_{BJahr}	Annuität Betriebsgebundene Kosten
A_E	Annuität Gutschrift
A_{ges}	Annuität Gesamt
A_i	Gemeindefläche
A_{SJahr}	Annuität Sonstige Kosten
A_{VJahr}	Annuität Verbrauchsgebundene Kosten
$A_{Wü}$	Wärmeübertragerfläche
ba_e	Annuitätenfaktor Gutschrift
ba_I	Instandhaltungszahlung
ba_s	Annuitätenfaktor Sonstige Kosten
$c_{p,D}$	Spezifische Wärmekapazität Wasserdampf
$c_{p,L,\,aus}$	Wärmekapazität Luft im Austrittszustand
$c_{p,W}$	Spezifische Wärmekapazität Wasser
c_{pgut}	Spezifischen Wärmekapazität Gut
c_V	Spezifische Wärmekapazität
e_x	Skalierungsexponent
f_k	Instandhaltungsfaktor
$h_{H_2O,0°C}$	Spezifische Verdampfungsenthalpie Wasser
I	Gemeinde
i_{CEPCI}	Chemical engineering plant cost index
J	Gebäudetyp
K	Baualtersklasse
K_0	Kosten Basiswert
$K_{aktuell}$	Kosten aktuell
K_B	Kosten Bohrung
$K_{brutto/netto}$	Stromgestehungskosten brutto/netto
K_{BT}	Kosten Bandtrockner
K_{EA}	Kosten Elektroanbindungen
K_{EB}	Kosten Bohrung Erschließung
K_{er}	Kosten Erschließung
$K_{er,A}$	Flächenspezifische Erschließungskosten
$K_{er,Q}$	Energiespezifische Erschließungskosten
K_{FP}	Kosten Förderpumpe

$K_{HA,s}$	Spezifische Kosten Hausanschluss
K_{KA}	Kosten Konversionsanlage
K_{max}	Kostengrenze geothermische Wärmeversorgung
K_{PT}	Kosten Bohrung Produktionstests
K_S	Kosten Bohrung Stimulation
$K_{S/F}$	Kosten Slop/Filtersysteme
K_{SK}	Kosten Spitzenlastkessel
K_{TK}	Kosten Thermalwasserkreislauf
K_{UB}	Kosten Bohrung Herrichten Untergrund
$K_{UV,s}$	Spezifische Kosten Unterverteilung
K_V	Kosten Bohrung Vermessung
$K_{WÜ}$	Kosten Wärmeübertrager
$l_{HA,st}$	Durschnittliche Hausanschlusslänge
l_{TK}	Länge Thermalwasserleitungen
$l_{UV,st}$	Durchschnittliche Länge Unterverteilung
M	GHD-Branche
$\dot{m}$	Massenstrom
$\dot{m}_{H_2O}$	Wassermassenstrom Trockner
$\dot{m}_{H_2O,verd}$	Massenstrom verdunstetes Wasser
$\dot{m}_K$	Durchsatzmenge Klärschlamm
$\dot{m}_{L,tr}$	Massenstrom Luft trocken
$\dot{m}_{Luft}$	Luftmassenstrom Trockner
n	Jahre
O	Industriesektor
P_{BT}	Leistung Bandtrockner
P_{el}	Generatorklemmleistung
$P_{el,Ventilator}$	Gebläseleistung Trockner
P_{eig}	Eigenbedarf elektrisch
$P_{el,brutto}$	Leistung elektrisch brutto
$P_{el,netto}$	Leistung elektrisch netto
P_P	Pumpstrom Fernwärme
P_{SK}	Leistung Spitzenlastkessel
p	Anzahl Einwohner
Δp	Pumendruck Fernwärmenetz
$p_{B,m}$	Anzahl Beschäftigte je Banche
Δp_{Tr}	Druckverlust Bandtrockner
Q	Zinsfaktor
$Q_{B,N,i}$	Wärmenachfrage Brauchwassererwärmung je Gemeinde
Q_{FW}	Bereits fernwärmetechnisches erschlossenes Potenzial
Q_{Gas}	Bereits durch Gasnetze erschlossenes Potenzial

$Q_{Gas,E}$	Gas Pro-Kopf Verbrauch
Q_{ges}	Gesamtwärmebedarf
$Q_{ges,B,N}$	Gesamtwärmenachfrage Brauchwassererwärmung
$Q_{ges,Ind,NT}$	Gesamtwärmenachfrage Niedertemperatur Industrie
$Q_{ges,Ind}$	Gesamtwärmenachfrage Industrie
$Q_{ges,KV,geo}$	Geoth. erschließbares Nachfragepotenzial GHD
$Q_{ges,KV,N}$	Gesamtwärmenachfrage Kleinverbraucher
$Q_{ges,R,geo}$	Technisches Nachfragepotenzial Raumwärme
$Q_{ges,R,tech}$	Technisches Nachfragepotenzial Raumwärme
$Q_{ges,un}$	Unerschlossenes Nachfragepotenzial
Q_H	Netzhöchstlast Fernwärmenetz
$Q_{KV,m}$	Wärmenachfrage je Branches Kleinverbraucher
$Q_{nutz,therm}$	Nutzleistung thermisch
Q_{ST}	Wärmenachfrage je Siedlungstyp
$Q_{spez,R}$	Spezifischer Raumwärmebedarf
Q_{theo}	Leistung thermisch theoretisch
Q_{zu}	Zugeführte thermische Leistung
$Q_{zu,el}$	Zugeführte thermische Leistung Stromerzeugung
$Q_{zu,therm}$	Zugeführte thermische Leistung Wärme
$q_{erw,Gut}$	Verlustwärme Guterwärmung
q_{ges}	Spezifischer Energieverbrauch Trocknungsaufgabe
q_{Kammer}	Verlustwärme Kammer
$q_{KV,ST}$	Spezifische Wärmenachfrage Kleinverbraucher je Siedlungstyp
$q_{L,ab}$	Verlustwärme Trocknerluft
$q_{Nach,Tr}$	Wärmenachfragemenge Trocknung
$q_{pers,m}$	Wärmenachfrage einer GHD-Branche je Person
$q_{R,k,j}$	spezifischer Raumwärmebedarf je BAK und Gebäudetyp
$q_{spez,B}$	Spezifischer Wärmebedarf Brauchwassererwärmung
q_{verd}	Wärmemenge zur Verdampfung
R	Gebäude
R_f	Restwertfaktor
S	Siedlungstyp
T	Betrachtungszeitraum
ΔT	Temperaturspreizung
T_B	Bohrtiefe
$T_{Gut,ein}$	Eintrittstemperatur Gut
$T_{Gut,max}$	Obere Trocknertemperatur
$T_{L,aus}$	Austrittstemperatur Trockner
$T_{L,Umg}$	Lufttemperatur Umgebung
T_N	Nutzungsdauer
Δt	Temperaturspreizung
t_v	Volllaststunden Trocknerbetrieb

U	Wärmedurchgangskoeffizient
V_{TW}	Förderrate Thermalwasser
W	Wohneinheiten vor Hochrechnung
$W_{brutto/netto}$	Energie elektrisch brutto/netto
W_{eig}	Arbeit Eigenbedarf elektrisch
W_{el}	Arbeit elektrisch
W_{gesamt}	Anzahl Wohneinheiten alle BAK
W_{neu}	Anzahl Wohneinheiten neue BAK
Δx	Differenz Wasserbeladung Trockner
x_0	Basiswert funktionelle Einheit
x_{aus}	Endwassergehalt Trocknerluft
$x_{B,ST}$	Verteilung Wärmenachfrage auf Siedlungstyp je Branche
x_{EF}	Erschließbarkeitsfaktor
x_{ein}	Anfangswassergehalt Trocknerluft
$x_{G,ST}$	Gebäude/Siedlungstypenverteilung
$x_{IB,o}$	Branchenfaktor Industrie
$x_{NT,o}$	Spezifischer Niedertemperaturwärmeanteil je Industriesektor
x_{Pers}	Durchschnittliche Personenbelegung
x_W	Belegung je Wohneinheit
$X_{Gut,ab}$	Gutfeuchte nach Trocknung
$X_{Gut,zu}$	Gutfeuchte vor Trocknung
Y_1	Anfangswassergehalt Gut
Y_2	Endwassergehalt Gut
η_{aus}	Auskühlungswirkungsgrad
$\eta_{aus,Jahr}$	Jahresauskühlungsnutzungsgrad
$\eta_{el,brutto}$	Wirkungsgrad elektrisch brutto
$\eta_{el,Jahr,brutto}$	Jahresnutzungsgrad elektrisch brutto
$\eta_{el,Jahr,netto}$	Jahresnutzungsgrad elektrisch netto
$\eta_{Jahr,brutto}$	Jahresnutzungsgrad brutto
$\eta_{Jahr,netto}$	Jahresnutzungsgrad netto
$\eta_{KWK,brutto}$	Wirkungsgrad KWK brutto
$\eta_{KWK,netto}$	Wirkungsgrad KWK netto
$\eta_{Sys,Jahr,netto}$	Systemjahresnutzungsgrad netto
$\eta_{Sys,Jahr,brutto}$	Systemjahresnutzungsgrad brutto
η_{Tr}	Wirkungsgrad Trockner
η_V	Wirkungsgrad Gebläse Trockner
ρ_{Luft}	Dichte Luft
ρ_{un}	Wärmenachfragedichte unerschlossenes Potenzial

1 Einleitung

Die Nutzbarmachung von Niedertemperaturwärmeströmen die bei einem Strom-
erzeugungsprozess aus geothermischer Energie anfallen, bietet die Chance, die
Gesamtanlage technisch, ökonomisch und ökologisch effizienter zu gestalten.
Inwieweit dies für die Nutzung der tiefen Geothermie in Deutschland zutreffend
ist, soll in der vorliegenden Arbeit diskutiert werden. Dazu werden zunächst der
Hintergrund, das Ziel und der Aufbau der Arbeit vorgestellt.

1.1 Hintergrund

Das am 28.09.2010 von der Bundesregierung beschlossene Energiekonzept legt
Leitlinien für eine umweltschonende, zuverlässige und bezahlbare Energieversorgung fest. Dabei sollen die erneuerbaren Energien eine tragende Rolle in der
zukünftigen Energieversorgung übernehmen. Am Bruttoenergieverbrauch sollen
die erneuerbaren Energien bis 2020 einen Anteil von 18 %, bis 2030 von 30 %,
bis 2040 von 45 % und bis 2050 von 60 % einnehmen. Die Bruttostromnachfra-
ge soll bis 2020 mit 35 %, bis 2030 mit 50 %, bis 2040 mit 65 % und bis 2050
mit 80 % durch erneuerbare Energien gedeckt werden [1].

Eine Voraussetzung, um diese sehr ambitionierten Ziele zu erreichen, ist, dass
alle erneuerbaren Energien erheblich stärker genutzt werden. Dabei ist auch die
geothermische Strom- und Wärmeerzeugung eine Möglichkeit, die angesichts
ihrer Grundlastfähigkeit, KWK-Fähigkeit und der potenziell sehr großen Potenziale durchaus vielversprechend erscheint. Im Vergleich zu anderen Optionen
zur Nutzung des regenerativen Energieangebotes hat die Geothermie bisher jedoch nur einen relativ geringen Anteil an der Energiebereitstellung aus erneuerbaren Energien. Dies liegt nicht zuletzt an den in Deutschland vorliegenden geologischen Gegebenheiten; unter technisch-ökonomischen Bedingungen sind
selbst in den geothermiehöffigen Gebieten nur Temperaturen frei Bohrlochkopf
von maximal 160 bis 170 °C [2] möglich. Damit ist zwar aus technischer Sicht
eine Stromerzeugung möglich, aber aufgrund physikalischer Begrenzungen nur
mit einem relativ geringen Stromwirkungsgrad. Deshalb fallen zwingend entsprechend große Abwärmemengen an. Diese Wärme wird bisher aber nur an-
satzweise nutzbar gemacht. Das Thermalwasser wird derzeit meist noch heiß –
d. h. ohne weitere Nutzung – zurück in den Untergrund verpresst.

1.2 Ziel

Das Ziel der vorliegenden Arbeit ist es, Wärmenachfragepotenziale in der Umgebung potenzieller Anlagenstandorte, die mit der bei Geothermieanlagen anfallenenden und bisher weitgehend ungenutzten Niedertemperaturwärme versorgt werden können, und Möglichkeiten zur konvektiven Trocknung an der Anlage zu identifizieren und diese aus technischer, ökonomischer und ökologischer Sicht zu analysieren. Dabei beschränkt sich die Analyse auf den deutschen Raum bzw. die darin befindlichen geothermisch vielversprechenden Gebiete (d. h. geothermiehöffige Gebiete). Als geothermisch vielversprechend werden Gebiete bezeichnet, in denen derzeit eine Nutzbarmachung der tiefen Geothermie nach dem heutigen Stand der Technik sinnvoll erscheint.

1.3 Aufbau/Vorgehen

Dem Ziel entsprechend ist die Arbeit aufgebaut (Abb. 1.1). Zu Beginn (Kapitel 2) werden die erforderlichen Grundlagen zum Verständnis der tiefen Geothermie in Deutschland und deren Nutzungsmöglichkeiten dargestellt. Es wird vertieft auf die geologischen Bedingungen des tiefen Untergrunds und dessen Aufschluss eingegangen. Im übertägigen Anlagenbereich werden die Techniken zur Stromerzeugung, Wärmenutzung und deren Kombinationsmöglichkeiten beschrieben. Vor Beginn der Analyse und Bewertung wird das methodische Vorgehen (Kapitel 3) erläutert. Die daran anschließende Bestimmung der Niedertemperaturwärmenachfrage (Kapitel 4) erfolgt gegliedert nach (a) Wärmesenken, die in der Umgebung von potenziellen Anlagenstandorten vorhanden sind und fernwärmetechnisch erschlossen werden können, und (b) Wärmesenken, die an der Anlage neu etabliert werden können. Aus der quantifizierten Wärmenachfrage wird anschließend (Kapitel 5) das Nachfragepotenzial abgeleitet und dieses anhand von konkreten Fallbeispielen (Kapitel 6) bewertet. Die Grundlage dafür bilden die in Kapitel 3.3 definierten technischen, ökonomischen und ökologischen Kriterien. Abschließend werden die Ergebnisse zusammengefasst (Kapitel 7) und gegenübergestellt.

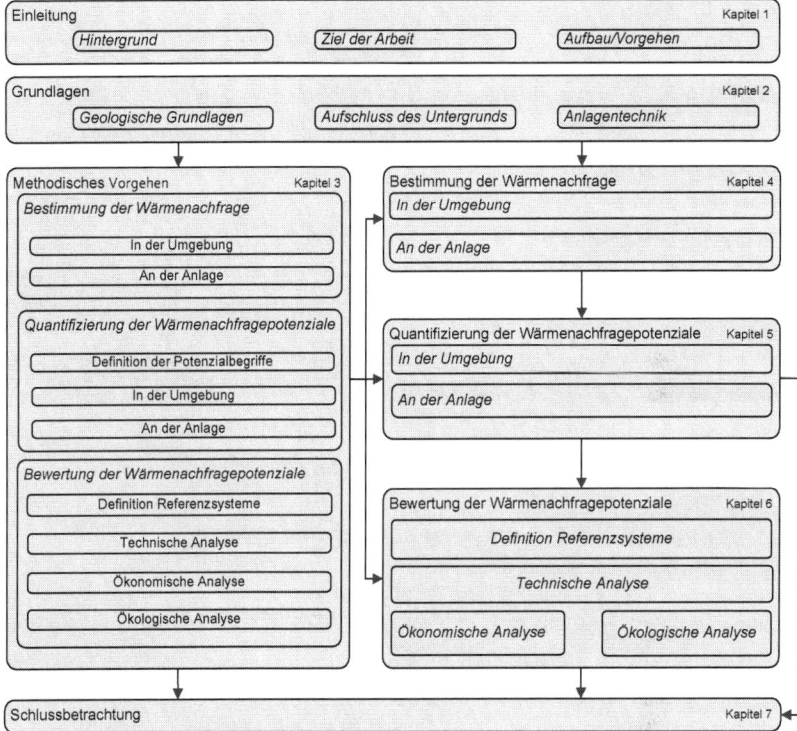

Abb. 1.1: Aufbau der Arbeit

2 Grundlagen

Als Grundlage für die vorliegende Arbeit werden nachfolgend die geologischen Grundlagen näher erläutert. Auch werden die Techniken zur Erschließung einer geothermalen Lagerstätte und die Anlagentechnik zur Nutzbarmachung der tiefen Erdwärme diskutiert.

2.1 Geologische Grundlagen

Die Geologie spielt eine wesentliche Rolle bei der Nutzung der in der Erde gespeicherten Wärme. Im Folgenden werden kurz der Aufbau der Erde, die geothermischen Wärmequellen, der Wärmeinhalt und die wirtschaftlich nutzbaren geothermischen Systeme diskutiert. Da sich die Untersuchungen in der vorliegenden Arbeit auf die tiefe Geothermie im deutschen Raum beschränken, wird zudem der tiefe Untergrund in Deutschland näher betrachtet.

2.1.1 Aufbau und geothermische Randbedingungen der Erde

Die Erd-Kugel besteht aus verschiedenen Schalen. Zwischen der Erdoberfläche und einer Tiefe von ca. 40 km unter den Kontinenten bzw. ca. 10 km unter den Ozeanen befindet sich die Erdkruste. Der Erdmantel grenzt an diese Erdkruste an und erstreckt sich bis in Tiefen von etwa 2 900 km. Die Erdkruste besteht in der oberen Schicht bis ca. 20 km Tiefe primär aus granitischen und in der unteren Schicht hauptsächlich aus basaltischen Gesteinen. Der Erdmantel setzt sich zu großen Teilen aus Periodit mit Olivin zusammen. Während die Erdkruste fest ist, wird der Erdmantel als zäh-flüssig angesehen. Das sich ergebende Bild von starren Platten (d. h. der Erdkruste), die auf einem zäh-flüssigen Grund schwimmen, erklärt Phänomene wie Vulkanismus und Bildung von neuer Erdkruste [3].

Ein wichtiger, den Untergrund auf seine geothermische Nutzbarkeit charakterisierender, Kennwert ist der Temperaturgradient; dieser gibt ausgehend von der Erdoberfläche die vertikale Temperaturänderung je km Tiefe an. Der Temperaturgradient ist stark abhängig von der vorherrschenden Fazies des jeweiligen Gebietes; deshalb haben alte Kontinentalgebiete einen kleineren Temperaturgradienten (z. B. Indien 10 K/km) als tektonisch junge Krustengebiete an den Rändern der Lithosphärenplatten (z. B. Oberrheingraben 100 K/km). Im globalen Durchschnitt beträgt er rund 30 K/km [4].

Im Erdmantel liegt ein maximaler Temperaturgradient von 1 K/km vor. Daraus lässt sich ableiten, dass im oberen Erdmantel demnach Temperaturen von ca. 1 000 °C herrschen und im Erdinneren maximale Temperaturen von ca. 5 000 °C erreicht werden [3]. Der Wärmeinhalt der Erde kann damit unter Berücksichtigung einer mittleren Dichte von ca. 5 500 kg/m³ [5] und einer mittleren spezifischen Wärmekapazität von 1 kJ/(kg K) auf ca. 24 Mio. YJ abgeschätzt werden [3], wovon 100 YJ durch die tiefe Geothermie bis in Tiefen von 10 km erschließbar sind [6].

Diese Erdwärme stammt aus der bei der Erdentstehung bereits vorhandenen Ursprungswärme, der bei der Kontraktion von Gas, Staub und Gesteinsbrocken durch Gravitationsenergie entstandenen Wärme, in einem geringem Umfang aus den in der Erde stattfindenden chemischen Prozessen und aus der beim Zerfall radioaktiver Isotope entstandenen Wärme [3].

2.1.2 Wärmestromdichte geothermische Systeme

Der aus diesem Energiepotenzial resultierende Erdwärmestrom teilt sich in den konduktiven und den konvektiven Wärmestromanteil; konduktiv entspricht dabei der über das feste Gestein und konvektiv der über Flüssigkeiten geleiteten Wärme. Die Summe dieser terrestrischen Wärmeströme wird spezifisch als terrestrische Wärmestromdichte bezeichnet [3]. Der meist größere konduktive Anteil der Wärmestromdichte berechnet sich aus dem Produkt der Wärmeleitfähigkeit des untersuchten Gesteins und dem Temperaturgradienten.

Die Wärmeleitfähigkeit der oberen Erdkruste variiert in Abhängigkeit von dessen chemisch-mineralogischen Zusammensetzung zwischen 0,5 und 7 W/(mK) [7]. Im Mittel ergibt sich daraus für die kontinentale Erdkruste eine Wärmestromdichte von 65 mW/m² an der Erdoberfläche [3].

Eine wirtschaftliche Nutzbarmachung dieses Wärmestroms an der Erdoberfläche ist nicht möglich. Eine Nutzung der tiefen geothermischen Energievorkommen setzt voraus, dass die im Untergrund vorhandene Wärme „abbaubar" ist. Für den Transport der Wärme nach über Tage ist dabei i. d. R. ein Wärmeträgermedium notwendig. Ist der Untergrund ausreichend porös und permeabel und ist zudem noch ausreichend Tiefenwasser vorhanden, mit dem die Wärme zutage gefördert werden kann, so ist dies aus techno-ökonomischer Sicht wesentlich problemloser realisierbar, als wenn der Untergrund aufgebrochen und Wasser als Wärmeträger in den Untergrund zur Zirkulation verpresst werden muss und dann im erwärmten Zustand wieder zutage zu fördern ist.

2.1.3 Tiefer Untergrund und geothermisches Potenzial in Deutschland

Der tiefe Untergrund ist derzeit aus techno-ökonomischen Gründen bis in eine Tiefe von ca. 10 km erschließbar [3]. Der lokale Temperaturgradient kann stark von dem schon diskutierten globalen Temperaturgradienten abweichen. Abb. 2.1 zeigt die Temperaturverteilung für Deutschland in einer Tiefe von 2 000 m. Stark positive Schwankungen des Temperaturgradienten sind im Oberrheingraben aufgrund großräumiger Grundwasserzirkulation, der Schwäbischen Alb und im norddeutschen Becken aufgrund von Salzstrukturen zu erkennen.

Abb. 2.1: Temperaturverteilung in Deutschland in 2 000 m Tiefe [8]

Die in Deutschland vorkommenden Ausprägungen des tiefen Untergrunds, die für eine geothermische Strom- und Wärmeerzeugung geeignet sind, können wie folgt beschrieben werden:
- Kristalliner Untergrund vulkanischen Ursprungs, der nicht als Monolith vorhanden ist, sondern aufgrund von tektonischen Ereignissen aufgebrochen wurde und sich in einem zerklüfteten Zustand befindet. Die durch Risse entstandenen Hohlräume dürfen nicht völlig durch eine Mineralisation verschlossen, sondern sollten mit Poreninhaltsstoffen (d. h. Wasser) gefüllt sein [3].

• Sedimente bestehen aus Gesteinsbruchstücken, die durch natürliche Zerstörung wie z. B. Verwitterung, Frost-Tau-Zyklen oder Fließgewässer entstandenen sind. Diese Gesteinsbruchstücke sinken im Laufe von geologischen Zeiträumen in tiefere Erdschichten ab und erfahren eine Verfestigung; dabei verbleiben Hohlräume (d. h. Porosität) zwischen den einzelnen Gesteinsbruchstücken, die im Regelfall miteinander verbunden sind (d. h. Permeabilität). Diese sind in der Regel mit Wasser oder z. T. auch mit Kohlenwasserstoffen gefüllt. Derartige Sedimente weisen in Abhängigkeit von der Zusammensetzung und Genese eine unterschiedliche Porosität und Permeabilität auf; beides nimmt aufgrund des Gebirgsdrucks mit zunehmender Tiefe ab. Das in den Gesteinsporen gespeicherte Wasser unterschiedlichen Salzgehalts kann als Wärmeträgermedium genutzt werden. Ebenso kann auch bei Sedimenten eine natürliche Zerklüftung durch tektonische Aktivität die Durchlässigkeit des Gesteins signifikant verbessern [3].

Solche Gegebenheiten sind in Deutschland im norddeutschen Becken, im Oberrheingraben und im süddeutschen Molassebecken zu finden (Abb. 2.2).

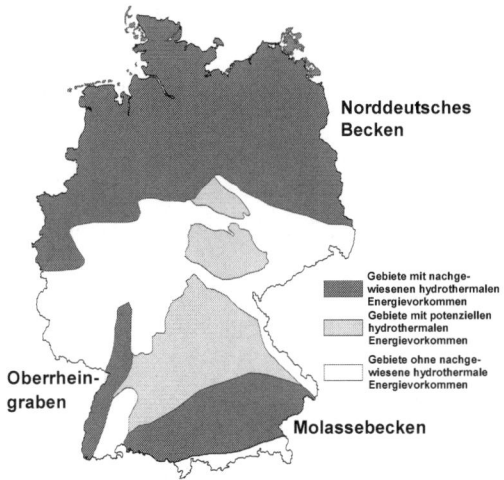

Abb. 2.2: Geothermiehöffige Gebiete in Deutschland [3]

Diese geothermiehöffigen Gebiete können wie folgt charakterisiert werden, wobei u. a. das theoretische und technische geothermische Angebotspotenzial angegeben wird. Das theoretische Angebotspotenzial der Geothermie beschreibt dabei die in den Aquiferen enthaltene Wärme, während das technische Angebotspotenzial die Wärmemenge angibt, die bereitgestellt werden kann, wenn das

7

entsprechende Gebiet mit einer Matrix von Dubletten im Abstand von 1 000 m überzogen wird (d. h. die dem Untergrund unter Berücksichtigung ausschließlich technischer Aspekte entziehbare Energie) [3].

- Die geothermischen Vorkommen im norddeutschen Becken befinden sich hauptsächlich in den Sandsteinschichten des Rotliegenden, der eine Mächtigkeit von 20 bis 50 m aufweist. Die maximalen Temperaturen liegen hier bei 160 bis 190 °C und die durchschnittlichen Förderraten zwischen 7 und 35 l/s [2]. Das norddeutsche Becken umfasst in Deutschland eine Fläche von 135 000 km²; dies entspricht etwa einem Viertel der deutschen Landesfläche [9]. Das hier verfügbare theoretische Potenzial liegt bei rund 1 019 EJ und die sich daraus ergebende aus dem Untergrund extrahierbare Wärmemenge (d. h. das technische Angebotspotenzial) beträgt ca. 328 EJ [10]. Bei einer unterstellten Nutzungsdauer von 100 Jahren ergibt sich daraus eine theoretisch bzw. technisch nutzbare Energiemenge von 10,2 bzw. 3,28 EJ/a [3].

- Im süddeutschen Molassebecken mit einer Fläche von ca. 10 000 km² [9] finden sich u. a. Schichten des Tertiärs, der Kreide und des Malmkarst. Letzterer ist das bedeutendste Reservoir geothermischer Energie in Deutschland und zeichnet sich durch hohe Fließraten von bis zu 150 l/s bei Temperaturen von bis zu 140 °C aus [2]. Das theoretische Potenzial liegt bei etwa 279 EJ und das daraus technisch gewinnbare Erzeugungspotenzial bei rund 99 EJ [10]. Bei einer unterstellten Nutzungsdauer von 100 Jahren ergibt sich daraus eine nutzbare Energiemenge von theoretisch 2,8 und technisch 0,99 EJ/a [3].

- Im Oberrheingraben konzentrieren sich die Geothermievorkommen auf Kluftaquifere im Muschelkalk und im Buntsandstein. Der Muschelkalk besteht hauptsächlich aus Kalk und Dolomit und hat eine Mächtigkeit von 70 bis 90 m. Zusätzlich sind vereinzelt auch Sedimente des Buntsandsteins mit einer Mächtigkeit von ca. 100 m in Tiefen von über 4 000 m zu finden. Die erschließbaren Temperaturen liegen zwischen 120 und 160 °C bei Förderraten zwischen 25 und 70 l/s [2]. Das theoretische Potenzial – verteilt über eine Fläche von ca. 4 000 km² [9] – beträgt rund 215 EJ. Daraus kann ein technisches Angebotspotenzial von etwa 67 EJ abgeleitet werden. Bei einer unterstellten Nutzungsdauer von 100 Jahren ergibt sich daraus eine theoretisch bzw. technisch nutzbare Energiemenge von 2,2 bzw. 0,67 EJ/a [10].

Innerhalb eines geothermiehöffigen Gebietes variieren die geologischen Bedingungen stark regional und lokal und werden u. a. bestimmt durch die letztlich von der Natur vorgegebenen Reservoireigenschaften an der jeweiligen Bohrlokation und dem Erfolg der technischen Maßnahmen zu deren Verbesserung. Tabelle 2.1 fasst die für die geothermische Nutzung der Erdwärme wesentlichen Daten sowie die theoretischen und technischen Angebotspotenziale zusammen.

Tabelle 2.1: Durchschnittliche Randbedingungen geothermiehöffiger Gebiete einschließlich der geothermischen Angebotspotenziale [10]

		NDB[1]	SMB[2]	ORG[3]
Fläche	km²	134 869	9 727	3 857
Anzahl der Gemeinden	-		4 500	650	1 300
Anzahl der Einwohner	Mio.	39	6	11
Tiefe	m	2 000 – 6 000	2 000 – 5 000	2 000 – 7 000
Maximal Temperatur	°C	165	140	160
Maximale Förderrate	l/s	40	150	70
Theoretisches Potenzial	EJ/a	10,2	2,8	2,2
Technisches Potenzial	EJ/a	3,28	0,99	0,67

[1]norddeutsches Becken, [2]süddeutsches Molassebecken, [3]Oberrheingraben

2.2 Aufschluss des tiefen Untergrunds

Die Erschließung einer geothermischen Lagerstätte kann in die Phasen Exploration, Bohrung, Verrohrung und Komplettierung, Stimulation, Test und Modellierung eingeteilt werden. Im Folgenden werden diese diskutiert.

2.2.1 Exploration

Mithilfe der Exploration soll im Vorwege ein möglichst detailliertes Wissen über die Struktur des Untergrunds einer geothermischen Lagerstätte gewonnen werden. Dazu werden beispielsweise gezielt Schallwellen mit Rüttelfahrzeugen oder ggf. Sprengungen in den Untergrund eingeleitet und die Reflexionen der Schallwellen, die in unterschiedlichen Schichten des tiefen Untergrunds verschiedenartig erfolgen, entlang einer Messlinie mit im Boden verankerten Geophonen aufgezeichnet. Mithilfe einer rechnergestützten Auswertung der Ergebnisse kann so ein zwei- oder dreidimensionales Abbild des Untergrunds geschaffen werden. Ausgehend davon können Gesteinsschichten identifiziert werden, die aus geothermischer Sicht potenziell vielversprechend sind [3]. Das Ziel einer derartigen Exploration ist es, einen konkreten Zielkorridor im Untergrund zu identifizieren, der die gewünschten geologischen Kenngrößen (Temperaturniveau, Porosität und Permeabilität) möglichst weitgehend erfüllt.

2.2.2 Tiefbohranlage

Mit wenigen Unterschieden (z. B. hohe Bohrlochtemperaturen, niedriger Gebirgsdruck) wird eine geothermale Lagerstätte mit der gleichen Technik erschlossen, die auch in der Erdöl- und Erdgasindustrie Anwendung findet. Zur Erschließung der Lagerstätte kommt damit das Rotary Bohrverfahren zum Einsatz [3]. Die wesentlichen Kriterien zur Auslegung einer Standard-Tiefbohranlage sind die geplante Endteufe sowie der Bohrlochenddurchmesser bzw. die Abfolge der Bohrlochdurchmesser. Der Bohrlochdurchmesser wird i. Allg. in Hinblick auf die spätere Förderung primär unter Kostenaspekten festgelegt. Nachfolgend werden die unterschiedlichen Komponenten, durch die eine Tiefbohranlage gekennzeichnet ist, diskutiert.

2.2.2.1 Bohrplatzerstellung und -einrichtung

An einer ausgewählten Lokation ist zunächst ein entsprechender Bohrplatz einzurichten; er ist standardmäßig ca. 2 000 m² groß. Auf dieser Fläche wird der Bohrplatzuntergrund durch Aushub und Aufschüttung einer etwa 30 cm mächtigen Kiesschicht stabilisiert und gegen eindringende kontaminierte Fluide der Spülung und Lagerstättenwässer versiegelt [8]. Die technischen Einrichtungen eines Bohrplatzes sind standardisiert und werden i. Allg. um das Bohrloch so angeordnet, dass ein störungsfreier Arbeitsablauf gewährleistet ist [11].

Zu den Hauptkomponenten der Bohrplatzeinrichtung zählen die Bohranlage mit Unterbau und Mast, das Lager für das Bohrgestänge mit Gestängetisch und -wagen sowie der dieselelektrische Antrieb (Abb. 2.3). Ein Großteil der Fläche nimmt der Spülungskreislauf mit Konditioniertanks, Rücklauf- und Ansaugtanks sowie die Bohrklein-Separationseinrichtungen und die Vorratscontainer und -silos für chemische Spülungszusätze, Schwerspat, Zement u. a. ein [11].

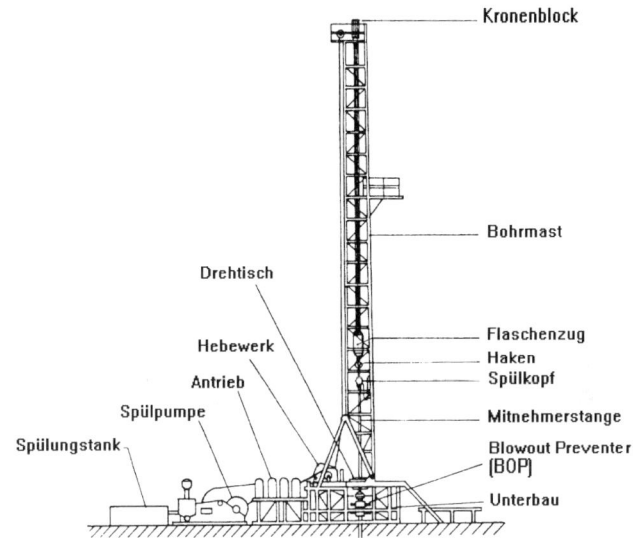

Abb. 2.3: Tiefbohranlage mit Rotary Verfahren [3]

2.2.2.2 Tiefbohranlage

Zu den übertägigen Komponenten einer Tiefboranlage gehören der Bohrmast, das Hebesystem, das Pipehandling-System zur mechanisierten Unterstützung beim Ein- und Ausbau des Bohrgestänges, der Drehtisch, die Spülungspumpen, der Spülungskreislauf und der Blow Out Preventer (Abb. 2.3). Die Energieversorgung erfolgt meist dieselelektrisch. Die Einrichtungen genügen den vier Grundoperationen beim Bohren: Heben, Drehen, Spülen und Messen.

Bohrmast. Der Bohrmast hat meist eine Höhe von 40 m; dadurch können bei einem Roundtrip (d. h. Ausbau des Bohrgestänges, Austausch den Bohrmeißels, erneuter Einbau des Gestänges) 3 Bohrstangen a 9 m in einem Stück gezogen werden. Für den Unterbau mit Blow Out Preventer ist eine Höhe von 12 bis 14 m notwendig [3].

Hebesystem. Das Hebesystem wird dimensioniert nach der schwersten Verrohrungstour und besteht aus Hebewerk, Kronenblock, Flaschenzug und dem Bohrhaken. Die benötigte Leistung des dieselelektrischen Hebesystemantriebes steigt mit zunehmender Teufe [3].

Pipehandling-System. Pipehandling-Systeme bauen den Bohrstrang beispielsweise beim Meißelwechsel teil- oder vollmechanisiert ein bzw. aus. Dazu wer-

11

den entsprechende Manipulatoren eingesetzt, die das Ent- und Verschrauben der einzelnen Bohrstangen übernehmen und dadurch das damit betraute Personal von schwerer körperlicher Arbeit entlasten [3].

Drehtisch. Der Drehtisch hat die Aufgabe, eine Drehbewegung auf den Bohrstrang zu übertragen und es gleichzeitig zu ermöglichen, dass der Bohrstrang dem Bohrfortschritt folgen kann (d. h. der Bohrstrang muss sich trotz der Übertragung einer Drehbewegung vertikal bewegen können). Diese formschlüssige Übertragung der Drehbewegung auf den Bohrstrang unter gleichzeitiger Ermöglichung eines vertikalen Vortriebs – und damit eines Bohrfortschritts – wird realisiert durch die sogenannte Kellystange (d. h. Vier- oder Sechskantstange). Sie stellt die oberste Verbindung zwischen dem Bohrstrang und dem Drehtisch dar (Abb. 2.3). Damit ist die ohne Veränderungen am Bohrstrang technisch mögliche Bohrlänge begrenzt auf die Länge dieser Kellystange, die üblicherweise bei maximal 12 m liegt.

Um sicherzustellen, dass diese Aufgabe der Einbringung der Drehbewegung in den Bohrstrang sicher erfüllt werden kann, müssen beim Bohren im kristallinen Grundgebirge die Zahnräder, Ketten, Wellen und Kupplungen auf hohe Belastungen durch starke Stöße und Drehmomentschwankungen ausgelegt sein. Unter diesen Bedingungen empfiehlt sich zur Absorption der Meißelstöße und damit Dämpfung dieser Relativbewegungen zwischen Antrieb und Drehtisch eine Flüssigkeitskupplung bzw. ein unabhängiger Drehtischantrieb [3].

Kraftdrehkopf (Topdrive-System). Außer über den Drehtisch und die Kellystange kann der Bohrstrang auch über einen Kraftdrehkopf angetrieben werden. Dies ist ein elektrisch oder hydraulisch betriebener Motor, der in Kombination mit dem Bohrhaken an einer Lafette im Bohrmast montiert ist. Durch die Verbindung mit dem oberen Ende des Bohrstranges wird es möglich, die Drehbewegung des Stranges und die Vertikalbewegung über die gesamte Fahrhöhe der Lafette zu kombinieren. Dies ermöglicht ein deutlich verbessertes bohrtechnisches Vorgehen insbesondere bei gebirgsbedingten Schwierigkeiten im Bohrloch. Üblicherweise umfasst eine derartige Lafette eine Länge von drei Bohrstangen (etwa 30 m), die dann "am Stück" abgebohrt werden können (d. h. ohne eine Veränderung am Bohrstrang vornehmen zu müssen). Damit sind moderne Anlagen mit Topdrive-Antrieb in der Lage, Rotation und vertikale Bewegung in der maximalen Fahrhöhe des Bohrmastes auszuführen. Im Vergleich zum "klassischen" Rotary-Bohren mithilfe eines Drehtisches können damit die Rüstzeiten deutlich verkürzt und die Bohrzeiten erhöht werden; damit sind i. Allg. Kostenreduktionen verbunden [3].

Spülungskreislauf und Spülungspumpen. Die Spülung wird mittels einer Kolbenpumpe durch das hohle Bohrgestänge zum Meißel geleitet, wo es mit hoher Geschwindigkeit (20 bis 40 m/s) durch mehrere Düsen austritt und das gelöste Gestein im Ringraum zur Oberfläche abfördert und es über Tage durch Siebe, Desander und Desilter von der Spülung abgetrennt wird [3]. Nach erneuter Konditionierung wird die Spülung wieder in den Untergrund gepumpt und der Spülkreislauf ist geschlossen (Abb. 2.4). Die Spülungspumpen werden in Abhängigkeit vom Bohrungsdurchmesser, der Bohrtiefe, des Bohrkleinmaterials und den zu erwartenden Druckverlusten ausgelegt.

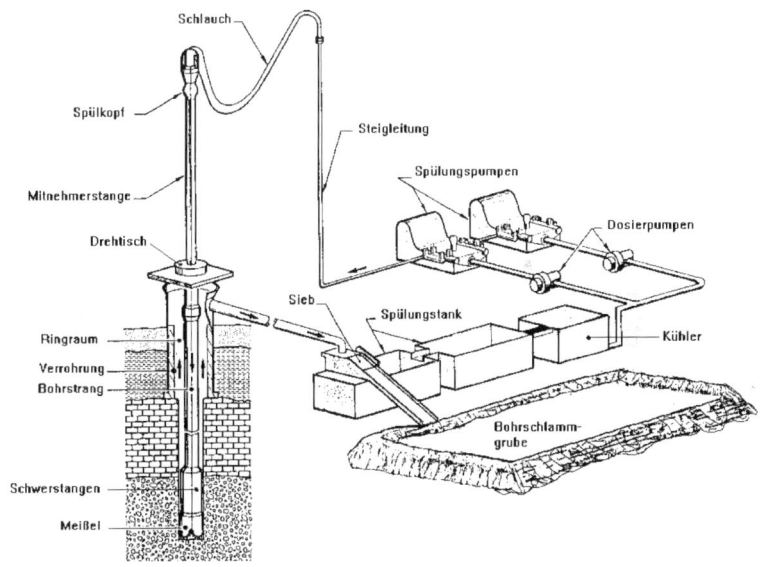

Abb. 2.4: Spülungskreislauf Rotary Bohranlage [3]

Blow Out Preventer. Der Blow Out Preventer (BOP) ist in Deutschland bergbehördlich für Bohrlöcher tiefer als 100 m vorgeschrieben und stellt den Abschluss der untertägigen Einrichtungen dar. Dabei handelt es sich um eine wichtige Sicherheitseinrichtung, die ein unkontrolliertes Austreten von Lagerstätteninhalt unter hohem Druck sicher verhindern soll. Der BOP wird als Ring- und Backenpreventer ausgeführt und besteht aus mindestens drei Schließorganen, wodurch das Bohrloch in jeder Betriebsphase sicher abgesperrt werden kann [3].

13

2.2.3 Bohrtechnik

Die untertägige Bohrlochausrüstung wird beeinflusst durch den Bohrlochsohlendruck und die Temperatur. Als Bohrwerkzeug werden meist Dreikegel-Rollenmeißel und seltener Diamantbohr- und Kernbohrwerkzeuge eingesetzt [3].

Unter bestimmten Bedingungen kann es sinnvoll sein, das Rotary-Bohrverfahren z. B. durch den Einsatz von Bohrmotoren bzw. Bohrlochsolenantrieben zu modifizieren. Dazu können entweder Turbinen (hydrodynamische Antriebe) oder Moineau-Motoren (hydrostatische Antriebe) eingesetzt werden. Auch die damit verbundenen Möglichkeiten werden im Folgenden dargestellt [3].

2.2.3.1 Bohrstrang

Der Bohrstrang besteht aus den Teilkomponenten Mitnehmerstange (Kelly; nur beim "klassischen" Rotarybohren), Bohrgestänge, Schwerstangen und weiteren Bohrstrangelementen wie Stabilisatoren, Stoßdämpfern, Schlagschere [3].

Das Bohrgestänge bildet den wesentlichen Teil des Bohrstrangs. Es besteht aus etwa 9 m langen miteinander verschraubten einzelnen Stahlrohren. Sie sind so ausgelegt, dass sie den beim Bohren auftretenden dynamischen Zug-, Biege- und Torsionsbeanspruchungen standhalten. Während des Bohrvorganges werden zwischen dieser Mitnehmerstange und der obersten Bohrstange weitere Bohrstangen nachgesetzt. Dafür wird der Bohrprozess unterbrochen und der Bohrstrang um die Länge der abgebohrten Stange angehoben. Die Übertragung des Drehmoments erfolgt beim "klassischen" Rotarybohren über die im Bohrstrang an oberster Stelle angeordnete Mitnehmerstange (Kelly). Um den Bohrstrang in Zugspannung zu halten und auf den Bohrmeißel eine definierte Auflast geben zu können, sind im unteren Teil des Bohrstrangsystems besonders dickwandige Bohrstangen (sogenannte Schwerstangen) installiert. Hier sind zusätzlich alle übrigen Bohrstrangelemente (u. a. Stabilisatoren, Räumer, Stoßdämpfer, Schlagschere, Mess- und Steuerelemente sowie ggf. Bohrlochsohlenantriebe) untergebracht. Stabilisatoren und Räumer sichern die Richtungsstabilität des Bohrstranges [3].

2.2.3.2 Bohrwerkzeug

Bohrwerkzeuge können als Rollenmeißel und als Diamantmeißel ausgeführt werden. Das Bohrwerkzeug ist ein Verschleißteil, das je nach den geologischen Bedingungen einerseits und der Meißeltechnologie andererseits (z. B. Insert-, Diamant- oder polykristalline Diamantmeißel) durch sehr unterschiedliche Standzeiten gekennzeichnet sein kann. Diese können von unter 30 bis deutlich über 100 h reichen [3].

Rollenmeißel werden überwiegend als Drei-Kegel-Rollenmeißel mit gehärteten Stahlzähnen oder Warzenmeißel mit Wolframkarbideinsätzen eingesetzt. Während der Drehung des Bohrstranges laufen die Kegelrollen selbständig auf der Bohrlochsohle ab; dadurch werden Druck- und Scherkräfte im Gebirge wirksam und als Folge davon Gesteinsteilchen aus dem Verband herausgebrochen. Die Einsatzgrenze der Rollenmeißel liegt in einem Temperaturbereich von 200 bis 250 °C [3].

Diamantbohrwerkzeuge können demgegenüber bis zu einer Temperatur von rund 500 °C eingesetzt werden. Sie zeigen i. Allg. längere Standzeiten und ermöglichen höhere Drehzahlen im Vergleich zu Rollenmeißeln. Der höhere Preis von Diamantmeißeln im Vergleich zu Rollenmeißeln kann z. T. durch die Einsparung von Roundtrips (d. h. ein Meißelwechsel einschließlich dem vollständigen Aus- und Einbau des Bohrgestänges) ausgeglichen werden [3].

Der polykristalline Diamantmeißel (PCD-Meißel) ist eine Weiterentwicklung der Diamantmeißel. Hier werden synthetischen Diamant Plättchen mit großer Härte hergestellt und auf Hartmetallzylinder aufgelötet. PCD-Bohrmeißel sind für den Einsatz in weichen oder mittelharten Gesteinen geeignet; sie halten Temperaturen von bis zu 700 °C stand [3].

2.2.3.3 Bohrlochsohleantrieb

Bei einem Meißeldirekt- oder Bohrlochsohlenantrieb wird der Meißel i. Allg. mithilfe der Bohrspülung betrieben. Da in diesem Fall der gesamte Bohrstrang nahezu in Ruhe verbleibt, können insbesondere bei tiefen Bohrlöchern die hohen Reibungsverluste zwischen Gebirge und Bohrstrang, wie sie beim Rotary-Bohrverfahren auftreten, weitgehend vermieden werden. Dies hat den zusätzlichen Vorteil, dass der stillstehende Bohrstrang auch ein gerichtetes Bohren ermöglicht. Technisch können derartige Meißeldirektantriebe u. a. mithilfe von

Bohrturbinen und Verdrängermotoren realisiert werden. Beide Varianten werden nachfolgend kurz diskutiert [3].

Bohrturbinen. In einer Bohrturbine sind mehrere Stufen von Leit- und Laufrädern hintereinander geschaltet. Die Laufräder werden durch die hindurchtretende Spülung bewegt und übertragen über eine Welle das Drehmoment auf das Bohrwerkzeug, während die Leiträder am Turbinengehäuse fixiert sind (Abb. 2.5, links). Aufgrund der i. Allg. hohen Drehzahlen werden beim Turbinenbohren bevorzugt Diamantmeißel eingesetzt [3].

Verdrängermotoren. Alternativ zu den Bohrturbinen können auch Verdrängermotoren, die nach dem Moineau-Pumpenprinzip arbeiten, als Meißeldirektantriebe eingesetzt werden (Abb. 2.5, rechts). Hier bewegt sich ein spiralförmiger Vollstahlrotor in elliptischen Bahnen in einem mit Kunststoff ausgekleideten Motorgehäuse mit spiralförmigen Vertiefungen. Durch das zwischen Ein- und Ausgangsseite vorliegende Druckgefälle wird die Bohrspülung durch die zwischen Rotor und Stator gebildeten Kammern gedrängt und dadurch ein Drehmoment auf der Antriebswelle erzeugt. Im Unterschied zum Turbinenantrieb werden dabei eher moderate Drehzahlen und vergleichsweise hohe Drehmomente erzeugt, die für alle Meißelarten geeignet sind [3].

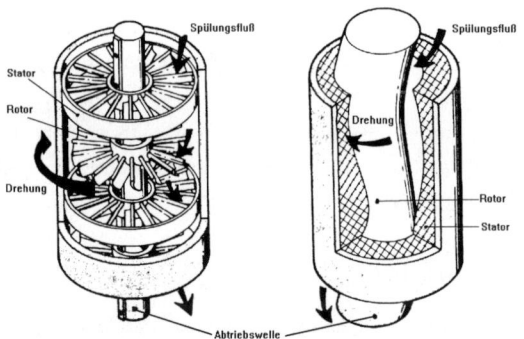

Abb. 2.5: Meißeldirektantriebe (links: Bohrturbine, rechts: Verdränger-Motor) [3]

2.2.3.4 Gerichtetes Bohren

In den 1980er Jahren hat sich der steuerbare Meißeldirektantrieb für gerichtetes Bohren und dabei zur Erstellung von Kurvensektionen, Tangenten und Horizontalen zum Bohrstandard entwickelt. Durch den Einsatz von Verdrängermotoren mit Steuerrippen und einer entsprechenden Steuerelektronik wird das Abteufen von Richtbohrungen ermöglicht, die in mehreren tausend Metern Tiefe bei einer Bohrungsablenkung in die Horizontale das Erreichen eines Zielkorridors im Meterbereich erlauben. Dank dieser Richtbohrtechnik können heute horizontale Bohrstrecken in Tiefen von z. B. 5 000 m technisch erbohrt werden; d. h. Bohrungen können unter ausschließlich technischen Aspekten im Aquiferbereich schichtparallel abgelenkt und über Entfernungen von mehreren hundert Metern bis zu einigen Kilometern innerhalb des Aquifers horizontal vorangetrieben werden. Das gerichtete Bohren macht es auch möglich, die Förder- und Injektionsbohrungen von einer Lokation aus nieder zu bringen. Dadurch wird die übertägige Trassenführung auf ein Mindestmaß reduziert. Zudem können mittels Ablenkbohrungen mehrere Speicher erschlossen werden [3].

2.2.3.5 Bohrspülung

Die Bohrspülung, bei der es sich bei Tiefbohrungen ausschließlich um Flüssigkeiten handelt, hat folgende Aufgaben:

- Kühlung und Schmierung von Bohrwerkzeug und Bohrstrang,
- Reinigung der Bohrlochsohle und Abtransport des Bohrkleins,
- Minimierung von Spülungsverlusten,
- Hydraulische oder pneumatische Kraftübertragung.

Bei Temperaturen bis 150 °C kommt bei Tiefbohrungen i. Allg. eine Tonspülung als Bentonit-Wasser-Suspension mit Additiven zum Einsatz. Bei höheren Temperaturen werden, z. B. um eine Ausflockung zu verhindern, Schutzkolloide als Additive beigemischt. Bei höheren Temperaturen werden auch Ölspülungen eingesetzt. Diese können aber die wasserführenden Schichten stark verunreinigen und die Produktivität der Lagerstätte einschränken. Ölbasische Spülungen können Temperaturen bis zu 250 °C widerstehen und sind stabiler als wasserbasische Suspensionen [3].

2.2.4 Verrohrung und Komplettierung

Unter Komplettierung ist die Verrohrung und Zementation des Bohrloches sowie dessen Speicheraufschluss zu verstehen. Die Verrohrung (Abb. 2.6) wird in einzelnen Abschnitten schon während der Herstellung des Bohrlochs eingebracht. Sie ist primär für die Lebensdauer einer Bohrung verantwortlich. Sie stützt die Bohrlochwand, dichtet das Bohrloch gegen flüssigkeitsführende Schichten ab, verhindert Gesteinsnachfall und bietet später die Möglichkeit, technische Hilfsgeräte für die Förderung einfacher einzubauen. Die genormten Casingrohre sind von 4½" bis 20" Außendurchmesser verfügbar und der angestrebte Enddurchmesser einer Bohrung bestimmt die Durchmesser der einzelnen einzubauenden Rohrtouren [12].

Das Standrohr wird bis zu 30 m tief eingebaut und hat die Aufgabe, den oberen Teil des Bohrlochs zu stabilisieren. Die danach folgende Leitrohr- oder Ankerrohrtour dient als Befestigung für die Sondenkopfarmaturen. Die Verrohrung schließt mit der technischen Rohrtour ab; ggf. wird zur Vervollständigung bis zur Endteufe eine Zwischenrohrtour eingebracht. Um die Verrohrung fest mit dem Gebirge zu verbinden, wird zwischen Bohrlochwand und Verrohrung gleichmäßig Zement eingebracht, der eine Fließverbindung zwischen den Formationen verhindert und in axiale und radiale Richtungen Lasten aufnimmt.

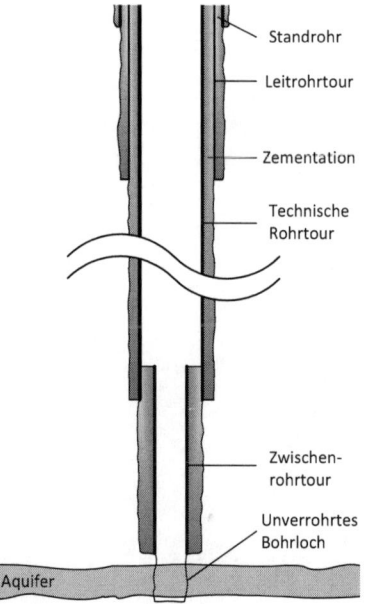

Abb. 2.6: Verrohrungsschema [3]

Der Anschluss der Bohrung an das geothermische Reservoir erfolgt nach der Open Hole, der Cased Hole oder der Gravel Pack Komplettierung (Abb. 2.7).

Ist das Gebirge im Speicherbereich standfest, reicht meist eine Open Hole Komplettierung aus. Dabei bleibt der Speicherbereich unverrohrt. Demgegenüber wird bei einer Cased Hole Komplettierung die Sonde im Speicherbereich verrohrt. Danach müssen die Fließwege künstlich geschaffen werden. In wenig konsolidierten Schichten wird, um ein Absanden in nicht standfesten Sandsteinschichten zu verhindern, standardmäßig das Gravel Pack Verfahren eingesetzt. Dazu wird der Speicherbereich unterschnitten und gereinigt. Danach wird ein Filterrohr eingebaut und Filterkies eingebracht.

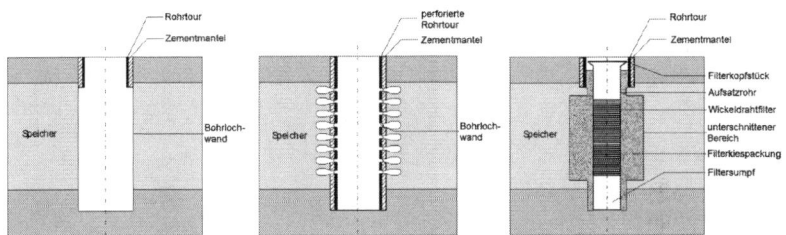

Abb. 2.7: Komplettierungsvarianten (links: Open Hole, mitte: Cased Hole, rechts: Gravelpack) [11]

2.2.5 Stimulation

Stimulationsmaßnahmen werden eingesetzt, um die Permeabilität des Untergrunds zu verbessern; dann spricht man von Enhanced Geothermal Systems (EGS). Ein mögliches Stimulationsverfahren ist das Hydraulic Fracturing. Damit können im Reservoir tiefe künstliche Risssysteme von mehreren Quadratkilometern erzeugt werden. Dabei wird mit leistungsfähigen Pumpen Flüssigkeit mit Injektionsraten zwischen 10 und 100 l/s und Drücken von bis zu 100 MPa in das Bohrloch verpresst, damit das Gestein auf einer Länge von mehreren 100 m aufreißt. Um die Risse nach Druckentlastung offen zu halten, werden Stützmittel eingepumpt. Als Stützmittel werden Sand oder andere feinkörnige Substanzen eingesetzt [3].

2.2.6 Test, Modellierung und Stimulation

Als Test werden die Untersuchungen der hydrodynamischen Eigenschaften von Geothermiespeichern während der Bohrphase bezeichnet. Beispielsweise wird in einem derartigen Test in den u. a. nach geophysikalischen Bohrlochmessungen und Kernuntersuchungen ausgewählten Testhorizonten eine definierte Thermalwassermenge gefördert und im Labor untersucht. Mit den so gewonnenen Ergebnissen kann das hydro- und thermodynamische Verhalten des Geothermiespeichers während des Betriebs eines geothermischen Heiz- oder Heizkraftwerks modelliert und die zu erwartende Spiegel- und Temperaturabsenkung simuliert werden [3].

Zur Beschreibung des Langzeitverhaltens sind kompliziertere Modelle unter Berücksichtigung komplexer geologischer Verhältnisse von Bedeutung; hier kommen meist die 3-D-Modelle CFEST (Coupled Flow, Energy and Solute Transport) und TOUGH (Transport of Unsaturated Groundwater and Heat) zum Einsatz. Bei geringem geologischen Kenntnisstand oder auch bei homogener Schichtenausbreitung und Parameterverteilung kann auch das 2-D-Modell CAGRA (Computer-Aided Geothermal Reservoir Assistant) verwendet werden [3].

2.3 Anlagentechnik

Die für eine geothermische KWK genutzte Anlagentechnik lässt sich untergliedern in den Thermalwasser- und Konversionskreislauf und die zusätzlichen Komponenten für eine Wärmenutzung. Für letztes bietet sich zur sinnvollen Optimierung der geothermischen Anlagen – im Sinne einer Maximierung der Ressourcenausnutzungseffizienz – neben der fernwärmetechnischen Erschließung von vorhandenen Wärmesenken – die Etablierung einer Wärmesenke an der Anlage (hier in Form eines Trocknungsprozesses) an. Zudem kann, durch Verbrennung der getrockneten Güter und Einkopplung des Wärmestroms, der Stromerzeugungsprozess optimiert werden. Im Folgenden werden wesentliche Aspekte der in der vorliegenden Arbeit untersuchten Anlagentechnik diskutiert.

2.3.1 Konversionsanlage

Unter den in Deutschland vorherrschenden Gegebenheiten ist eine geothermische Stromerzeugung i. Allg. nur mithilfe von Organic Rankine bzw. Kalina Prozessen möglich, da das Thermalwasser aufgrund von Mineralisation und Gasgehalt oft nicht direkt genutzt werden kann. Beide genannten Kreisprozesse haben Eingang in die Praxis gefunden, wobei die ORC Prozesse einen weitaus größeren Marktanteil erreicht haben.

2.3.1.1 Systemkomponenten

Der Kraftwerksprozess setzt sich aus den Komponenten Verdampfer, Turbine, Rekuperator, Kondensator, Speisepumpe und dem Arbeitsmedium zusammen.

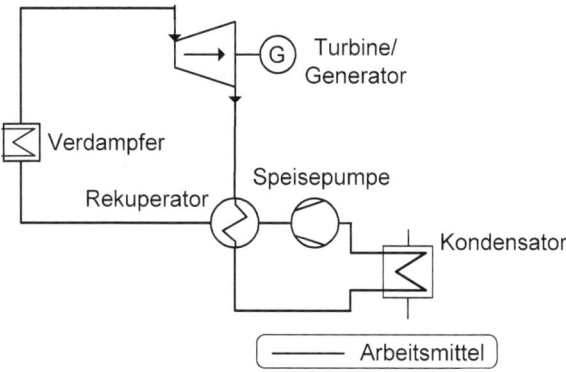

Abb. 2.8: Kraftwerksprozess (ORC)

Verdampfer. Der Verdampfer bildet das Bindeglied zwischen dem Thermalwasserkreislauf und der Konversionsanlage. Ziel der Auslegung ist es, ein technoökonomisches Optimum zwischen der Wärmeübertragerfläche und einer möglichst geringen Temperaturdifferenz zwischen Thermalwasser und Kreislaufmedium zu finden.

Turbine. Die Turbine wandelt die Strömungsenergie von Gasen oder Flüssigkeiten in Bewegungsenergie der Welle um. Dafür kommen in geothermischen Kraftwerken Axial- und Radialturbinen zum Einsatz. Bei Axialturbinen durchströmt das gasförmige Kreislaufmedium die Turbine achs-parallel und bei Radialturbinen zentripetal oder zentrifugal zu ihrer Achse [13]. ORC Turbinen besitzen aufgrund des höheren Molekulargewichtes der eingesetzten organischen Arbeitsmedien und dem daraus resultierenden größeren Massenstrom im Vergleich zu Turbinen klassischer Dampfkraftwerke spezifisch größere Abmessungen. Dadurch sind sie einer geringeren mechanischen Belastung ausgesetzt. Außerdem entspannen ORC Anlagen aufgrund der Retrogradizität der Arbeitsmittel i. Allg. nicht ins Nassdampfgebiet; auch dies führt zu einem geringeren Verschleiß an den Turbinenschaufeln und Düsen sowie einem insgesamt höheren Maschinenwirkungsgrad im Vergleich zu "klassischen" Dampfturbinen. Demgegenüber müssen bei Kalina-Anlagen in den Turbinen hochwertigere Materialien verbaut werden, da es aufgrund des eingesetzten Ammoniak-Wasser-Gemisches zu Korrosion an den Turbinenschaufeln kommen kann. Von der Turbine wird die Rotationsenergie an einen handelsüblichen Generator übertragen, der sie in elektrische Energie umwandelt [3].

Rekuperator. Der Rekuperator dient als Vorwärmer und enthitzt das Thermalwasser zusätzlich vor der Kondensation [3].

Kondensator. Bei der Kondensation wird das Arbeitsmittel abschließend enthitzt und in den flüssigen Ausgangszustand überführt. Es wird unterschieden zwischen Frischwasser-, Verdunstungs- oder Trockenkühlung.

Die Frischwasserkühlung setzt das Vorhandensein von entsprechend großen Mengen an thermisch belastbarem Oberflächenwasser voraus und ist in Deutschland an die strengen wasserschutzrechtlichen Vorgaben gebunden; dies macht diese Option praktisch unrealisierbar [3].

Bei der Verdunstungskühlung ist nur ein begrenztes Maß an Oberflächenwasser erforderlich. Dabei nimmt das im Kreislauf geführte Kühlwasser im Kondensator die abführbare Wärme auf und gibt diese in einem Kühlturm an die Umgebungsluft ab. Dabei ist zwischen Nass-, Trocken- und Hybridkühltürmen zu unterscheiden. Bei einem Nasskühlturm erfolgt die Enthitzung des Arbeitsmittels in einem offenen Kreislauf durch Konvektion und Verdunstung; dabei muss das verdunstete Wasser ersetzt werden. Dies ist bei einem Trockenkühlturm nicht notwendig, da der Wärmeübergang ausschließlich durch Konvektion in einem geschlossenen Kreislauf erfolgt. Der Hybridkühlturm stellt eine Kombination aus Nass- und Trockenkühlturm dar. Die Trockenkühlung kann standortunabhängig praktisch überall eingesetzt werden. Luft wird durch Ventilatoren in Bewegung gesetzt und die Wärme wird an die strömenden Luftmassen abgegeben. Nachteilig sind die großen Wärmeübertragerflächen wegen der geringen Wärmekapazität der Luft. Es werden minimale Temperaturdifferenzen zwischen Luft und gekühltem Medium von rund 10 bis 20 K erreicht [14], [3].

Speisepumpe. Um den Kreislauf zwischen Kondensator und Verdampfer aufrecht zu erhalten, wird eine meist elektrisch angetriebene radial bzw. halbaxial durchströmte drehzahlvariable Kreiselpumpe als Speisepumpe eingesetzt. Die oberen Prozessdrücke liegen bei ORC Anlagen je nach Arbeitsmedium bei max. 35 bar, während bei Kalina Anlagen bis zu 50 bar realisiert werden [3].

Arbeitsmittel. Das Arbeitsmittel in einem ORC- oder Kalina-Prozess muss die folgenden Kriterien erfüllen:
- niedrige kritische Temperatur und kritischer Druck,
- geringes spezifisches Volumen,
- hohe Wärmeleitfähigkeit,
- thermische Stabilität im eingesetzten Temperaturbereich,

- nicht korrosiv, ungiftig und nicht brennbar,
- kein oder nur ein sehr geringes Ozonabbau- (ODP) bzw. Treibhauspotenzial (GWP) [3].

Je nach Temperaturniveau erzielen in einem ORC Prozess unterschiedliche Arbeitsmittel verschiedene Wirkungsgrade. Als Faustregel gilt, die kritische Temperatur des Arbeitsmittels sollte dem 0,9-fachen der Thermalwassereintrittstemperatur entsprechen [15]. Eine Auswahl von Arbeitsmitteln zeigt Tabelle 2.2.

Tabelle 2.2: Arbeitsmittel ORC/Kalina Prozess

Name	Kritische Temperatur	Kritischer Druck
Iso-Butan	134,7	36,4
n-Pentan	196,6	33,7
Iso Pentan	187,3	33,8
Wasser	374,0	220,6
Ammoniak	132,3	113,3

Im Unterschied zu Wasser sind die Mehrzahl der in ORC-Prozessen eingesetzten Fluide durch eine positive Steigung der Taulinie gekennzeichnet (d. h. retrograde Medien) [3]. Daher ist eine Überhitzung des Mediums, um eine Entspannung in das Zweiphasengebiet zu verhindern, nicht notwendig [15].

Bei Kalina-Anlagen wird ein Stoffgemisch aus Wasser und Ammoniak eingesetzt, wodurch die Verdampfung und Kondensation aufgrund der unterschiedlichen Stoffeigenschaften nicht wie beim ORC isotherm, sondern bei gleitenden Temperaturen stattfindet.

2.3.1.2 Organic Rankine Prozess

Beim Organic Rankine Prozess (ORC) (vgl. Abb. 2.8) erfährt das im Kreislauf geführte organische Arbeitsmittel zunächst eine Druckerhöhung durch die Speisepumpe. Danach wird es durch die im Thermalwasser enthaltene Wärme vorgewärmt und auf einem im Vergleich zu einem konventionellen Kraftwerk niedrigeren Druck- und Temperaturniveau verdampft. Der Dampf wird dann in der Turbine entspannt, im Rekuperator enthitzt und im Kondensator wieder verflüssigt; damit ist der Kreislauf geschlossen [16].

Die Nettowirkungsgrade der Stromerzeugung ausgeführter Anlagen, ohne Berücksichtigung des Pumpstromaufwands zur Thermalwasserförderung, liegen bis zu Thermalfluid-Temperaturen von ca. 135 °C unterhalb von etwa 10 %. Sie erreichen am oberen Ende des Betrachtungsfeldes (200 °C) rund 13 bis 14 %.

Wird eine Luftkühlung unterstellt, reduzieren sich die Wirkungsgrade um wenige Prozentpunkte [3].

2.3.1.3 Kalina-Prozess

Beim Kalina-Prozess wird nach der Druckerhöhung in der Speisepumpe und dem Durchlaufen des Nieder- und Hochtemperaturrekuperators das Kreislaufmedium durch die im Thermalwasser enthaltene Wärme verdampft. Beim Eintreten in den Flash werden ammoniakreicher Dampf und ammoniakarme Lösung voneinander getrennt. Der Dampf wird in der Turbine entspannt und die ammoniakarme Lösung im Hochtemperaturrekuperator enthitzt. Im Anschluss werden die beiden Ströme wieder zusammengeführt und im Niedertemperaturrekuperator enthitzt. Für die vollständige Absorption des Ammoniaks im Wasser sorgt der Absorber, sodass hinter ihm wieder die ursprüngliche Arbeitslösung vorliegt (Abb. 2.9) [15].

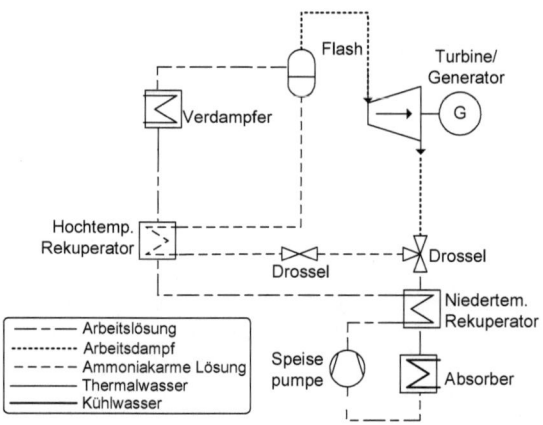

Abb. 2.9: Kalina Prozess

2.3.2 Thermalwasserkreislauf

Der Thermalwasserkreislauf hat die Aufgabe, das Thermalwasser zu fördern, zu transportieren, Wärme zu übertragen, das abgekühlte Thermalwasser ggf. aufzubereiten und erneut in den Untergrund zu injizieren. Für die Förderung des Thermalwassers ist unter den in Deutschland vorherrschenden Bedingungen Pumpenergie notwendig. Dafür werden ausschließlich Pumpen verwendet, die unter dem Wasserspiegel installiert werden.

Bei geringen Einbautiefen und vertikalen Bohrungen kommen Bohrloch-Wellenpumpen zum Einsatz. Hier befindet sich das Antriebsaggregat über Tage und das Drehmoment wird über eine Welle an den Wirkort übertragen [17]. Vorteile dieser Pumpenvariante sind der geringe Wartungsaufwand und die vergleichbar hohen Wirkungsgrade. Demgegenüber können derartige Pumpen ausschließlich in vertikalen Bohrungen eingesetzt werden. Installation und Demontage sind aufgrund des Pumpendesigns arbeits- und zeitaufwendig [3].

Bei großen Einbautiefen werden vorzugsweise mit Elektromotoren angetriebene Bohrloch-Motorpumpen eingesetzt. Für die Installation solcher Pumpen besteht keine Tiefenbegrenzung und die Aggregate können einfach installiert bzw. demontiert werden. Nachteilig gestaltet sich die aufwändige Kühlung, die der Temperaturänderung der Tiefenwässer ausgesetzt ist [3].

Derartige Bohrloch-Motorpumpen werden an einer im Bohrungskopf abgehängten Steigleitung unterhalb des Thermalwasserspiegels installiert. Die Verkabelung des Motors erfolgt im Ringraum zwischen Rohrtour und Steigleitung. Als Pumpen werden vielstufige Kreiselpumpen und als Motoren Drehstrom-Asynchronmotoren eingesetzt. Die Isolation der Motorwicklungen, die Schmierung der Lager und der Abtransport von Wärme erfolgen durch ein Spezialöl. Das Eindringen von Wasser in den Motor wird mithilfe des Projektors durch Ausnutzung der Dichteunterschiede zwischen Wasser und Öl in einem Kaskadensystem verhindert. Die Einbautiefe der Pumpe wird durch den Thermalwasserspiegel und dessen maximale Absenkung beim Pumpenbetrieb bestimmt (ca. 400 m unter Geländeoberkannte). Die Absenkung im Betrieb resultiert aus Reibungsdruckverlusten in der Bohrung bis zum Pumpeneinlauf, dem Druckabfall zwischen dem unbeeinflussten Speicherbereich sowie dem Inneren des Untertagefilters und den temperaturbedingten Dichteänderungen der Flüssigkeitssäule [3].

Der Thermalwassertransport von der Förderbohrung über die Energieerzeugungsanlage zur Injektionsbohrung geschieht, um das Landschaftsbild nicht zu beeinträchtigen, meist über erdverlegte wärmeisolierte Rohrleitungen. Je nach Thermalwasserzusammensetzung spielt die Korrosionsbeständigkeit der Rohre bei der Wahl der Materialien eine große Rolle. Bei hochmineralisierten Thermalwässern sind beim Einsatz von niedriglegierten Stählen korrosionsbedingte Abtragsraten von 0,05 bis 2 mm/a zu beobachten; dies schließt den Einsatz aufgrund der deshalb nur geringen Lebensdauer aus. In solchen Fällen werden beschichtete Metall- oder Titanrohre verbaut, die einen wirtschaftlichen und umweltfreundlichen Betrieb auch langfristig gewährleisten und eine mögliche Freisetzung von Thermalwässern sicher verhindern [3].

Zur Wärmeauskopplung werden hauptsächlich geschraubte und bei hochkorrosiven Medien verschweißte Platten-Wärmeübertrager aus Titan eingesetzt. Diese bieten hohe Wärmeübergangskoeffizienten, geringe Bauvolumen, ausreichende Druckstabilität und gute Wartungsmöglichkeiten [3].

Um bei Leckagen Thermalwasserübertritte im Wärmeübertrager zu verhindern, wird die Gegenseite, wenn möglich, mit Überdruck betrieben und/oder es wird z. B. die elektrische Leitfähigkeit des Arbeitsmediums gemessen, um mögliche Leckagen zu identifizieren [3].

Thermalwässer treten nicht nur bei Leckagen aus dem Kreislauf aus, sondern z. B. auch beim Spülen der Förderbohrung, beim Filterwechsel, bei Reparaturen oder beim Entleeren des Leitungssystems. Hierfür ist ein Slopsystem zu installieren, dessen Hauptbehälter mindestens das Volumen der Bohrung und Rohrleitungen aufweisen muss [3].

Bei der Reinjektion des ausgekühlten Thermalwassers muss eine Blockierung des Speichers durch Feststoffeintrag verhindert oder zumindest möglichst weitgehend verzögert werden. Dies erfolgt durch die weitgehende Vermeidung eventuell auftretender Verunreinigungen und durch eine Filtration. Deshalb ist zur Vorbeugung das Gesamtsystem, um die Sauerstofffreiheit zu gewährleisten, im permanenten Überdruck zu halten. Neben den präventiven Maßnahmen ist das Injektionsfluid durch Tiefen- oder Oberflächenfiltrationsverfahren zu filtern. Beide Verfahren erreichen gute bis sehr gute Abscheideergebnisse und erzeugen eine ausreichende Klärwirkung, um einer Blockierung des Speichers vorzubeugen. Der zu überwindende Druckunterschied bei Reinjektion des Thermalwassers bestimmt sich durch die Druckverluste in den Rohrleitungen und dem notwendigen Überdruck im Speicherbereich zwischen dem Inneren der Bohrung und dem unbeeinflussten Speicher. Druckstufen bis ca. 5 bar können dabei durch die Pumpe in der Förderbohrung aufgebracht werden. Darüber hinaus müssen zusätzliche Injektionspumpen in Betrieb genommen werden [3].

2.3.3 Schaltungsvarianten kombinierte Strom- und Wärmebereitstellung

Für eine sinnvolle und effiziente Verschaltung der Strom- und Wärmebereitstellung müssen gezielt die Abwärmemengen, die aufgrund der verhältnismäßig geringen Stromwirkungsgrade anfallen, identifiziert werden. Diese können an zwei Stellen nutzbar gemacht werden (Abb. 2.10).

- Nach der Abkühlung im Wärmeübertrager zum ORC- oder Kalina-Prozess enthält das Thermalwasser noch Restwärme, die über die Injektionsbohrung wieder in den Untergrund verpresst wird. Je nach vorliegenden geologischen Bedingungen und der Art der Stromerzeugung (d. h. ORC- oder Kalina-Prozess) wird das Thermalwasser mit Temperaturen von 50 bis 80 °C in das Reservoir zurückgeführt falls keine weitere Nachnutzung organisiert wird [20].

- Aus thermodynamischen Gründen wird außerdem am kalten Ende des Kraftwerksprozesses Wärme an einen Kühlkreislauf abgegeben. Dieser am Kondensator üblicherweise an die Umgebung abgegebene Wärmestrom ist durch ein geringes Temperaturniveau (ca. 30 bis 50 °C) gekennzeichnet [20].

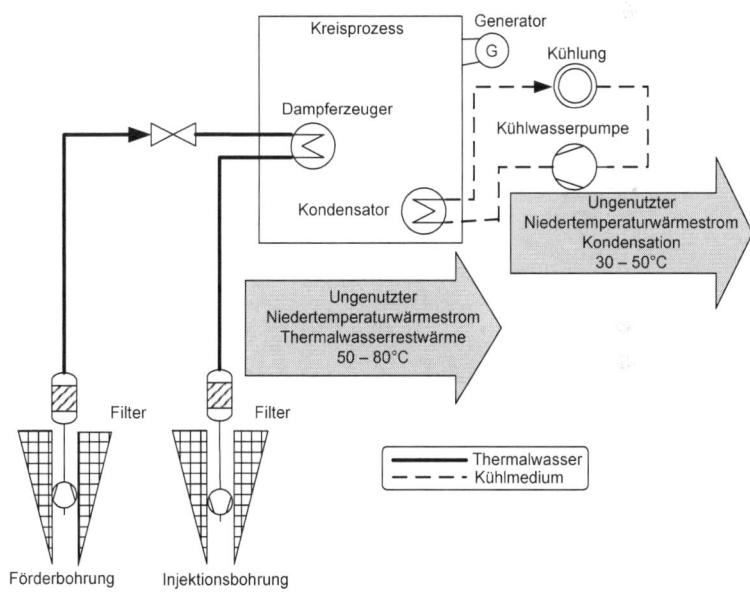

Abb. 2.10: Nutzbare Abwärmeströme für eine Wärmebereitstellung [18]

Das Temperaturniveau und der Volumenstrom bzw. die Leistung der Niedertemperaturwärmeströme ist stark abhängig von den jeweiligen geologischen Bedingungen; dies gilt insbesondere für das Temperaturniveau des Reservoirs und die Förderrate des Thermalwassers. Im Normalfall ist aber bei den in Deutschland vorherrschenden geologischen Randbedingungen sowohl das Temperaturniveau als auch die thermische Leistung im Thermalwasser nach der Wärmeabgabe an den Kraftwerksprozess deutlich höher im Vergleich zu der Wärme, die am kalten Ende des Kraftwerks noch verfügbar ist. Das hier verfügbare Temperaturniveau ließe sich zwar durch eine Anhebung des Entspannungsdrucks in der Turbine erhöhen, ist aber aufgrund der Verringerung des ohnehin schon niedrigen Stromwirkungsgrades unter den deutschen Randbedingungen derzeit nicht zielführend [20]. Deshalb wird diese Variante hier nicht weiter betrachtet.

Die kombinierte Bereitstellung von Strom und Wärme aus Erdwärme entspricht unter diesen Bedingungen also nicht einer „konventionellen" oder „klassischen" Kraft-Wärme-Kopplung, bei der die Wärmebereitstellung den Betrieb des Kraftwerks voraussetzt. Vielmehr handelt es sich um eine Verschaltung von Kraft- und Heizwerk, bei der beides voneinander entkoppelt ist. Dabei können Kraft- und Heizwerk in Reihe oder parallel (Abb. 2.11) entlang des Thermalwasserstroms geschaltet werden [19].

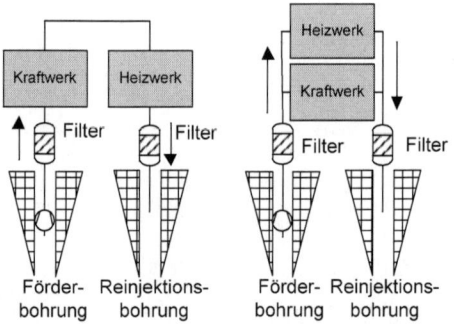

Abb. 2.11: Reihen- (links) und Parallelschaltung (rechts) einer kombinierten Strom- und Wärmebereitstellung [18]

Bei der Reihenschaltung wird das Thermalwasser zunächst im Kraftwerksteil ausgekühlt und im Anschluss im Heizwerk genutzt. Je höher die Vorlauftemperatur im Heizwerk über dem Punkt der zur Maximierung der Stromwirkungsgrade optimalen Auskühlung des Thermalwassers im Kraftwerk liegt, desto größere Leistungseinbußen sind bei der Stromproduktion zu erwarten. Liegt der Punkt der optimalen Auskühlung im Kraftwerk demgegenüber über der notwendigen Vorlauftemperatur im Heizwerk, die sich durch die jeweilige Versorgungsaufgabe bzw. die Netzstruktur ergibt, kommt es beim Betrieb in Reihe zu keinen Leistungseinbußen bei der Stromproduktion [18].

Sind Kraft- und Heizwerk parallel geschaltet, wird der Thermalwassermassenstrom so aufgespalten, dass mit einem Teilstrom die Versorgungsaufgabe

(Wärme) befriedigt wird, während der Reststrom im Kraftwerk ausgekühlt wird. Beim parallelen Betrieb kommt es gegenüber der Reihenschaltung stets zu Leistungseinbußen bei der Stromproduktion [18].

2.3.4 Einkopplung von Wärmeströmen in geothermische Kraftwerke

Um die Effizienz einer geothermischen Stromerzeugung zu steigern, bietet sich die zusätzliche Einkopplung von Hochenthalpie-Wärmeströmen an. Insbesondere ist dies dann sinnvoll, wenn an der Anlage feste Energieträger anfallen, die vorher einem Trocknungsprozess mit geothermischer Niedertemperaturwärme unterzogen wurden. Die bei der Verbrennung entstehende Wärme kann auf unterschiedliche Weise in den geothermischen Kraftwerksprozess eingekoppelt werden, um den oberen Prozessdruck oder die obere Prozesstemperatur zu erhöhen. Dabei kommt jedoch eine direkte Wärmenutzung und eine damit verbundene Nutzung des Thermalwassers als Arbeitsmittel, aufgrund der hohen Salinität und des sich unter deutschen Bedingungen i. Allg. ergebenden Leistungsverhältnisses zwischen geothermischer Wärme und eingekoppelter Wärme, nicht in Betracht [20]. Erfolg versprechende Einkopplungsvarianten sind nur die direkte und die indirekte Wärmezufuhr an das Arbeitsmittel des Kraftwerkskreislaufs (Abb. 2.12); ausschließlich diese werden im Folgenden vorgestellt.

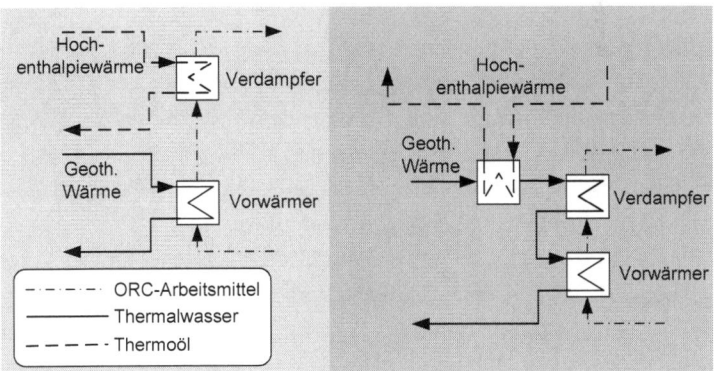

Abb. 2.12: Einkopplungsvarianten von Wärmeströmen (links: direkt; rechts: indirekt)

2.3.4.1 Direkte Wärmezufuhr

Bei einer direkten Wärmezufuhr wird die Wärme des geförderten Thermalwassers zunächst zur Vorwärmung auf den Sekundärkreislauf übertragen (Abb. 2.12

links). Danach erfolgt eine Einkopplung des zusätzlichen Hochenthalpie-Wärmestroms in den Sekundärkreislauf zur Verdampfung. Die maximale Prozesstemperatur wird dabei durch die kritische Temperatur des eingesetzten Arbeitsmittels und die Temperatur bzw. die Leistung des eingespeisten Wärmestroms begrenzt. Dadurch ist auch für die eingekoppelte Wärmemenge das Verhältnis zwischen der davon zur Vorwärmung und Verdampfung (d. h. zwischen geothermischer Wärme und eingekoppelter Wärme) genutzten Leistung vordefiniert [19].

2.3.4.2 Indirekte Wärmezufuhr

Bei einer indirekten Wärmezufuhr (Abb. 2.12 rechts) wird die einzubindende Hochenthalpie-Wärme zunächst auf das Thermalwasser übertragen, welches nach der Temperaturanhebung das ORC-Arbeitsmedium erwärmt und verdampft. Dabei kann der Prozess unabhängig von Thermalwassermassenströmen mit einem frei wählbaren Leistungsverhältnis zwischen eingekoppelter und geothermischer Wärme realisiert werden. Eine obere Prozesstemperatur ist durch die kritische Temperatur des Arbeitsmittels gegeben und durch die Thermalwassertemperatur begrenzt [19].

2.3.5 Konvektive Trocknung

Die konvektive Trocknung ist eine Option, um die nach der Stromproduktion im Thermalwasser enthaltene Niedertemperaturwärme sinnvoll nutzbar zu machen. Infrage kommen dafür kontinuierlich arbeitende Konvektionstrockner, in denen der Trocknungsluftstrom durch einen Ventilator aus der Umgebung gefördert, im Wärmeübertrager erwärmt und abschließend in einem Trockenraum das vom Trocknungsgut abzutrennende Wasser verdampft wird [21].

Als Bauform für derartige Anwendungen, die auch einen hohen Durchsatz erlauben, kommen Band- und Dächertrockner (Abb. 2.13) infrage.

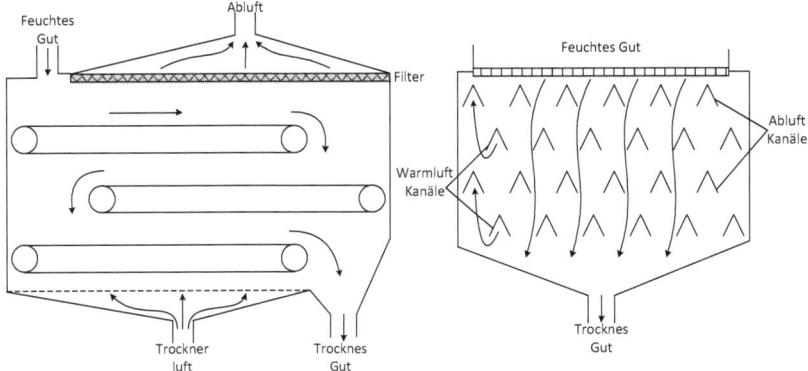

Abb. 2.13: Prinzipschaltbild Bandtrockner (links) und Dächertrockner (rechts) [22]

- Beim Bandtrockner wird das Trocknungsgut auf einem Förderband durch einen Kanal geführt und dabei von der Trocknerluft durchströmt. Bauartbedingt können auch stückige, körnige und teigige Stoffe getrocknet werden [23].

- Der Dächertrockner ist ein senkrechter Schacht mit dächerförmigen Einbauten. Durch unter diesen Dächern befindliche Öffnungen strömt die Trocknerluft in den Schacht und wird an dem herabfallenden Trocknungsgut vorbeigelenkt und wasserbeladen mithilfe eines Abluftventilators an die Umgebung abgegeben. Diese Technik eignet sich besonders für streufähige Güter [24].

2.3.6 Fernwärmetechnik

Die geothermisch bereitgestellte Niedertemperaturwärme kann mit Hilfe von Nah- oder Fernwärmenetzen zu industriellen Abnehmern mit hoher Niedertemperaturwärmenachfrage oder auch zu in der Fläche verteilten Verbrauchern aus dem Bereich Haushalte und GHD (Gewerbe, Handel und Dienstleistung) transportiert werden mit dem Ziel, die dort gegebene Niedertemperaturwärmenachfrage zu decken. Im Folgenden werden die verschiedenen Systemkomponenten und der Aufbau eines Fernwärmenetzes erläutert.

2.3.6.1 Systemkomponenten

Ein Fernwärmesystem besteht aus der Wärmeerzeugungsanlage, den Pumpstationen und Druckhalteanlagen, den Fernwärmeleitungen, den Kompensatoren, den Gebäudeanschlüssen, den Gebäudeübergabestationen und dem Wärmeträgermedium [25].

Als Wärmeerzeugungsanlage wird hier ausschließlich die Bereitstellung durch geothermische Wärme betrachtet. Der geothermische Wärmestrom wird dabei durch einen zusätzlichen Plattenwärmeübertrager aus dem Thermalwasser ausgekoppelt (Kapitel 2.3.2) [24].

Die Pumpstationen sorgen im Wärmenetz für die notwendige Zirkulation des Wärmeträgermediums und den benötigten Druck, sodass auch der kritischste Verbraucher ausreichend Wärme zur Verfügung gestellt bekommt und bei höheren Temperaturen kein Ausgasen stattfinden kann. Um beim Ausfall der Pumpen ein solches Ausgasen und/oder das Leerlaufen von höher gelegenen Rohrteilen zu verhindern, werden zusätzlich so genannte Druckhaltestationen (Druckhaltepumpen oder Luftpolster) installiert [24].

Der Aufbau von Fernwärmeleitungen ist abhängig von der Art der Verlegung. Die Hauptgruppen der Verlegeverfahren für Nah- und Fernwärmeleitungen teilen sich in Freileitungssysteme sowie kanalgebundene und kanalfreie Systeme. Freileitungen bzw. oberirdisch verlegte Leitungen werden in Deutschland wegen Sichtbelästigung und möglicher Nutzungseinschränkungen der Grundstücke kaum mehr verlegt. Die kanalfreien oder auch direkt erdverlegten Systeme haben sich aufgrund der geringeren Kosten, des geringeren Platzbedarfs und der kürzeren Bauzeiten gegenüber kanalgebundenen Systemen vor allem im Leistungsbereich unter 20 MW thermischer Leistung durchgesetzt [24]. Für die Fernwärmetrassen werden als erdverlegte Leitungen Kunststoffmantelrohre mit Stahlmediumrohren eingesetzt. Diese bestehen aus einem Stahlmediumrohr, in dem das Wärmeträgermedium transportiert wird, umgeben von einer dicken Dämmschicht aus Polyurethan (Abb. 2.14). Die Dämmschicht ist zum Erdreich hin durch eine Kunststoffschicht weiter gegen äußere Einwirkungen abgeschirmt und es sind zusätzlich Sensoren verbaut, die an ein Leckwarnsystem angeschlossen werden [24].

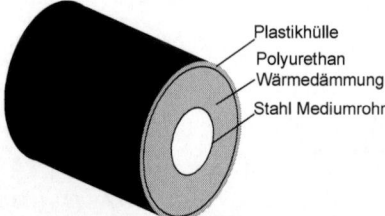

Abb. 2.14: Aufbau erdverlegte Kunststoffmantelrohre

In Ausnahmefällen bei hohen Belastungen (z. B. bei Unterquerungen von Straßen) kommen auch Stahlmantelrohre zum Einsatz. Dabei wird im Ringraum zur Isolation ein Vakuum oder ein Schutzgas eingebracht. Im Bereich der Unterverteilung und der Hausanschlussleitungen werden meist flexible Metall- oder Kunststoffmediumrohre verwendet. Da diese von der Rolle verlegt werden können, entfallen Verbindungen zwischen den einzelnen Trassenstücken; dies beschleunigt die Verlegung und senkt die Schadensanfälligkeit [24]. Zur Aufnahme von thermischen Ausdehnungen der Rohrelemente in Längsrichtung werden Kompensatoren eingesetzt, die in verschiedenen Ausführungen (z. B. Wellen-, Gummi- und Langmuffenkompensatoren) erhältlich sind. Diese sind bei einer kompensatorfreien Verlegung entbehrlich; hier werden Sand- und Erdschichten über den Leitungen komprimiert, sodass diese sich nicht ausdehnen können und die Rohre im warmen Zustand unter Druckspannung stehen [24].

Der Gebäudeanschluss bildet das Bindeglied zwischen dem Fernwärmenetz und der Gebäudeübergabestation und besteht meist aus Kunststoffmantelrohren.

Bei den Hausübergabestationen werden direkte und indirekte Systeme unterschieden. Bei direkten Systemen wird die Hausanlage direkt von dem Heizwasser durchströmt das auch im Fernwärmenetz verteilt wird. Die Temperaturregelung erfolgt durch das Zumischen von kälterem Wasser aus dem Hausanlagenrücklauf. Bei indirekten Systemen wird ein Wärmeübertrager zwischen Fernwärmenetz und Hausanlage geschaltet. Dadurch ergeben sich zwei unabhängige Kreisläufe [24]. Eine Hausübergabestation setzt sich zusammen aus den Anschlüssen für folgende Komponenten:

- Wärmeträgermedium,
- Absperrarmaturen,
- Wärmemengenzähler,
- Wassermengenbegrenzer,
- Brauchwarmwasserbereiter und Sicherheitsorganen.

Durch die Absperrarmaturen kann der Wärmeabnehmer von der Wärmeversorgung abgeschnitten werden. Durch den Wärmemengenzähler wird die abgegebene Wärme gemessen. Der Wärmemengenbegrenzer begrenzt die maximale Leistung für ein Versorgungsobjekt. Zur Brauchwassererwärmung ist bei den meisten Stationen ein zusätzlicher Brauchwarmwasserbereiter als Wärmeübertrager oder Speicher integriert.

Als Wärmeträgermedium in Nah- und Fernwärmenetzen wird meist Wasser oder Dampf eingesetzt. Dampf kommt erst ab Temperaturen von 130 °C zum Einsatz. Zur Minimierung des Risikos von Rohrbrüchen und Ablagerungen in den Rohrsystemen wird das verwendete Wasser entsalzt, entgast, gereinigt

(d. h. von mechanischen Verunreinigungen befreit) und, um die Korrosion zu er-
verlangsamen, mit geeigneten Chemikalien alkalisiert [24].

2.3.6.2 Aufbau von Fernwärmenetzen

Die Struktur eines Wärmenetzes wird vor allem durch städtebauliche infrastruk-
turelle Gegebenheiten (z. B. Siedlungstyp, Gebäudetyp), die Netzgröße und
durch die Lage der geothermischen Energiezentrale bestimmt, die in das Netz
einspeist. Als typische Netzformen werden das Strahlen-, Ring- und Maschennetz ausgeführt (Abb. 2.15).

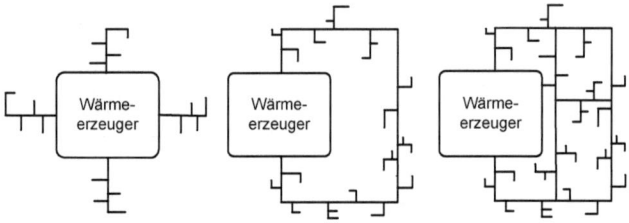

Abb. 2.15: Netzformen Strahlen- (links), Ring- (Mitte), Maschennetz (rechts) [26], [3]

Die Ring und Maschennetze sind gegenüber den Strahlennetzen mit höheren
Kosten verbunden, bieten aber eine höhere Versorgungssicherheit und werden
daher eher bei großen Wärmeverteilungsnetzen eingesetzt, bei denen z. T. auch
mehrere Heizwerke eingebunden werden. Bei kleinen und mittleren Fernwärmenetzen, die primär für eine geothermische Wärmeversorgung interessant sind,
kommen aufgrund der geringen Trassenlänge aus Kostengründen eher Strahlen-
netze zum Einsatz [3].

Weiterhin gibt es strukturelle Unterschiede bei der Unterverteilung der Wärme von der Hauptverteilleitung an den Verbraucher. Ist ein Gebiet weniger dicht
besiedelt oder nur teilweise erschlossen, kann jeder Kunde separat an die Hauptverteilleitung angeschlossen werden (Abb. 2.16 links). Bei dichter Bebauung ist
demgegenüber eine Trassierung von Haus zu Haus ökonomisch sinnvoller (Abb.
2.16 rechts). Dabei werden Verbrauchergruppen in Reihe geschaltet, wobei nur
der erste direkt an die Hauptverteilleitung angeschlossen wird. In den meisten
Fällen werden Mischformen der beiden Varianten realisiert [3].

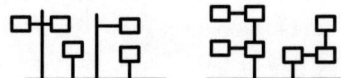

Abb. 2.16: Unterverteilung von Wärme separat (links), bzw. in Reihe (rechts) [3]

3 Methodisches Vorgehen

Ziel dieser Arbeit ist die Erhebung und Bewertung der Niedertemperaturwärmenachfragepotenziale die mit geothermischer Wärme versorgt werden können. Während bei der Potenzialerhebung die Wärmenachfrage und die Nachfragepotenziale in der Anlagenumgebung zur fernwärmetechnischen Versorgung und an der Anlage zur konvektiven Trocknung identifiziert und quantifiziert werden, ist es Inhalt der Bewertungsphase, für konkrete Modellanlagen technische, ökonomische und ökologische Kenngrößen zu bestimmen. Die dazu angewandte Methodik wird nachfolgend dargestellt.

3.1 Quantifizierung der Wärmenachfrage

Die Wärmenachfrage ist definiert als die gesamte Nachfrage nach Niedertemperaturwärme in den Wärmesenken der geothermiehöffigen Gebiete ohne Berücksichtigung der tatsächlichen geothermischen Erschließbarkeit. Dazu wird im Folgenden ein Vorgehen zur Bestimmung der Wärmenachfrage in der Umgebung potenzieller Anlagenstandorte und der Wärmenachfrage zur konvektiven Trocknung, bei der die Wärmesenke an den Standort einer Geothermieanlage verlagert werden kann, vorgestellt.

3.1.1 Wärmenachfrage in der Umgebung potenzieller Anlagenstandorte

Potenzielle Kunden für geothermisch bereitgestellte Niedertemperaturwärme finden sich bei den Haushalten, im GHD-Sektor (Gewerbe, Handel und Dienstleistung) und in der Industrie. Nachfolgend wird für diese drei Sektoren die Niedertemperaturwärmenachfrage (d. h. Temperaturen unter 120 °C) bestimmt [54].

3.1.1.1 Haushalte

Haushaltskunden fragen Raumwärme und Brauchwarmwasser nach. Nachfolgend wird für beides eine Vorgehensweise zur Quantifizierung der entsprechenden Niedertemperaturwärmenachfrage vorgestellt.

Raumwärmenachfrage. Die Raumwärmenachfrage im Bereich Haushalte ist definiert als die zur Wohnraumbeheizung nachgefragte thermische Energie. Dabei wird die zur Raumwärmebereitstellung notwendige Energie u. a. vom Alter des Hauses und vom Gebäudetyp bestimmt [54].

35

Die letzte vollständige Erhebung der in Deutschland vorhandenen (typisierten) Gebäude und deren Alter (nach Baualtersklassen) erfolgte in den alten Bundesländern durch die Volkszählung 1987 [27] und in den neuen Bundesländern durch die Volkszählung 1995 [28]. Diese Primärdaten wurden von den statistischen Landesämtern erhoben. Deshalb gibt es zwischen den unterschiedlichen Bundesländern Dateninkonsistenzen. Diese Daten müssen zunächst vereinheitlicht und in Einfamilien-, Zweifamilien-, Reihen-, Doppel- und Mehrfamilienhäuser verschiedener Baualtersklassen und Siedlungstypen je Stadtkategorie aufgeteilt werden. Ein Auszug der digitalisierten Daten ist in Anhang A Tabelle A.1 und Tabelle A 2 dargestellt [54].

Zur Identifikation der zu versorgenden Wohneinheiten (WE) im Jahr 2011 müssen die Abgänge und der Zubau von WE im Zeitraum nach der Volkszählung bis 2011 sowie der aktuelle Leerstand berücksichtigt werden [46] (Abb. 3.1). Die Abgänge werden durch eine mittlere jährliche Abgangsquote betrachtet; beispielsweise findet in den alten Bundesländern im Durchschnitt ein bestandsproportionaler Abriss mit einer Abgangsquote von 0,16 %/a statt [29]. In den neuen Bundesländern liegt kein bestandsproportionaler Abriss vor. Für Ein- und Zweifamilienhäuser (EZFH) liegt die Abgangsquote im Mittel bei 0,41 %/a und bei den Mehrfamilienhäusern (MFH) bedingt durch den stärkeren Abriss von Plattenbauten bei 0,55 %/a [28]. Der Zubau von Wohngebäuden wird durch die statistischen Daten zur Bautätigkeit berücksichtigt.

Eine derartige Fortschreibung des Gebäude- und Wohnungsbestandes ist über die Regionaldatenbanken der Länder ([30], [31], [32], [33], [34], [35]) in Form einer Aufschlüsselung des Wohnungsbestandes bei den alten Bundesländern in Einfamilien-, Reihen- bzw. Doppel- und Mehrfamilienhäuser mit 3 bis 6 und mit 7 und mehr Wohneinheiten sowie bei den neuen Bundesländern in Ein- bzw. Zweifamilien- und Mehrfamilienhäuser mit 3 bis 6, 7 bis 12 und mit mehr als 12 Wohneinheiten (jeweils zum 31. Dezember des Jahres) verfügbar. Für den Zeitraum nach der entsprechenden Volkszählung werden die folgenden neuen Baualtersklassen eingeführt:

- 1988-1995 (zum Angleichen der neuen Bundesländer an die alten),
- 1996-2001 (mit erster EnEV 2002 geringerer Energiebedarf),
- 2001-2010 (Datengrundlage bis 2010 verfügbar).

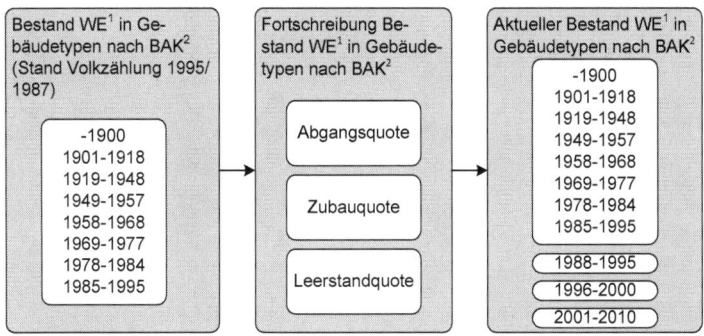

Abb. 3.1: Vorgehen zur Ermittlung des aktuellen Wohnbestands ([1]Wohneinheiten; [2]Baualtersklassen)

Zur Berechnung der Anzahl der Wohneinheiten für die jeweilige Baualtersklasse werden zunächst für die Gemeinde i, Gebäudekategorie j und Baualtersklasse k durch Berücksichtigung der Abgänge die Anzahl der am Ende der neuen Baualtersklasse existenten alten Wohneinheiten $W_{i,j,k}$ berechnet. Das erfolgt nach Gleichung (3.1) mit der Anzahl der Wohneinheiten vor der Hochrechnung $\dot{W}_{i,j,k}$, der Abgangsquote a und der Anzahl der Jahre n, die die Baualtersklasse andauert.

$$W_{i,j,k} = \dot{W}_{i,j,k}(1 - a)^n \tag{3.1}$$

Aus der Differenz der berechneten Anzahl der älteren Wohneinheiten unter Berücksichtigung der Abgänge und dem aus der Gebäude- und Wohnungsfortschreibung vorliegenden Gesamtwert an Wohneinheiten $W_{i,j,gesamt}$ am Ende der jeweiligen Baualtersklasse ergibt sich die gesuchte Anzahl an Wohneinheiten für die Baualtersklasse nach Geichung (3.2).

$$W_{i,j,neu} = \sum_k W_{i,j,k} - W_{i,j,gesamt} \tag{3.2}$$

Zusätzlich muss der Wohnungsleerstand berücksichtigt werden. Da ein Großteil der leerstehenden Wohnungen gar nicht oder nur geringfügig geheizt wird, wird für leerstehende Wohneinheiten eine reduzierte Energienachfrage von 20 % [28] der nicht leerstehenden WE angenommen. Die entsprechenden Leerstandsquoten für die verschiedenen Bundesländer sind in Tabelle 3.1 zusammengefasst. Ein Auszug der aufbereiteten Datenbasis mit den Wohneinheiten nach Baualtersklassen und Gebäudetypen ist im Anhang A ab Tabelle A 3 exemplarisch für das Land Schleswig-Holstein dargestellt.

Tabelle 3.1: Leerstandsquote der Bundesländer [36]

Baden-Württemberg	6,9 %	Niedersachsen	5,3 %
Bayern	6,6 %	Nordrhein-Westfalen	7,8 %
Berlin	8,7 %	Rheinland-Pfalz	8,0 %
Brandenburg	11,4 %	Saarland	8,3 %
Bremen	4,3 %	Sachsen	14,5 %
Hamburg	4,3 %	Sachsen-Anhalt	16,6 %
Hessen	6,3 %	Schleswig-Holstein	5,3 %
Mecklenburg-Vorpommern	11,3 %	Thüringen	10,5 %

Die berechnete Wohneinheitenverteilung auf Baualtersklassen und Gebäude-typen gibt die Raumwärmenachfrage je WE in Abhängigkeit der Baualtersklasse und des Gebäudetyps für die alten und neuen Bundesländer an. Mit dieser wird unter Berücksichtigung der Gebäudetypologien (Tabelle 3.2; Tabelle 3.3) der Gesamtwärmebedarf Q_{ges} eines betrachteten Gebietes bestimmt.

Tabelle 3.2: Gebäudetypologie der alten Bundesländer [28]

Raumwärmenachfrage (kWh/WE[1]a) BAK[2]	EFH[3]	RDH[4]	MFH 3-6WE[5]	MFH 7+WE[6]
-1900	21 845	16 327	12 977	7 526
1901-1918	21 845	16 327	12 977	7 526
1919-1948	22 990	14 497	10 441	11 131
1949-1957	29 379	13 130	12 086	8 352
1958-1968	22 236	14 594	13 190	10 041
1969-1977	21 088	14 298	10 327	9 479
1978-1984	18 930	13 663	8 709	7 201
1985-1995	16 852	10 534	6 333	4 995
1996-2000	14 741	11 278	7 727	6 065
2001-2010	10 651	10 651	4 550	4 550

[1]Wohneinheiten;[2]Baualtersklassen; [3]Einfamilienhäuser; [4]Reihen/Doppelhäuser; [5]Mehrfa-milienhäuser mit 3-6 Wohneinheiten; [6]Mehrfamilienhäuser mit 7 und mehr Wohneinheiten

Tabelle 3.3: Gebäudetypologie der neuen Bundesländer [28]

Raumwärmenachfrage (kWh/WE[1]a) BAK[2]	EZFH[3] mit 1-2 WE	MFH[4] mit 3-6 WE	MFH[5] mit 7-12 WE	MFH[6] ab 13 WE
-1900	18 016	11 022	8 775	8 414
1901-1918	18 016	11 022	8 775	8 414
1919-1948	16 595	8 848	8 323	8 019
1949-1968	21 473	8 294	7 876	7 436
1969-1981	21 040	6 449	5 298	5 233
1982-1987	20 684	7 593	5 900	5 605
1988-1995	16 209	6 710	5 490	5 185
1996-2000	13 780	5 525	5 200	4 875
2001-2010	10 651	4 550	4 550	4 550

[1]Wohneinheiten; [2]Baualtersklassen; [3]Ein-/Zweifamilienhäuser; [4]Mehrfamilienhäuser mit 3-6 Wohneinheiten; [5]Mehrfamilienhäuser mit 7-12 Wohneinheiten; [6]Mehrfamilienhäuser mit 13 und mehr Wohneinheiten

Die Berechnung der Gesamtwärmenachfrage N zur Raumwärmebereitstellung R in einem betrachteten Gebiet $Q_{ges,R,N}$ erfolgt nach Gleichung (3.3) mit der Anzahl der Wohneinheiten W und dem spezifischen Raumwärmebedarf $Q_{spez,R}$ nach Baualtersklassen k und Gebäudetypen j.

$$Q_{ges,R,N} = \sum_{j,k} W_{j,k} \, Q_{spez,R,j,k} \qquad (3.3)$$

Wärmenachfrage zur Brauchwassererwärmung. Die durchschnittliche Niedertemperaturwärmenachfrage zur Brauchwarmwasserbereitstellung beträgt ca. 700 kWh/(Pers. a) [37]. Die zur Hochrechnung benötigte durchschnittliche Personenzahl einer Wohneinheit $x_{Pers,j}$ ist u. a. abhängig von deren Zugehörigkeit zu einem Gebäudetyp, der geografischen Lage (u. a. neue oder alte Bundesländer) (Tabelle 3.4) und der Größe der Gemeinde [54].

Tabelle 3.4: Personelle Belegung je Gebäudetyp ($x_{Pers,j}$) [38]

Gebäudekategorie	ABL[1]	NBL[2]
Einfamilienhaus mit 1 WE[3]	2,6	2,5
Reihenhaus mit 2 WE	2,1	2,1
Mehrfamilienhaus mit 3 bis 6 WE	1,9	1,9
Mehrfamilienhaus mit 7 bis 12 WE	1,8	1,8
Mehrfamilienhaus mit 13 bis 20 WE	1,7	1,7
Mehrfamilienhaus mit mehr als 21 WE	1,7	1,7

[1]Alte Bundesländer; [2]Neue Bundesländer; [3]Wohneinheiten

Die durchschnittliche Personenbelegung der Wohneinheiten x_{Pers} der verschiedenen Gebäudetypen kann nach Gleichung (3.4) mit p der Einwohnerzahl, W der Anzahl der Wohneinheiten, i der Gemeinde und j dem Gebäudetyp zur gemeindespezifischen Personenbelegung $x_{i,j}$ angepasst werden, da diese außer durch den Gebäudetyp auch durch die Gemeindegröße (d. h. aktuelle Einwohnerzahlen) beeinflusst wird [54].

$$x_{i,j} = \frac{p_i}{\sum_k W_{i,j} x_{Pers,j}} \, x_{Pers,j} \qquad (3.4)$$

Mit der gemeindespezifischen Belegung lässt sich dann nach Gleichung (3.5) je Gemeinde die Wärmenachfrage $Q_{B,N,i}$ zur Brauchwarmwassererwärmung ermitteln. $q_{spez,B}$ ist die durchschnittliche Niedertemperaturwärmenachfrage zur Brauchwarmwasserbereitstellung pro Person, x_i die Belegung je Wohneinheit, W die Anzahl der Wohneinheiten, i die Gemeinde und j der Gebäudetyp [54].

$$Q_{B,N,i} = \sum_j W_{i,j} x_{i,j} q_{spez,B} \qquad (3.5)$$

Die Gesamtwärmenachfrage zur Brauchwassererwärmung $Q_{ges,B,N}$ in einem betrachteten Gebiet errechnet sich abschließend aus den betrachteten Gemeinden i und deren Wärmenachfrage $Q_{B,N,i}$ nach Gleichung (3.6).

$$Q_{ges,B,N} = \sum_i Q_{B,N,i} \tag{3.6}$$

3.1.1.2 Gewerbe, Handel und Dienstleistung

Die Wärmenachfrage aus dem GHD-Sektor (d. h. Gewerbe, Handel, Dienstleistung) wird weniger von der Baualtersklasse und Gebäudetypologie, sondern primär von der Nutzung und dem Zweck des Gebäudes bestimmt. I. Allg. ist innerhalb einer GHD-Branche die spezifische Wärmenachfrage weitgehend homogen [48]. Ausgehend davon wird nachfolgend eine Methodik zur Quantifizierung der sich ergebenden Niedertemperaturwärmenachfrage dargestellt.

Pro GHD-Branche liegen auf die Beschäftigten bezogene Energienachfragedaten vor (Tabelle 3.5) [28]. Für die hier realisierte gemeindescharfe Abschätzung müssen damit für jede Gemeinde die je GHD-Wirtschaftszweig beschäftigten Personen zusammengestellt werden [39] [54].

Tabelle 3.5: Spezifische Niedertemperaturwärmenachfrage des GHD-Sektors nach Branchen [28]

1	Land- und Forstwirtschaft, Fischerei	0,00 GJ/(Pers. a)
2	Bergbau und Gewinnung von Steinen und Erden	0,67 GJ/(Pers. a)
3	Verarbeitendes Gewerbe	6,48 GJ/(Pers. a)
4	Energie- und Wasserversorgung	1,68 GJ/(Pers. a)
5	Baugewerbe	0,72 GJ/(Pers. a)
6	Handel; Instandhaltung und Reparatur von Kfz und Gebrauchsgütern	2,41 GJ/(Pers. a)
7	Gastgewerbe	7,01 GJ/(Pers. a)
8	Verkehr und Nachrichtenübermittlung	3,36 GJ/(Pers. a)
9	Kredit- und Versicherungsgewerbe	3,36 GJ/(Pers. a)
10	Grundstücks- und Wohnungswesen; Erbringung von Dienstl. für Untern.	3,36 GJ/(Pers. a)
11	Öffentliche Verwaltung, Verteidigung und Sozialversicherung	3,36 GJ/(Pers. a)
12	Erziehung und Unterricht; Gesundheits-, Veterinär- und Sozialwesen	14,01 GJ/(Pers. a)

Die Wärmenachfrage in einem betrachteten Gebiet $Q_{KV,m}$ einer Branche m berechnet sich mit der personenspezifischen Niedertemperaturwärmenachfrage einer Branche $q_{pers,m}$ (Tabelle 3.5) und der Anzahl der Beschäftigten in jener Branche $p_{B,m}$ in dem betrachteten Gebiet nach Gleichung (3.7).

$$Q_{KV,m} = q_{Pers,m} p_{B,m} \tag{3.7}$$

Die gesamte Wärmenachfrage aus dem Bereich Gewerbe, Handel und Dienst-leistung $Q_{ges,KV,N}$ berechnet sich damit nach Gleichung (3.8) aus der Summe der Wärmenachfrage, die in dem betrachteten Gebiet in den verschiedenen Branchen anfällt.

$$Q_{ges,KV,N} = \sum_m Q_{KV,m} \tag{3.8}$$

3.1.1.3 Industrie

Niedertemperaturwärme wird in der Industrie prozessbedingt und zur Beheizung von Räumen benötigt. Nachfolgend wird das zugrunde gelegte Vorgehen zur Bestimmung dieser Niedertemperaturwärmenachfrage dargestellt [54].

Die Wärmenachfrage der Industrie kann aus dem Energieverbrauch nach Energieträgern [40] (siehe Auszug Anhang A Tabelle A 11), den Beschäftigten je Industriesektor [41] (siehe Auszug Anhang A Tabelle A 12) und dem bran-chenspezifischen Anteil der Niedertemperaturwärme abgeleitet werden [42] (siehe Auszug Anhang A Tabelle A 13). Der Anteil einzelner Industriebranchen an der pro Kreis vorhandenen Industrie wird in Form der Beschäftigtenanzahl je Industriesektor o auf Länderebene statistisch erfasst [40]. Anhand der absoluten Zahlen lässt sich die prozentuale Zusammensetzung der Industrie aus den ver-schiedenen Industriebranchen $x_{IB,o}$ des jeweiligen Landes ableiten [54].

Die Niedertemperaturwärmenachfrage in einem betrachteten Gebiet aus der Industrie $Q_{ges,Ind,NT}$ berechnet sich aus Gleichung (3.9) mit der prozentualen Zusammensetzung aus den Industriebranchen $x_{IB,o}$, dem spezifischen Nieder-temperaturwärmeanteil einer Branche $x_{NT,o}$ und der Gesamtwärmenachfrage $Q_{ges,Ind,o}$ einer Branche o in dem betrachteten Gebiet.

$$Q_{ges,Ind,NT} = \sum_o (x_{IB,o} x_{NT,o}) Q_{ges,Ind,o} \tag{3.9}$$

3.1.2 Wärmenachfrage an der Anlage

Die in Kapitel 3.1.1 bestimmte Wärmenachfrage in der Umgebung potenzieller Anlagenstandorte kann zum einen wie beschrieben fernwärmetechnisch mit ge-othermischer Wärme beliefert werden. Zusätzlich bietet sich die Möglichkeit eine Wärmesenke an die Anlage zu verlagern; dies macht insbesondere dann Sinn, wenn der Transport der Gutes, für dessen Weiterverarbeitung Niedertemperaturwärme benötigt wird, mit einem geringen technischen und wirtschaftlichen Aufwand verbunden ist. Ziel der vorliegenden Arbeit ist in diesem Zusammenhang eine vertiefte Untersuchung der konvektive Trocknung.

Zur konvektiven Trocknung bieten sich viele Güter an (Abb. 3.2), die bisher in ihrer Verarbeitungskette z. T. auch mit aus fossilen Energien erzeugter Niedertemperaturwärme getrocknet werden. Zusätzlich müssen diese Güter aus ökonomischen Gründen in einem angemessenen Radius (ca. 200 km) von dem Standort der Erzeugung zu einem potenziellen Anlagenstandort der Geothermieanlage angeliefert werden können. Grundsätzlich geeignet sind damit Güter, wenn (a) der Trocknungsprozess, als Teil einer Prozesskette, ohne weiteres ausgegliedert werden kann und (b) in der bisherigen Prozesskette nicht sowieso Restwärme aus Hochtemperaturprozessen anfällt, mit der die Güter getrocknet werden können [17].

In Abb. 3.2 sind verschiedene Produktgruppen und eine Auswahl von Gütern, die zur Trocknung mit Niedertemperaturwärme geeignet sind, dargestellt [76]. Die Produktgruppen unterscheiden sich z. T. durch ihre Industriesektorzugehörigkeit und zum anderen anhand ihrer Produktzusammensetzung oder -verwertung.

Um zu zeigen, dass die Wärmenachfrage zur konvektiven Trocknung in einer relevanten Größenordnung liegt, wird für eine exemplarische Auswahl von Gütern die resultierende Wärmenachfrage bestimmt. Die Auswahl der Güter erfolgt anhand der dargestellten Produktgruppen; in Abhängigkeit der verfügbaren Daten wird aus jeder Produktgruppe mindestens ein Gut betrachtet. Die Produkte aus der keramischen und chemischen Industrie werden nicht berücksichtigt, da in deren Herstellungsprozess meist Wärmequellen mit höheren Temperaturniveaus involviert sind, dessen Abwärme im Regelfall zur konvektiven Trocknung genutzt werden kann.

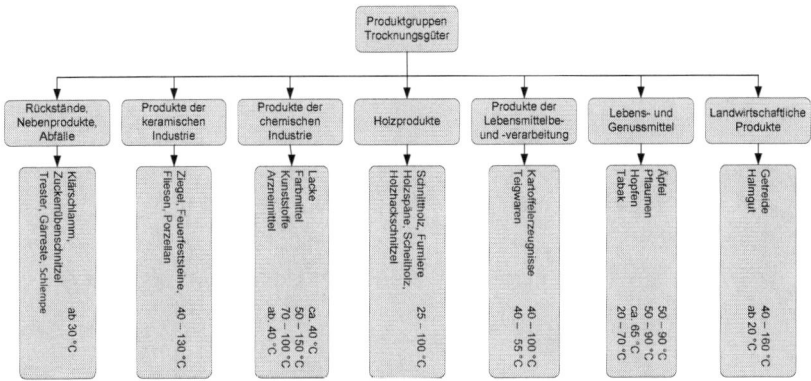

Abb. 3.2: Produktgruppen Trocknungsgüter und Niedertemperaturtrocknungsoptionen

Um für ein Gut das Niedertemperaturwärmenachfragepotenzial in einem betrachteten Gebiet zu bestimmen ist zunächst die potenziell vorhandene Durchsatzmenge zu ermitteln. Ausgehend von der Durchsatzmenge eines Gutes werden unter Berücksichtigung der physikalischen Randbedingungen des Trocknungsprozesses der spezifische Energieverbrauch und die daraus resultierende Niedertemperaturwärmenachfrage abgeleitet. Der spezifische Energieverbrauch einer Trocknungsaufgabe q_{ges} bestimmt die auszukoppelnde Wärmemenge aus dem Thermalwasser und setzt sich zusammen aus der Wärme zur Verdampfung des Wassers q_{verd} und den Verlustwärmeströmen q_{verl} nach Gleichung (3.10).

$$q_{ges} = q_{verd} + q_{verl} \tag{3.10}$$

Dabei berechnet sich die Verdampfungswärme näherungsweise aus der spezifischen Verdampfungsenthalpie von Wasser $h_{H_2O,0°C}$ bei 0 °C (2 502 kJ/kg), der spezifischen Wärmekapazität von Wasserdampf $c_{p,D}$ (1,87 kJ/kgK) und Wasser $c_{p,W}$ (ca. 4,19 kJ/kgK bei 20°C) nach Gleichung (3.11). $T_{L,aus}$ (30 °C) ist die mittlere Temperatur der Trocknungsluft bei Verlassen des Trockners und $T_{Gut,ein}$ (15 °C) die durchschnittliche Temperatur des Trocknungsgutes bei Eintritt in den Trockner (Umgebungstemperatur) [43].

$$q_{verd} = h_{H_2O,0°c} + c_{p,D}T_{L,aus} - c_{p,W}T_{Gut,ein} \tag{3.11}$$

Die Verlustenergie setzt sich aus drei Teilwärmeströmen zusammen (Gleichung (3.12)); der Verlustwärme $q_{L,ab}$, die aus dem Trockner mit der wasserbeladenen Luft ausgetragen wird, der Verlustwärme $q_{erw,Gut}$, die zur Erwärmung

43

des Gutes notwendig ist und der Verlustwärmestrom q_{Kammer}, der über die heißen Anlagenkomponenten an die Umgebung abgegeben wird.

$$q_{verl} = q_{L,ab} + q_{erw,Gut} + q_{Kammer} \tag{3.12}$$

Den größten Anteil an der Verlustenergie hat die Wärmemenge $q_{L,ab}$. Diese berechnet sich aus dem Massenströmen der trocknen Luft $\dot{m}_{L,tr}$ und des verdunsteten Wassers $\dot{m}_{H_2O,verd}$, der Wärmekapazität der Luft im Austrittszustand $c_{p,L,aus}$ (ca. 1,005 kJ/kgK) und der Temperaturdifferenz zur Umgebung $(T_{L,aus} - T_{L,Umg})$ (Gleichung (3.13)) [42].

$$q_{L,ab} = \frac{\dot{m}_{L,tr}}{\dot{m}_{H2O,verd}} c_{p,L,aus}(T_{L,aus} - T_{L,Umg}) \tag{3.13}$$

Das Verhältnis der Massenströme von Trockenluft zum verdunsteten Wasser wird aus dem H_{1+x}-Diagramm abgeleitet. Die erzielbare Wasserbeladung der Luft während des Trocknungsprozesses wird, unter der Annahme eines Sättigungsgrades φ von 0,5 und einem Anfangswassergehalt x_{ein} in der Luft von 4 g_{H_2O}/kg$_{Luft}$, dem H_{1+x}-Diagramm in Anhang A (Abb A 1) entnommen [44], [45]. Für den Trocknungsprozess wird von einer oberen Trocknungstemperatur $T_{Gut,max}$ von 60 °C ausgegangen. Demnach ist unter den gewählten Randbedingungen eine Wasserbeladung x_{aus} von 16 g_{H_2O}/kg$_{Luft}$ möglich. Unter Berücksichtigung der Anfangswasserbeladung der Luft wird in dem betrachteten Trocknungsprozess von der Trocknungsluft eine Wassermenge von 12 g_{H_2O}/kg$_{Luft}$ aufgenommen [46], [47].

Die Verlustenergie $q_{erw,Gut}$ berechnet sich nach Gleichung (3.14) aus der Feuchte des Gutes vor und nach der Trocknung $(X_{Gut,ab}, X_{Gut,zu})$, der spezifischen Wärmekapazität des Gutes $c_{p,Gut}$ und der Temperaturdifferenz $(T_{Gut,ab} - T_{Umg})$ auf die das Gut gegenüber der Umgebung aufgewärmt wird. Bei der Trocknung von Gütern mit sehr hohen Wassergehalten ist der Anteil dieser Verlustenergie sehr gering und kann daher im Kontext dieser Untersuchung vernachlässigt werden [42].

$$q_{erw,Gut} = \frac{1 + X_{Gut,ab}}{X_{Gut,zu} - X_{Gut,ab}} \cdot c_{p,Gut} \cdot (T_{Gut,ab} - T_{Umg}) \tag{3.14}$$

Die Verlustwärme q_{Kammer} liegt aufgrund der sehr guten Isolation der Trocknungskammer meist unter 1 % des Energiebedarfs und wird hier aufgrund des geringen Beitrags ebenfalls vernachlässigt [42].

Zusammenfassend lässt sich näherungsweise der spezifische Energieverbrauch q_{ges} zum Verdampfen von 1 kg Wasser mit der Vereinfachung
$q_{erw,Gut} = 0$ und $q_{Kammer} = 0$ nach Gleichung (3.15) berechnen [42].

$$q_{ges} = h_{H_2O,0°c} + c_{p,D}T_{L,aus} - c_{p,W}T_{Gut,ein} + \frac{\dot{m}_{L,tr}}{\dot{m}_{H_2O,verd}}c_{p,L,aus}(T_{L,aus} - T_{L,Umg}) \quad (3.15)$$

Daraus lässt sich unter Berücksichtigung der Anfangs- Y_1 und Endwassergehalte
Y_2 die spezifische Enthalpie h_{bed} ableiten die für eine definierte Trocknungsaufgabe aufzubringen ist, um 1 kg eines Gutes zu trocken (Gleichung (3.16)) [42].

$$h_{bed} = (Y_1 - Y_2)[h_{H_2O,0°c} + c_{p,D}T_{L,aus} - c_{p,W}T_{Gut,ein} + \frac{\dot{m}_{L,tr}}{\dot{m}_{H_2O,verd}}c_{p,L,aus}(T_{L,aus} - T_{L,Umg})] \quad (3.16)$$

Durch Multiplikation mit der Durchsatzmenge des Gutes $\dot{m}_{Gut}$ ergibt sich die
Wärmenachfrage als die Energiemenge $q_{Nach,Tr}$, die durch Niedertemperatur-
wärmetrocknung eines Gutes nachgefragt wird, nach Gleichung (3.17).

$$q_{Nach,Tr} = \dot{m}_{Gut}h_{bed} \quad (3.17)$$

3.2 Quantifizierung der Wärmenachfragepotenziale

Ausgehend von der identifizierten Wärmenachfrage (Kapitel 3.1) werden die für
eine geothermische Versorgung relevanten Nachfragepotenziale abgeleitet. Dazu werden Potenzialbegriffe definiert und die Methodik zur Quantifizierung der
Potenziale in der Umgebung potenzieller Anlagenstandorte und an der Anlage
dargestellt.

3.2.1 Definition der Potenzialbegriffe

Um die für eine geothermische Versorgung relevanten Nachfragepotenziale zu
quantifizieren werden zunächst die Potenzialbegriffe definiert. Folgende Potenziale werden erhoben:

- Als technisches Nachfragepotenzial ist der Anteil der Wärmenachfrage definiert, der geothermisch erschließbar ist; d. h. die Wärmesenken befinden sich
  (a) in potenziell geothermisch nutzbaren Gebieten und sind (b) fernwärmetechnisch erschließbar.

- Das noch durch leitungsgebundene Energieträger unerschlossene Nachfragepotenzial ergibt sich aus der Differenz des technischen Nachfragepotenzials
  und dem bereits durch Gas- und Fernwärmenetze erschlossenen Nachfragepo-

tenzial. Unterstellt wird dabei, dass es aus gegenwärtiger Sicht keine ökonomischen Argumente für die Umrüstung eines Gebietes, das bereits durch ein Gasnetz erschlossen ist, auf eine geothermische Versorgung gibt und die bereits fernwärmetechnisch erschlossenen Gebiete nicht erneut erschlossen werden [48] [54].

- Für bereits fernwärmetechnisch erschlossene Nachfragepotenziale bietet sich eine Umrüstung auf eine geothermische Wärmeversorgung an, dies entspricht dem geothermisch substituierbare Nachfragepotenzial.

- Das wirtschaftlich erschließbare Nachfragepotenzial entspricht dem Anteil des unerschlossenen Nachfragepotenzials, das auch unter Berücksichtigung ökonomischer Aspekte erschließbar wäre. Ein bisher durch Gas- oder Fernwärmenetze unerschlossenes aber geothermisch erschließbares Gebiet ist aus ökonomischer Sicht dann attraktiv für eine geothermische Erschließung, wenn die dort vorherrschende bisherige Wärmeversorgung gegenüber einer möglichen geothermischen Wärmeversorgung höhere Wärmegestehungskosten aufweist.

3.2.2 Nachfragepotenziale in der Umgebung potenzieller Anlagenstandorte

Potenzielle Kunden für geothermisch bereitgestellte Niedertemperaturwärme finden sich bei den Haushalten, im GHD-Sektor und in der Industrie. Nachfolgend wird die Methodik zur Quantifizierung der definierten Potenzialbegriffe (Kapitel 3.2.1) für diese Sektoren dargestellt.

3.2.2.1 Technisches Nachfragepotenzial

Haushalte. Haushaltskunden fragen Raumwärme und Brauchwarmwasser nach. Nachfolgend wird für beides eine Vorgehensweisen nach dem in Abb. 3.3 dargestellten Schemata zur Quantifizierung des geothermisch erschließbaren (technischen) Nachfragepotenzials vorgestellt.

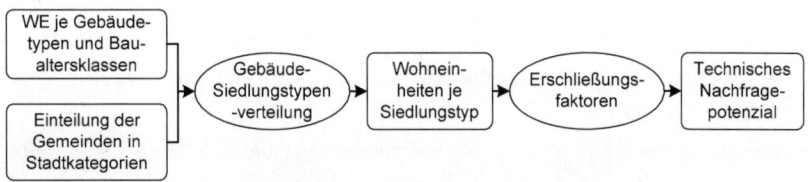

Abb. 3.3: Vorgehensweise Quantifizierung technisches Nachfragepotenzial

Aus der Wärmenachfrage zur Raumwärmebereitstellung (Kapitel 3.1.1.1) errechnet sich das geothermisch erschließbare Nachfragepotenzial unter der Voraussetzung, dass die Wärmesenken fernwärmetechnisch von potenziellen Anlagenstandorten erschließbar sind. Ob eine Wärmesenke fernwärmetechnisch erschließbar ist hängt primär von der Siedlungsgeometrie und dem Zersiedlungsgrad – und damit der Nachfragedichte – des betrachteten Gebietes ab. Je höher die Zersiedlung, desto aufwändiger ist die fernwärmetechnische Erschließung und desto höher sind die Kosten und desto unwahrscheinlicher ist eine Erschließung [54].

Die Siedlungsgeometrie und der Zersiedlungsgrad sind statistisch nicht erfasst. Sie werden aber in [49] empirisch u. a. anhand von Satellitenbildern verschiedener Siedlungstypen mit Hilfe einer Geoinformationssystem-Software erhoben. Dabei werden den bereits fernwärmetechnisch erschlossenen Gebieten siedlungsgeometrisch ähnliche aber noch unerschlossene Bereiche in einem Siedlungstyp zugeordnet und als erschließbar eingestuft. So kann für jeden Typ der prozentuale Anteil der maximal fernwärmetechnisch erschließbaren Nachfragepotenziale abgeleitet werden (Tabelle 3.6) [54].

Tabelle 3.6: Erschließbarkeitsfaktoren der Siedlungstypen [48]

Siedlungstyp	Erschließbarkeitsfaktor
1 Streusiedlung	0 %
2 Einfamilienhaussiedlung	15 %
3 Dorfkern	20 %
4 Reihenhaussiedlung	25 %
5 Zeilenbauten, 3 bis 5 Geschosse	65 %
6 Hochhäuser und große Zeilenbebauung	100 %
7 Städtische Blockrandbebauung	50 %
8 City-Bebauung, hohe Dichte	80 %
9 Historische Altstadt	80 %
10 Gewerbegebiet	100 %

Zur Bestimmung des fernwärmetechnisch erschließbaren Nachfragepotenzials werden die identifizierten Wohneinheiten zunächst den Siedlungstypen zugeordnet. Die Zuordnung erfolgt nach der Gebäude-Siedlungstypenverteilung auf Stadtkategorien [48]. Die Einteilung einer Gemeinde in eine Stadtkategorie (Tabelle 3.7) ist primär abhängig von der Anzahl der Einwohner und sekundär (Stadtkategorie VI und VII), ob sich eine Gemeinde in einer hoch verdichteten Zone oder in der Peripherie einer Großstadt befindet. Eine hoch verdichtete Zone liegt dann vor, wenn bei einer Stadt eine oder mehrere Städte der gleichen Stadtkategorie in nächster Nähe angesiedelt sind. Das Umfeld der Peripherie einer Großstadt ist dann gegeben, wenn die Nachbarstadt über 100 000 Einwohner hat. Für beide Kategorien dürfen die minimalen Abstände zwischen den bebauten Flächen höchstens 1 km betragen [28]. Die zusätzlich notwendige Einteilung der Gemeinden nach Einwohnerzahlen erfolgt anhand der statistischen Erhebungen der Landesämter ([30], [31], [32], [33]) und die Abwägung, ob sich eine Gemeinde in Stadtkategorie VI oder VII befindet durch die Analyse von frei zugänglichen Satellitenbildern [50].

Tabelle 3.7: Definition Stadtkategorien [48]

Kategorie	Alte Bundesländer
I	Kleinstädte mit 20 000 bis 50 000 Einwohnern und mehr als 2 000 Wohneinheiten in Mehrfamilienhäusern
II	Mittelgroße Städte mit 50 001 bis 150 000 Einwohnern
III	Größere Städte mit 150 001 bis 450 000 Einwohnern
IV	Großstädte mit 450 001 bis 650 000 Einwohnern
V	Städte mit mehr als 650 000 Einwohnern
VI	Städte mit 20 000 bis 450 000 Einwohnern in hoch verdichteten Zonen
VII	Städte mit 20 000 bis 80 000 Einwohnern in der Peripherie einer Großstadt
	Neue Bundesländer
VIII	Kleinstädte mit 20 000 bis 50 000 Einwohnern und mehr als 2 000 Wohneinheiten in Mehrfamilienhäusern
IX	Mittelgroße bis große Städte ab 50 001 Einwohner

Die Gebäude-Siedlungstypenverteilung [48] berücksichtigt neben der einwohnerzahlabhängigen Stadtkategorie außerdem den Gebäudetyp und die Baualtersklasse einer Wohneinheit. In Tabelle 3.8 ist ein Auszug für die Stadtkategorie V (Großstädte) und Mehrfamilienhäuser mit mehr als 7 Wohneinheiten dargestellt (weitere siehe Anhang A Tabelle A 7 und Tabelle A 8). Durch die Baualtersklassen wird berücksichtigt, dass in einer Zeitphase ähnliche Siedlungsstrukturen entstanden sind. Mehrfamilienhäuser mit mehr als 7 Wohneinheiten wurden z. B. in der Zeit der Industrialisierung im 19. Jahrhundert vorwiegend als Blockrandbebauung (Siedlungstyp 7) realisiert; diese wurden im Laufe der Zeit primär durch 3- bis 5-geschössige Wohnblocks (Siedlungstyp 5) ersetzt und jüngst haben Hochhäuser (Siedlungstyp 6) langsam an Bedeutung gewonnen.

Tabelle 3.8: Auszug Gebäude/Siedlungstypenverteilung MFH 7+ Kategorie V

Siedlungs-typ	Verteilung WE[1] aus MFH[1] 7+ in % auf Siedlungstypen							
	1901-1918	1919-1948	1949-1957	1958-1968	1969-1978	1979-1983	1984-1995	1996-2000
1	0	0	0	0	0	0	0	0
2	0	0	0	0	0	0	0	0
3	0	0	0	0	0	0	0	0
4	2	2	2	2	2	2	2	2
5	33	40	55	0,65	66	66	70	70
6	3	3	10	20	25	22	17	17
7	50	50	30	10	5	8	10	10
8	10	3	3	3	2	2	1	1
9	2	2	0	0	0	0	0	0

[1]Wohneinheiten; [2]Mehrfamilienhäuser

Die Berechnung der Wärmenachfrage je Siedlungstyp Q_{ST} erfolgt mit der prozentualen Verteilung $x_{G,ST}$ (Tabelle 3.8), der Anzahl der Wohneinheiten W_k und dem spezifischen Raumwärmebedarf $Q_{Spez,R}$ je Baualtersklasse k und Gebäudetyp j (Tabelle 3.2) nach Gleichung (3.18).

$$Q_{ST} = \sum_{j,k} x_{G,ST,k,j} W_{k,j} Q_{Spez,R,k,j} \tag{3.18}$$

Das technische Nachfragepotenzial zur Raumwärmebereitstellung $Q_{ges,R,tech}$ berechnet sich damit in einem untersuchten Gebiet nach Gleichung (3.19) mit den in Tabelle 3.6 dargestellten Erschließbarkeitsfaktoren x_{EF}.

$$Q_{ges,R,tech} = \sum_{ST} x_{EF} Q_{ST} \tag{3.19}$$

Der geothermisch erschließbare Anteil von der in Kapitel 3.1.1.1 bestimmten Wärmenachfrage für die Brauchwassererwärmung wird analog zum Vorgehen bei der Raumwärme bestimmt.

Gewerbe, Handel und Dienstleistung. Ausgehend von der ermittelten Wärmenachfrage (Kapitel 3.1.1.2) wird nachfolgend eine Methodik zur Quantifizierung des technischen Nachfragepotenzials dargestellt.

Dabei wird anlog zur Bestimmung der Raumwärmenachfrage bei den Haushalten vorgegangen. Anstelle der Gebäude-Siedlungstypenverteilung wird die Gewerbe, Handel, Dienstleistung-Siedlungstypenverteilung nach [28] verwendet. In dieser erfolgt je Stadtkategorie eine prozentuale Zuordnung der Wärmenachfrage in Bereich Gewerbe, Handel, Dienstleistung zu den verschiedenen Siedlungstypen (siehe Anhang A Tabelle A 9 und Tabelle A 10). Die Wärmenachfrage je Siedlungstyp $Q_{KV,ST}$ berechnet sich nach Gleichung (3.20) mit der prozentualen Verteilung x_B der Wärmenachfrage einer Branche m je Siedlungstyp ST und der Wärmenachfrage einer Branche in dem betrachteten Gebiet $q_{KV,m}$.

$$Q_{KV,ST} = \Sigma_{m,ST}\, x_{B,ST,m} q_{KV,m} \qquad (3.20)$$

Das technische Nachfragepotenzial $Q_{ges,KV,Tech}$ berechnet sich in einem untersuchten Gebiet nach Gleichung (3.21) mit den in Tabelle 3.6 dargestellten Erschließbarkeitsfaktoren x_{EF}.

$$Q_{ges,KV,Tech} = \sum_{ST} x_{EF,ST} Q_{KV,ST} \qquad (3.21)$$

Industrie. Die industrielle Niedertemperaturwärmenachfrage kann in der Regel vollständig fernwärmetechnisch erschlossen werden, da ein Industriebetrieb aufgrund seiner Größe i. Allg. immer aus technisch-wirtschaftlicher Sicht an ein Verteilnetz angeschlossen werden kann und er sich zudem meist auch in einem Gewerbegebiet befindet; dies unterstützt die Erschließbarkeit zusätzlich. Das technische Nachfragepotenzial entspricht damit der Wärmenachfrage aus diesem Sektor (Kapitel 3.1.1.3) [54].

3.2.2.2 Unerschlossenes Nachfragepotenzial

Zur Bestimmung des mit leitungsgebunden Energieträgern noch unerschlossenen Nachfragepotenzials ist zunächst das bereits durch Fernwärme und Gasnetze erschlossene technische Potenzial zu bestimmen. Dies wird anschließend von dem technischen Nachfragepotenzial subtrahiert.

Zur Bestimmung des bereits fernwärmetechnisch erschlossenen Potenzials Q_{FW} wird auf einen Datensatz der Arbeitsgemeinschaft für Fernwärme [99] mit den Angaben zum Anschlusswert und der nutzbaren Wärmeabgabe in Wasser und Dampfnetzen verschiedener Unternehmen zurückgegriffen. (Auszug siehe Anhang A Tabelle A 13) [51], [52]. Die bestehenden Wärmenetze werden den untersuchten Gebieten zugeordnet.

Die bereits durch Gasnetze erschlossene Nachfrage Q_{Gas} wird aus den Regionalstatistiken der Länder [53] und dem daraus abgeleiteten pro Kopf Gasverbrauch zur Wärmebereitstellung $Q_{Gas,E}$ bestimmt. Mit der Anzahl der Einwohner p kann so näherungsweise der bereits durch Gasnetze erschlossene Anteil des technischen Nachfragepotenzials nach Gleichung (3.22) berechnet werden.

$$Q_{Gas} = pQ_{Gas,E} \tag{3.22}$$

Das leitungsgebunden noch unerschlossene Nachfragepotenzial $Q_{ges,un}$ ergibt sich abschließend aus Gleichung (3.23).

$$Q_{ges,un} = Q_{ges,Tech} - Q_{Gas} - Q_{FW} \tag{3.23}$$

3.2.2.3 Substituierbares Nachfragepotenzial

Das geothermisch substituierbare Nachfragepotenzial entspricht dem bereits fernwärmetechnisch erschlossenen Nachfragepotenzial Q_{FW} (vgl. Kapitel 3.2.2.2). In einem bereits durch ein Nah- oder Fernwärmenetz erschlossenen Gebiet wäre eine technische Erschließbarkeit mittels Erdwärme möglich, wenn die Wärmeerzeugungsanlage dieses Netzes die ökonomische oder technische Lebensdauer erreicht hat [54].

3.2.2.4 Wirtschaftliches Nachfragepotenzial

Nachfolgend wird die zugrunde gelegte Vorgehensweise dargestellt, das Nachfragepotenzial, das auch unter Berücksichtigung ökonomischer Aspekte erschließbar ist, zu bestimmen. Dabei wird davon ausgegangen, dass ein bisher durch Gas- oder Fernwärmenetze unerschlossenes aber geothermisch erschließbares Gebiet aus ökonomischer Sicht dann attraktiv für eine geothermische Erschließung ist, wenn die dort vorherrschende bisherige Wärmeversorgung gegenüber einer möglichen geothermischen Wärmeversorgung durchschnittlich höhere Wärmegestehungskosten aufweist. Um diese Gebiete zu identifizieren, erfolgt anhand von gebietsabhängig typischen unteren thermischen Nennanschlussleistungen für Geothermieanlagen eine Analyse der Mehr- bzw. Minderkosten einer geothermischen Wärmeversorgung vs. einer Versorgung durch eine dezentrale Ölfeuerung [54].

Bei dieser Kostenbetrachtung wird für die geothermische Wärme vorausgesetzt, dass sich die Geothermieanlage durch eine ausschließliche Strombereitstellung refinanziert; d. h. die Stromerzeugung des Kraftwerkteils wird durch die im EEG festgelegten Sätze (derzeit 0,25 €/kWh) vergütet. Zusätzlich wird vereinfachend davon ausgegangen, dass nur mit Heizöl versorgte Nachfrager und keine Wärmeversorgung durch Nah- oder Fernwärme bzw. auf Erdgasbasis ersetzt werden würde (d. h. kein Ersatz eines leitungsgebundenen Energieträgers) [54].

Die mittlere untere Nennanschlussleistung je Geothermieanlage $\dot{Q}_m$, die aus den genannten angebotsseitigen Gründen an einem potenziellen Standort mindestens erschlossen werden sollte, wird anhand der geologischen Gegebenheiten in Deutschland (Kapitel 2.1.3) und der beschriebenen Anlagentechnik (Kapitel 2.3) für jedes geothermiehöffige Gebiet näherungsweise nach Gleichung (3.24) berechnet. $\dot{m}$ ist der in dem Reservoir realisierbare Thermalwassermassenstrom, c_v die spezifische Wärmekapazität und ΔT die Temperaturspreizung [54].

$$\dot{Q}_m = \dot{m}c_v\Delta T \qquad (3.24)$$

Ausgehend von Gleichung (3.24) werden zur Bestimmung der thermischen Mindestleistung je geothermiehöffigem Gebiet jeweils konservative geologische Randbedingungen herangezogen. Demnach liegt der minimal geförderte Massenstrom je nach Gebiet zwischen 14 und 43 kg/s. Als Temperaturspreizung wird der in Fernwärmenetzen übliche Wert von 20 K angenommen. Tabelle 3.9 zeigt die definierten Parameter und die sich daraus ergebenden thermischen Leistungen [54].

Tabelle 3.9: Untere thermische Nennanschlussleistungen je geothermiehöffiges Gebiet [54]

		SMB[1]	ORG[2]	NDB[3]
Massenstrom	kg/s	43	25	14
Temperaturspreizung	K	20	20	20
Thermische Leistung	MW	4	2	1

[1]süddeutsches Molassebecken; [2]Oberrheingraben; [3]norddeutsches Becken

Bei der Vergleichsrechnung der Wärmegestehungskosten hat die Siedlungsstruktur eines Versorgungsgebietes für eine dezentrale Wärmeversorgung mit Heizölbrennwertthermen keinen Einfluss auf die spezifischen Wärmegestehungskosten. Die Wärmegestehungskosten für eine geothermische Wärmeversorgung hingegen werden davon erheblich beeinflusst. Die Erschließung einer Einfamilienhaussiedlung ist aus ökonomischer Sicht beispielsweise wesentlich teurer im Vergleich zu der Erschließung einer Siedlung mit 3 bis 6 geschossiger Zeilenbebauung.

Die Vergleichsrechnung wird als annuitätische Kostenrechnung nach VDI 2067 durchgeführt. Zunächst werden die Wärmegestehungskosten für die konventionelle Ölfeuerung bestimmt. Die damit definierte Kostengrenze und die daraus resultierenden Erschließungskosten für die konvetionelle Wärmeversorgung werden den spezifischen Erschließungskosten für eine geothermische

Wärmeversorgung gegenübergestellt und daraus das wirtschaftliche Potenzial abgeleitet (Abb. 3.4).

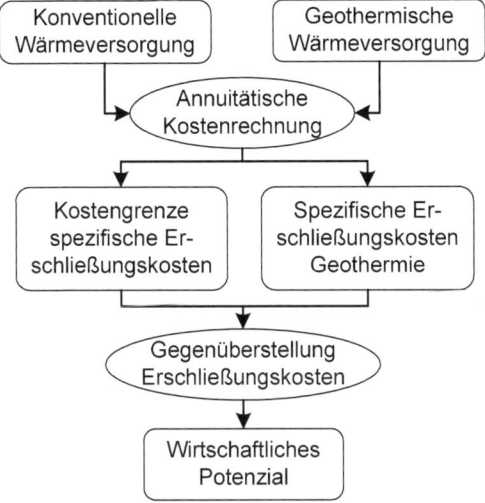

Abb. 3.4: Methodisches Vorgehen zur Bestimmung des wirtschaftlichen Nachfragepotenzials

Dabei werden die in Tabelle 3.10 dargestellten finanzmathematischen Rahmenannahmen zugrunde gelegt.

Tabelle 3.10: Finanzmathematische Rahmenannahmen Identifikation wirtschaftliches Potenzial

Betrachtungszeitraum	a	20
Realzins	%	4
Instandhaltungsfaktor	%	2
Abschreibungszeiträume		
Wärmeerzeuger/Regelung	a	15
Lagerraum	a	50
Pufferspeicher	a	25
Schornstein	a	30
Fernwärmeleitungen	a	35
Hausübergabestationen	a	35
Wärmeübertrager	a	25
Spitzenlastanlage	a	20
Ölfeuerung	a	20

Für den Haushalts- und GHD-Sektor wird vereinfacht eine Mehrfamilienhaussiedlung (Tabelle 3.11) angenommen und für die Industrie wird einheitlich eine Wärmebereitstellung durch Heizkessel mit einer Normheizlast von 500 kW unterstellt. Die Nennanschlussleistung entspricht exemplarisch einer der in Tabelle 3.9 definierten bereitstellbaren minimalen Wärmeleistungen für das Molassebecken von 4 MW bei einer Volllaststundenzahl von 1 750 h/a im Haushalts- und GHD- bzw. 4 000 h/a im Industriesektor. Die Zusammensetzung der Wärmeabnehmer aus den diskutierten Sektoren erfolgt entsprechend der durchschnittlichen Gesamtverteilung des technischen Nachfragepotenzials in den geothermiehöffigen Gebieten; demnach entfallen 40 % der Gesamtwärme auf den Industrie- und 60 % auf den Haushalts- und GHD-Sektor [54]. Bei der definierten Nennanschlussleistung werden damit im Haushalts- und GHD-Sektor 108 Heizölbrennwertthermen und in der Industrie 2 Anlagen nebst Peripherie substituiert.

Tabelle 3.11: Definition Versorgungsaufgaben [54]

Gebäudetyp		
Normheizlast Haushalte/GHD[1]	kW	29
Normheizlast Industrie	kW	500
Siedlungsspezifikation		
Nennanschlussleistung	MW	4
Anzahl Wärmeabnehmer (Haushalte, GHD / Industrie)		108 / 2
Volllaststunden (Haushalte, GHD / Industrie)	h/a	1 725 / 4 000
Sonstiges		
Brennwert Heizöl	kWh/l	10,08
Heizölpreis	€/l	0,75

[1]Gewerbe, Handel und Dienstleitung

Bei der konventionellen dezentralen Wärmeversorgung fallen Investitionen für den Wärmeerzeuger und dessen Regelung, Brennstofflager, Lagerraum, Pufferspeicher, Schornstein und Installation an; hinzukommen die Brennstoffkosten. Tabelle 3.12 zeigt die Investitionen sowie die verbrauchs- und betriebsgebundenen Kosten für den untersuchten Fall. Es ergeben sich für die konventionelle dezentrale Wärmeversorgung Wärmegestehungskosten von ca. 0,16 €/kWh; Diese bilden die Kostengrenze für die Wärmegestehungskosten einer geothermischen Wärmeversorgung K_{max} [54].

Tabelle 3.12: Investitionen, betriebs-, verbrauchsgebundene Kosten und Wärmegestehungskosten einer dezentralen Wärmeversorgung auf Heizölbasis [55]

Konventionelle Wärmeversorgung		Kosten
Investitionen		
Wärmeerzeuger / Regelung	k€	772
Lagerraum	k€	264
Pufferspeicher	k€	259
Schornstein	k€	233
Installation	k€	136
Summe	k€	1 665
Verbrauchsgebundene Kosten	k€/a	950
Betriebsgebundene Kosten		
Wartungskosten	€/a	22 296
Gebühren Schornsteinfeger	€/a	8 919
Versicherung	€/a	8 027
Summe	€/a	36 490
Wärmegestehungskosten	€/kWh	0,16

Durch Einsetzten der Kostengrenze in die annuitätische Kostenrechnung der geothermischen Wärmeversorgung (Tabelle 3.13) können die maximalen energiespezifischen Erschließungskosten abgeleitet werden; diese betragen unter den gewählten Randbedingungen 750 €/(MWh/a). Die neu definierte Kostengrenze für die Erschließungskosten wird den sich durch die vorhandene Siedlungsstruktur ergebenden Erschließungskosten in den geothermiehöffigen Gebieten gegenübergestellt und das wirtschaftliche Potenzial kann identifiziert werden (vgl. Abb. 3.4).

In dem jeweiligen geothermiehöffigen Gebiet sind damit die Anteile des technischen Nachfragepotenzials dann potenziell wirtschaftlich zu erschließen, wenn unter Berücksichtigung der bereits fernwärmetechnisch und durch ein Gasnetz erschlossenen Potenziale auf Basis der aus der Siedlungsstruktur resultierenden Gebäudeverteilung nach Siedlungstypen die maximalen spezifischen Erschließungskosten nicht überschritten werden [54].

Tabelle 3.13: Bestimmung der maximale Erschließungskosten

Verbrauchsgebundene Kosten			Investitionen		
Stromverbrauch Fernw.pumpe	k€/a	7	Wärmenetz	k€	6 700
Betrieb Spitzenlastkessel	k€/a	100	Wärmeübertrager	k€	56
Summe	k€/a	107	Hausübergabestationen	k€	1 152
Betriebsgebundene Kosten			Spitzenlastanlage/ Redundanz	k€	284
Wartungskosten Hausüb.stationen	€/a	164 735	Planung	k€	45
Verwaltung	€/a	41 184	Summe	k€	8 237
Versicherung	€/a	82 367			
Summe	€/a	288 286			
Wärmegestehungskosten			€/kWh	0,16	
Spezifische Erschließungskosten maximal			€/(MWh/a)	750	

Die Berechnung der energiespezifischen Erschließungskosten in den geothermiehöffigen Gebieten erfolgt auf Grundlage der in Tabelle 3.14 dargestellten Siedlungstyp-spezifischen Kosten- und Anschlusslängenverteilung [56].

Tabelle 3.14: Siedlungstypspezifische Anschlusskosten und -längen

	ST1[1]	ST2[2]	ST3[3]	ST4[4]	ST5[5]	ST6[6]	ST7[7]	ST8[8]	ST9[9]
Hausanschluss [€/m]	0	275	325	335	330	265	330	360	320
Unterverteilung [€/m]	235	260	260	260	265	275	275	295	295
Hausanschlussnetzlänge [m/Geb.]	0	8	6	8	10	15	10	8	6
Unterverteilnetzlänge [m/Geb.[10]]	81	15	14	6	13	13	17	14	6

[1]Streusiedlung; [2]EFH- Siedlung; [3]Dorfkern; [4]Reihenhaussiedlung; [5]MFH Zeilenbebauung; [6]MFH/HH Zeilenbebauung; [7]Blockbebauung; [8]Citybebauung; [9]Historische Altstadt; [10]Gebäude

Anhand der erarbeiteten gemeindespezifischen Gebäudetypenverteilung auf Siedlungstypen (Kapitel 3.2.2.1) (d.h. Anzahl der Gebäude r je Siedlungstyp s) können je Gemeinde mit den in Tabelle 3.14 angegebenen Kosten je Meter Hausanschluss $K_{HA,s}$ bzw. Unterverteilung $K_{UV,s}$ und den zugehörigen Netzlängen $l_{HA,s}$ bzw. $l_{UV,s}$ die Kosten zur Erschließung K_{er} der fernwärmerelevanten Gebäude bestimmt werden (Gleichung (3.25)).

$$K_{er} = \sum_{s=1}^{8} r_s(l_{HA,s}K_{HA,s} + l_{UV,s}K_{UV,s}) \tag{3.25}$$

Mit der Gemeindefläche A_i ergeben sich die flächenspezifischen Erschließungskosten $K_{er,A}$ der jeweiligen Gemeinde (Gleichung (3.26)).

$$K_{er,A} = \frac{K_{er}}{A_i} \tag{3.26}$$

Zum Abgleich mit der Kostengrenze werden unter Berücksichtigung der Wärmenachfragedichte des unerschlossenen Nachfragepotenzials δ_{un} die flächenspezifischen in energiespezifische Erschließungskosten $K_{er,Q}$ umgewandelt (Gleichung (3.27)).

$$K_{er,Q} = \frac{K_{er,A}}{\delta_{un}} \tag{3.27}$$

Liegen die energiespezifischen Erschließungskosten in einer Gemeinde unter der Kostengrenze ($K_{er,Q} < K_{max}$), sind die dort ansässigen unerschlossenen Wärmesenken unter den hier getroffenen Annahmen wirtschaftlich gegenüber einer dezentralen Wärmeversorgung mit Heizölbrennwertthermen erschließbar. Liegen die Erschließungskosten über der Kostengrenze ($K_{er,Q} > K_{max}$), ist die Versorgung mit geothermischer Restwärme gegenüber einer konventionellen

Wärmeversorgung mit einem höheren wirtschaftlichen Aufwand verbunden als bei einer konventionellen Wärmeversorgung.

3.2.3 Nachfragepotenziale an der Anlage

Das technische Potenzial (d. h. der geothermisch erschließbare Anteil) entspricht dem Anteil der Gesamtwärmenachfrage zur Trocknung, der in den geothermie-höffigen Gebieten anfällt. Auch bei Betrachtung des unerschlossenen und wirt-schaftlichen Nachfragepotenzials reduziert sich das technische Potenzial nicht, da ein Industriebetrieb der u. a. Wärme zur Trocknung bezieht nicht nur deshalb durch einen leitungsgebundenen Energieträger erschlossen ist, sondern die Wärme z. B. auch zur Raumwärme- und Brauchwasserbereitstellung benötigt wird. Daher wird unterstellt, dass in einem bereits durch Gas oder Fernwärme erschlossenem Industriebetrieb die Ausgliederung der Wärmenachfrage zur Trocknung dennoch sinnvoll ist.

3.3 Analyse und Bewertung der Wärmenachfragepotenziale

Die erhobenen Nachfragepotenziale werden anhand von konkreten Modellanla-gen analysiert und bewertet. Dazu werden entsprechende Fallbeispiele definiert, die resultierenden Systeme werden ausgelegt und simuliert sowie einer techni-schen, ökonomischen und ökologischen Analyse unterzogen (Abb. 3.5). Nach-folgend wird die zugrunde gelegte Methodik erläutert.

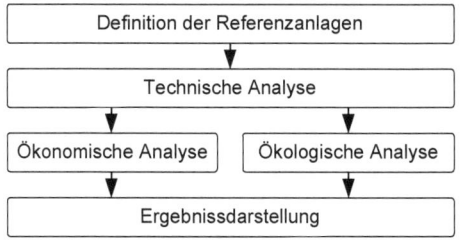

Abb. 3.5: Methodik zur Analyse und Bewertung der Wärmenachfragepotenziale

3.3.1 Definition der Referenzsysteme

In der Systemdefinition werden zunächst die zu untersuchenden Konzepte zur Stromerzeugung bzw. Strom- und Wärmebereitstellung sowie die geologischen Randbedingungen und Versorgungsaufgaben definiert. Das Ergebnis der Systemdefinition ist die genaue Beschreibung der Konzepte und der zu untersuchenden Referenzanlagen. Unter letzterem ist ein Konzept mit unterschiedlichen Randbedingungen zu verstehen (Abb. 3.6); d. h. je Konzept wird in der Systemdefinition stets eine bestimmte Anzahl von Referenzanlagen definiert, welche die Grundlage für die nachfolgenden Analysen bilden und möglichst die gesamte Breite der realistischen Lösungen abbilden.

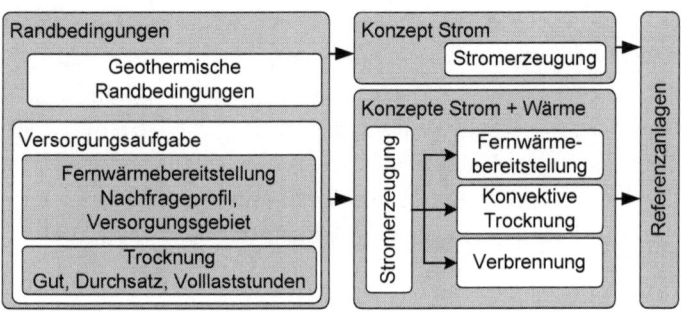

Abb. 3.6: Methodik zur Definition der Systeme

Um die gesamte Breite der möglichen Lösungen abzubilden, sind die durch die Umwelt gegebenen Randbedingungen zu berücksichtigen. Dazu werden verschiedene Grundsätze bei der Auswahl der Randbedingungen berücksichtigt.

Die geologischen Randbedingungen variieren stark zwischen verschieden Bohrlokationen. Aber unter den geothermiehöffigen Gebieten sind charakteristische Merkmale erkennbar. Dementsprechend werden je Gebiet die charakteristischen Randbedingungen zugrunde gelegt.

Die Versorgungsaufgaben zur Fernwärmebereitstellung gliedern sich, dem quantifizierten Nachfragepotenzial (vgl. Kapitel 3.2) entsprechend, in die Sektoren Haushalte, GHD (Gewerbe, Handel und Dienstleistung) und Industrie. Die Sektoren Haushalte und GHD werden zusammengefasst in einer Versorgungsaufgabe behandelt, da diese ein ähnliches Nachfrageprofile aufweisen (d. h. in beiden Sektoren wird zum Großteil Raumwärme und Wärme für Brauchwasser nachgefragt). Die Zuordnung der Wärmenachfrager zu den definierten geologischen Standortbedingungen erfolgt nach dem zur Verfügung stehenden Temperaturniveau. Die ausgekoppelten Wärmemengen entsprechen, soweit es die geologischen Randbedingungen zulassen, den Werten von bereits existierenden Anlagen in der Region. Dabei darf die definierte minimale Temperaturdifferenz bei der Auskopplung im Wärmeübertrager nicht unterschritten werden. Ist dies der Fall, wird das Maximum der Wärmemenge bei eingehaltener minimaler

Temperaturdifferenz als auszukoppelnde Wärmemenge für die Versorgungsaufgabe definiert.

Als Versorgungsaufgaben für die konvektive Trocknung werden exemplarisch Güter mit hohen Nachfragepotenzialen (vgl. Kapitel 3.2.3) untersucht. Die dazu ausgekoppelten Wärmemengen richten sich zum einen nach der zur Verfügung stehenden Restwärmemenge im Thermalwasser unter Berücksichtigung der definierten geologischen Randbedingungen. Weiterhin wird für einen geregelten An- und Abtransport der Güter aus logistischen Gründen ein maximaler Durchsatz von 60 000 t/a festgelegt.

Als Konzept zur Stromerzeugung wird, da sich keine signifikanten Unterschiede in den Leistungskennwerten der vorgestellten Prozesse (vgl. Kapitel 2.3.1) ergeben, ausschließlich der Einsatz von Konversionsanlagen vom Typ ORC (Organic Rankine Cycle) untersucht. Die Kühlung zur Kondensation erfolgt, wie bei den meisten bisher realisierten Anlagen, mit einer Trockenluftkühlung durch Ventilatoren (vgl. Kapitel 2.3.1.1).

Relevante Konzepte zur kombinierten Strom- und Wärmebereitstellung müssen die Anforderungen der ermittelten Nachfragepotenziale erfüllen. Für die fernwärmetechnische Versorgung von Haushalten darf ein Temperaturniveau von 65 °C zur Minimierung des Legionellenrisikos nicht unterschritten werden [57]. Bei Anlagen zur konvektiven Trocknung ist bei fallenden Eintrittstemperaturen der Trocknungsluft ein exponentieller Anstieg des Gesamtenergiebedarfs zu beobachten; als Mindesttemperatur wird deshalb eine Grenze von 55 °C definiert [89]. Die Nutzbarmachung des Niedertemperaturwärmestroms am kalten Ende des Kraftwerksprozesses (vgl. Kapitel 2.3.3) kann daher aufgrund des niedrigen Temperaturniveaus ausgeschlossen werden. Deshalb wird in den definierten Konzepten ausschließlich eine Nutzung der im Thermalwasser enthaltenen Restwärme diskutiert.

Da die nachgefragten Temperaturen nur sehr wenig über dem optimalen Punkt der Auskühlung im Kraftwerksprozess liegen, wird die Stromproduktion bei einer Reihenschaltung nur gering beeinflusst. Aus Sicht einer technisch optimierten Anlagenkonfiguration wird daher in den untersuchten Konzepten die Auskopplung der Wärme aus dem Thermalwasser zur Strom- und Wärmebereitstellung als Reihenschaltung definiert (vgl. Kapitel 2.3.3).

Für die getrockneten Güter bietet sich ein Verkauf oder die energetische Nutzung zur Optimierung des Gesamtsystems an. Die getrockneten Energieträger werden in einem Kessel verbrannt und die Hochenthalpiewärme wird, um den oberen Prozessdruck oder die obere Prozesstemperatur zu erhöhen, in den geothermischen Kraftwerksprozess eingekoppelt. Die Einkopplung erfolgt indirekt über Thermoöl, da dies eine hohe Flexibilität in Bezug auf das Leistungsverhältnis zwischen eingekoppelter und geothermischer Wärme bietet und im Vergleich zu einer direkten Wärmeeinkopplung in das Thermalwasser keine Leistungseinbußen zu erwarten sind (vgl. Kapitel 2.3.4).

3.3.2 Technische Analyse

Die Referenzanlagen werden technisch ausgelegt, modelltechnisch abgebildet und simuliert. Die technische Auslegung erfolgt anhand von Literaturwerten und Herstellerangaben.

Die modelltechnische Abbildung und Simulation der Referenzanlagen erfolgt mit dem Simulationsprogramm Aspen Plus [58]. Das Programm bietet die Möglichkeit einer objektorientierten Modellierung von verfahrens- und energietechnischen Prozessen. Auf Basis einer umfangreichen Stoffdatenbank können mit Aspen Plus die Massen- und Energiebilanzen wahlweise sequentiell-modularer oder gleichungsorientierter durch eine Fließschemasimulation berechnet werden [59]. Die grafische Oberfläche des Programms ermöglicht eine einfache Abbildung von Prozessen anhand von Standardbauteilen und Stoffströmen. Nach der Modellierung des Prozessschaltbildes können die anlagenspezifischen Parameter für Stoffströme und Bauteile über eine Eingabemaske definiert werden. Im Simulationsprozess werden fehlende Zustandsgrößen anhand der zu wählenden Zustandsgleichung berechnet [60].

Die Ergebnisse der Simulation werden anhand von zu definierenden Kenngrößen gegenübergestellt; diese dienen zum Vergleich und zur Einstufung der Referenzanlagen untereinander. Es werden folgende Kenngrößen definiert:

- Die elektrische Brutto- bzw. Nettoleistung $P_{el,brutto/netto}$ ist definiert als die bereitgestellte Generatorklemmleistung bzw. die Differenz aus Generatorklemmleistung und elektrischen Eigenbedarf der Anlage.

- Die zugeführte Leistung $\dot{Q}_{zu}$ gibt die gesamte aus dem Thermalwasser ausgekoppelte Energie an. Diese setzt sich zusammen aus der thermischen Leistung $\dot{Q}_{zu,el}$, die zur Stromproduktion benötigt wird, und der thermischen Leistung $\dot{Q}_{zu,therm}$, die zur Wärmenutzung ausgekoppelt wird.

- Der elektrische Bruttowirkungsgrad $\eta_{el,brutto}$ mit der Generatorklemmleistung P_{el} und der zugeführten thermischen Leistung $\dot{Q}_{zu,el}$ ist definiert nach Gleichung (3.28).

$$\eta_{el,brutto} = \frac{P_{el}}{\dot{Q}_{zu}} \tag{3.28}$$

- Der elektrische Nettowirkungsgrad $\eta_{el,netto}$ berücksichtigt zusätzlich den Eigenverbrauch der Anlage P_{eig} und berechnet sich nach Gleichung (3.29). Unter dem Eigenverbrauch der Anlage werden der Energieverbrauch der Förder- und Speisepumpe, der Ventilatoren bei einer Luftkühlung und die verschiedenen Verbraucher der weiteren Peripherie zusammengefasst.

$$\eta_{el,netto} = \frac{P_{el} - P_{eig}}{\dot{Q}_{zu}} \tag{3.29}$$

- Um die thermische Nutzleistung, die in den verschiedenen Referenzanlagen zur Wärmenutzung ausgekoppelt wird, zu berücksichtigen, werden der Brutto- und Netto-KWK-Wirkungsgrad $\eta_{KWK,brutto/netto}$ definiert. Diese berechnen sich unter Berücksichtigung der thermischen Nutzleistung $\dot{Q}_{nutz,therm}$ nach Gleichung (3.30) und (3.31).

$$\eta_{KWK,brutto} = \frac{P_{el} + \dot{Q}_{nutz,therm}}{\dot{Q}_{zu}} \tag{3.30}$$

$$\eta_{KWK,netto} = \frac{P_{el} + \dot{Q}_{nutz,therm} - P_{eig}}{\dot{Q}_{zu}} \tag{3.31}$$

- Der Wirkungsgrad eines Kopplungskonzeptes ist jahreszeitlichen Schwankungen unterlegen. Deshalb werden auch die Jahresnutzungsgrade berechnet. Dazu werden für den Bruttojahresgesamtnutzungsgrad $\eta_{Jahr,brutto}$ die elektrische Arbeit W_{el} und die Nutzwärmemenge $Q_{nutz,therm}$ ins Verhältnis mit der gesamten aus dem Thermalwasser ausgekoppelten Wärmemenge Q_{zu} gesetzt (Gleichung (3.32)). Wird demgegenüber nur die Strommenge berücksichtigt, ergibt sich der elektrische Bruttojahresnutzungsgrad $\eta_{el,Jahr,brutto}$ (Gleichung (3.33)).

$$\eta_{Jahr,brutto} = \frac{W_{el} + Q_{nutz,therm}}{Q_{zu}} \tag{3.32}$$

$$\eta_{el,Jahr,brutto} = \frac{W_{el}}{Q_{zu}} \tag{3.33}$$

- Eine Nettobetrachtung für den Jahresgesamtnutzungsgrad $\eta_{Jahr,netto}$ (Gleichung (3.34)) und den elektrische Jahresnutzungsgrad $\eta_{el,Jahr,netto}$ (Gleichung (3.35)) erfolgt unter Berücksichtigung des elektrischen Eigenbedarfs W_{eig}.

$$\eta_{Jahr,netto} = \frac{W_{el}+Q_{nutz,therm}-W_{eig}}{Q_{zu}} \tag{3.34}$$

$$\eta_{el,Jahr,netto} = \frac{W_{el} - W_{eig}}{Q_{zu}} \tag{3.35}$$

- Der Auskühlungswirkungsgrad η_{aus} ist ein Maß für die Ressourcenausnutzungseffizienz der Anlage und entspricht dem Quotienten aus der zugeführten thermischen Leistung $\dot{Q}_{zu}$ und der theoretisch nutzbaren Leistung $\dot{Q}_{theo}$ bezogen auf die Umgebungstemperatur (Gleichung (3.36)).

$$\eta_{aus} = \frac{\dot{Q}_{zu}}{\dot{Q}_{theo}} \tag{3.36}$$

- Analog zu Gleichung (3.32) und (3.34) berechnet sich der Jahresauskühlungsnutzungsgrad $\eta_{aus,Jahr}$ mit Gleichung (3.37) aus der über ein Jahr dem Prozess zugeführten Wärmemenge Q_{zu} und der theoretisch nutzbaren Wärmemenge Q_{theo}.

$$\eta_{aus,Jahr} = \frac{Q_{zu}}{Q_{theo}} \tag{3.37}$$

- Der elektrische Systemwirkungsgrad $\eta_{Sys,el,brutto/netto}$ berechnen sich aus dem Produkt des Auskühlungswirkungsgrades η_{aus} und dem elektrischen Wirkungsgrad $\eta_{el,brutto/netto}$ nach Gleichung (3.38).

$$\eta_{Sys,el,brutto/netto} = \eta_{el,brutto/netto}\eta_{aus} \tag{3.38}$$

- Der KWK-Systemwirkungsgrad $\eta_{Sys,KWK,brutto/netto}$ berechnen sich aus dem Produkt des Auskühlungswirkungsgrades η_{aus} und dem KWK-Wirkungsgrad $\eta_{KWK,brutto/netto}$ nach Gleichung (3.39).

$$\eta_{Sys,KWK,brutto/netto} = \eta_{KWK,brutto/netto}\eta_{aus} \tag{3.39}$$

- Der Systemjahresnutzungsgrad $\eta_{Sys,Jahr,brutto/netto}$ berechnen sich aus dem Produkt des Auskühlungsnutzungsgrades $\eta_{aus,Jahr}$ und dem Jahresnutzungsgrad $\eta_{Jahr,brutto/netto}$ nach Gleichung (3.40).

$$\eta_{Sys,Jahr,brutto/netto} = \eta_{Jahr,brutto/netto}\eta_{aus,Jahr} \qquad (3.40)$$

3.3.3 Ökonomische Analyse

Die ökonomische Analyse für geothermische Anlagen zur gekoppelten Strom- und Wärmebereitstellung wird als annuitätische Kostenrechnung nach VDI 2067 [61] realisiert. Nicht-periodische und periodische Zahlungen, auch mit im Betrachtungszeitraum sich ändernden Beträgen, werden mithilfe dieses Verfahrens in periodisch konstante Zahlungen transformiert. Die in verschiedenen Perioden anfallenden Zahlungen werden summiert und mit dem Annuitätenfaktor a in durchschnittliche Zahlungen während des Betrachtungszeitraums T transformiert (Gleichung (3.43)). Der Betrachtungszeitraum entspricht der Nutzungsdauer der kurzlebigen Anlagenkomponente. Für die langlebigeren Anlagenkomponenten wird der Restwert bestimmt.

Es wird zwischen vier Kostenarten unterschieden, die getrennt voneinander zu ermitteln sind:

- kapitalgebundene Kosten (z. B. Abschreibungen, Instandhaltung),
- verbrauchsgebundene Kosten (z. B. Energie-, Brennstoffkosten),
- betriebsgebundene Kosten (z. B. Wartungs-, Personalkosten),
- sonstige Kosten (z. B. Versicherungskosten).

Aus diesen Kostenarten werden die jährlichen Gesamtkosten bestimmt und unter Berücksichtigung der Gutschriften und den finanzmathematischen Rahmenannahmen die Annuitäten und die Stromgestehungskosten berechnet (Abb. 3.7)).

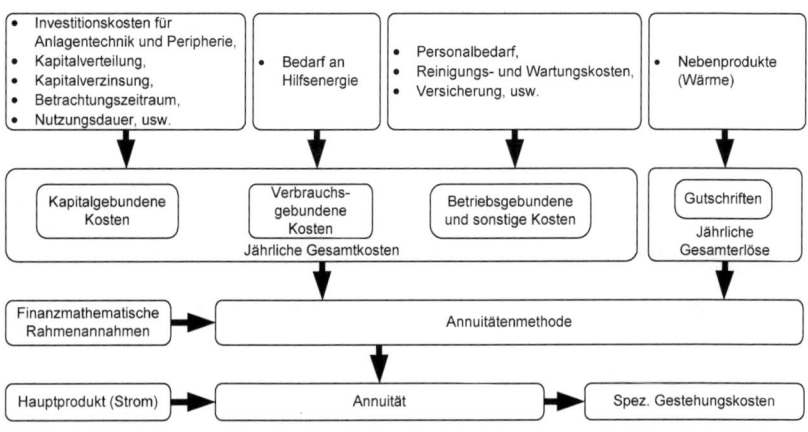

Abb. 3.7: Ökonomische Analyse nach VDI 2067 [60]

Die Anfanginvestitionen werden anhand von Literaturwerten und Kostenfuktionen abgeleitet. Dabei werden die Kostenfunktionen u. a. auf Basis des „economy of scale" und des „Chemical engineering plant cost index" (CEPCI) definiert. Mit Hilfe des „economy of scale" werden ausgehend von recherchierten Investitionen K_0 für ein Produkt der Größe x_0 und dem zugehörigen Skalierungsexponenten e_x die Anfangsinvestitionen A_o für ein Produkt beliebiger Größe x berechnet (Gleichung (3.41)).

$$A_0 = \frac{K_0}{x_0} x^{e_x}$$ (3.41)

Zur Hochrechnung von Kostendaten, die aus der Vergangenheit stammen, wird der „Chemical engineering plant cost index" (CEPCI) [62] zugrunde gelegt (Tabelle 3.15). Die aktuellen Anfangsinvestitionen $A_{0,aktuell}$ berechnen sich in diesem Fall mit Gleichung (3.42) aus den recherchierten Basiskosten K_0 und den zugehörigen CEPCI's i_{CEPCI} (Tabelle 3.15) der jeweiligen Jahre.

$$A_{0,aktuell} = \frac{i_{CEPCI_{aktuell}}}{i_{CEPCI_0}} K_0$$ (3.42)

Tabelle 3.15: Chemical engineering plant cost index 2000 bis 2011 [63]

Jahr	CEPCI	Jahr	CEPCI
2000	394,1	2006	499,6
2001	394,3	2007	525,4
2002	395,6	2008	575,4
2003	402,0	2009	521,9
2004	444,2	2010	550,8
2005	468,2	2011	585,7

Die Annuität der kapitalgebundenen Kosten berechnet sich aus den Anfangsinvestitionen A_0, dem Annuitätenfaktor a, dem Restwertfaktor R, dem Instandhaltungsfaktor f_k und dem Annuitätenfaktor für Instandhaltungszahlungen b_{a_I} nach Gleichung (3.43) [112].

$$A_K = A_0(1 - R)a + f_K A_0 b a_I \tag{3.43}$$

Dazu wird der Annuitätenfaktor nach Gleichung (3.44) aus dem Zinsfaktor q und dem Betrachtungszeitraum T ermittelt [112].

$$a = \frac{q^T(q-1)}{q^T-1} \tag{3.44}$$

Der Restwertfaktor R wird aus Grundlage einer linearen Abschreibung nach Gleichung (3.45) unter Berücksichtigung der Nutzungsdauer T_N bestimmt [112].

$$R = \frac{T_N-T}{T_N} q^{-T} \tag{3.45}$$

Die Annuität der verbrauchsgebundenen, betriebsgebundenen und sonstigen Kosten (A_V, A_B, A_S) berechnet sich aus dem Produkt der jeweiligen jährlichen Kosten (A_{VJahr}, A_{BJahr}, A_{SJahr}) und dem zugehörigen Annuitätenfaktor (b_{a_v}, b_{a_b}, b_{a_s}) nach Gleichung (3.46), (3.47) und (3.48) [112].

$$A_V = A_{VJahr} b a_v \tag{3.46}$$

$$A_B = A_{BJahr} b a_b \tag{3.47}$$

$$A_S = A_{SJahr} b a_s \tag{3.48}$$

Aus der Summe der vier Teilannuitäten ergibt sich die Gesamtannuität A_{ges} nach Gleichung (3.49) [112].

$$A_{ges} = A_K + A_V + A_B + A_S \tag{3.49}$$

Weiterhin wird bei einer kombinierten Strom- und Wärmebereitstellung durch Geothermie für die Nutzbarmachung der Wärme eine Annuität der Gutschrift A_E aus den jährlichen Erlösen und dem erlösspezifischen Annuitätenfaktor b_{a_e} berechnet (Gleichung (3.50)) [112].

$$A_E = A_{EJahr} b_{a_e}$$ (3.50)

Zur Bestimmung der spezifischen Brutto- und Nettostromgestehungskosten $K_{brutto/netto}$ sind die Erlöse von der Gesamtannuität zu subtrahieren und die Differenz ist je nach Brutto- oder Nettostrombetrachtung durch die jährlich produzierte Brutto- oder Nettostrommenge $W_{brutto/netto}$ zu dividieren (Gleichung (3.51)) [112].

$$K_{brutto/netto} = \frac{A_{ges} - A_E}{W_{brutto/netto}}$$ (3.51)

3.3.4 Ökologische Analyse

In der ökologischen Analyse werden die definierten Konzepte und ihre Variationen auf die Freisetzung von luftgetragenen Schadstoffen hin untersucht. Um alle Emissionen, die beim Bau, Betrieb und Rückbau der Anlage auftreten, zu berücksichtigen, ist eine detaillierte Lebenszyklusanalyse notwendig (ISO 14040/41/42 [64], [65], [66]). Sie bildet die Grundlage für die hier durchgeführte ökologische Analyse. Als Datenbasis wird zunächst das Ziel und der Untersuchungsrahmen der Bilanz festgelegt. Dann wird eine Sachbilanz durchgeführt (Abb. 3.8). Die bilanzierten Größen werden anschließend einer Wirkungsabschätzung unterzogen und in der Auswertung werden alle Ergebnisse zusammengeführt und diskutiert [112].

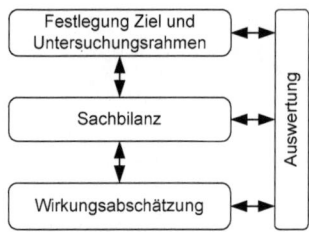

Abb. 3.8: Methodik der ökologischen Analyse [67]

3.3.4.1 Rahmenannahmen und Datenbasis

Ziel und Untersuchungsrahmen. Im Rahmen der Festlegung von Ziel und Untersuchungsrahmen sind die zu bilanzierenden Produkte oder Prozesse mit dessen Rahmenbedingungen sowie die zu quantifizierenden Stoff- und Energieströme zu bestimmen und sonstige Randbedingungen zu definieren [68], [69], [112].

Im Rahmen der Untersuchungen zur kombinierten geothermischen Strom- und Wärmebereitstellung wird die bereitgestellte Nutzwärme nach dem Gutschriftenverfahren berücksichtigt. Das Produkt Strom wird als das Hauptprodukt definiert und alle bilanzierten Stoff- und Energieströme werden diesem Produkt angerechnet. Mit der bereitgestellte Wärme wird Wärme aus fossilen Energieträgern substituiert. Dadurch werden die zu erwartenden Umweltauswirkungen vermieden und der geothermischen Stromerzeugung gutgeschrieben [70].

Sachbilanz. In der Sachbilanz werden die Ein- und Ausgangsgrößen, differenziert nach den Lebenswegabschnitten, quantifiziert. Dafür werden die betrachteten Prozesse modelltechnisch in einem Stoffstromnetz abgebildet und Datenrecherchen zur Bestimmung der Stoffströme durchgeführt. Die Abbildung der Stoffströme erfolgt durch eine Prozesskettenanalyse [71].

Eine Prozesskette ist eine Abfolge von Prozessen und bildet den Lebensweg eines Produktes ab. Der Output eines Prozesses entspricht demnach dem Input eines anderen Prozesses. Die Prozesse werden durch Produktflüsse (d. h. Inputs z. B. Titan und Outputs z. B. Wärmeübertrager) verbunden. In jeden Prozess sind Elementarflüsse, die aus stofflichen oder energetischen Strömen bestehen, involviert, die in das betrachtete System eintreten oder an die Umgebung abgegeben werden (z. B. CO_2, primär energetische Aufwendung) [112].

Wirkungsabschätzung. Bei der Wirkungsabschätzung werden die Stoff- und Energieströme aus der Sachbilanz mit den bei der Zieldefinition festgelegten Wirkungskategorien entsprechend ihrer Wichtungsfaktoren verknüpft. Der Wichtungsfaktor gibt die Wirkungen eines Stoffes in Relation zu der Referenzsubstanz an. Aus der Summe der gewichteten Stoffe werden abschließend die Äquivalentemissionen berechnet. Die verschiedenen Wichtungsfaktoren der Wirkkategorien sind in ISO 14042 2000 [72] beschrieben.

3.3.4.2 Ergebnisse

In der Auswertungsphase werden die ermittelten Äquivalentemissionen und primären Energieaufwendungen, die in dem gesamten Lebensweg der untersuchten Konzepte und ihrer Variationen auftreten, gegenübergestellt. Somit können Referenzanlagen hinsichtlich der hier untersuchten Umweltauswirkungen in der jeweiligen Wirkungskategorie charakterisiert werden.

3.3.5 Zusammenfassung

Abschließend werden technische (z. B. produzierte Nutzenergie, Nettosystemnutzungsgrad), ökonomische (Stromgestehungskosten brutto/netto) und ökologische Parameter (kumulierter fossiler Energieeinsatz, CO_2-, SO_2-, PO_4-Äquivalent Emissionen) zusammengefasst und je Kategorie parameterweise gegenübergestellt.

4 Quantifizierung der Wärmenachfrage

Im Folgenden wird die Wärmenachfrage nach der in Kapitel 3.1 dargestellten Methodik bestimmt und die erarbeiteten Ergebnisse dieser Potenzialanalyse werden diskutiert. Die Analyse beschränkt sich dabei auf die geothermiehöffigen Gebiete.

4.1 Wärmenachfrage in der Umgebung potenzieller Anlagenstandorte

Der Untersuchungsrahmen beschränkt sich auf die Gemeinden mit mehr als 20 000 EW. Dies orientiert sich an der Leitstudie pluralistische Wärmeversorgung [28], in der nur Gemeinden mit mehr als 20 000 Einwohnern als fernwärmewürdig eingestuft werden. Es kann unterstellt werden, dass in Gemeinden mit weniger Einwohnern eine Erschließung der vorhandenen Niedertemperaturwärmesenken aufgrund der dort zu erwartenden wenig verdichteten Siedlungsstrukturen noch ungleich schwieriger ist im Vergleich zu den einwohnerstärkeren Gemeinden. Zudem tragen die einwohnerschwachen Gemeinden gegenüber den dichter besiedelten Gebieten nur vergleichsweise wenig zu der Wärmenachfrage bei [48]. Die Berücksichtigung der kleineren Gemeinden hat damit nur einen sehr geringen Einfluss auf das technische Nachfragepotenzial und dieser wird im Folgenden bei der Bestimmung der Nachfragepotenziale vernachlässigt [54].

In Tabelle 4.1 sind die Fläche und die Anzahl der Gemeinden und Einwohner der jeweiligen geothermiehöffigen Gebiete und die davon untersuchten Anteile gegenübergestellt. Beispielsweise werden im norddeutschen Becken 75 % der Gesamtfläche bzw. Einwohnerzahl und 9 % der Gemeinden betrachtet [54].

Tabelle 4.1: Abgrenzung des Untersuchungsrahmens

		NDB[1]	ORG[2]	SMB[3]	Gesamt
Gesamt					
Fläche	km²	180 777	26 565	36 654	243 996
Anzahl Gemeinden	-	4 500	1 300	650	6 450
Anzahl Einwohner	Mio.	39	11	6	56
davon untersucht					
Fläche	km² (%)	134 869 (75)	9 728 (37)	2 966 (8)	147 562 (60)
Anzahl Gemeinden	- (%)	384 (9)	102 (8)	43 (7)	529 (8)
Anzahl Einwohner	Mio. (%)	29 (75)	6 (55)	3 (52)	38 (68)

[1]norddeutsches Becken; [2]Oberrheingraben; [3]süddeutsches Molassebecken

Durch die Anwendung der diskutierten Methodik (Kapitel 3.1.1) wird für den dargestellten Untersuchungsrahmen die Wärmenachfrage gegliedert nach den

Sektoren Haushalte, GHD (Gewerbe, Handel und Dienstleistung) und Industrie untersucht (vgl. Anhang A Tabelle A 15).

4.1.1 Haushalte

Im Sektor Haushalte wird Raumwärme und Wärme zur Brauchwassererwärmung nachgefragt. Die Wärmenachfrage in den untersuchten Gemeinden ist auf die Wohneinheiten der verschiedenen Gebäudetypen verteilt. In Abb. 4.1 ist exemplarisch für jeweils drei große Städte und drei eher ländliche Gemeinen die ermittelte Wärmenachfrage aus den verschieden Gebäude typen dargestellt. Dabei zeigt sich, dass in den Städten ein großer Anteil der Wärmenachfrage durch weniger kostenintensiv zu erschließende Mehrfamilienhäuser nachgefragt wird und in den weniger einwohnerstarken Gemeinden die Ein-, Reihen und Doppelhäuser den Großteil der Wärme nachfragen.

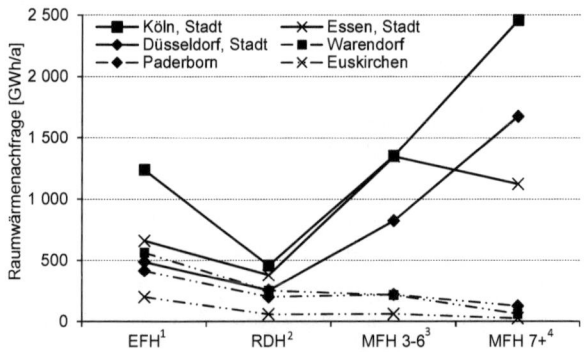

Abb. 4.1: Verteilung der Raumwärmenachfrage ausgewählter Städte und Gemeinden auf Gebäudetypen ([1]Einfamilienhäuser; [2]Reihen/Doppelhäuser; [3]Mehrfamilienhäuser mit 3-6 Wohneinheiten; [4]Mehrfamilienhäuser mit mehr als 7 Wohneinheiten)

Anhand der definierten Vorgehensweise (Kapitel 3.1.1.1) ergibt sich in den betrachteten Gemeinden der deutschen geothermiehöffigen Gebiete eine Wärmenachfrage im Haushaltssektor von 241 TWh/a; davon entfallen 214 TWh/a auf Raumwärme und 27 TWh/a auf Brauchwarmwasser (Abb. 4.2). Im norddeutschen Becken werden 186 TWh/a, im Oberrheingraben 35 TWh/a und im Molassebecken 20 TWh/a nachgefragt [54].

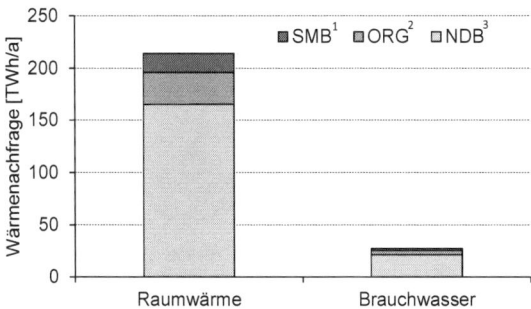

Abb. 4.2: Wärmenachfrage im Bereich Haushalte ([1]süddeutsches Molassebecken; [2]Oberrheingraben; [3]norddeutsches Becken)

Die Wärmenachfragesenken sind sehr ungleich in den untersuchten Gemeinden verteilt. Es werden beispielsw. 1/3 von der Gesamtwärmenachfrage der betrachteten 529 Städte und Gemeinden in den großen Städten (Tabelle 4.2) nachgefragt, während in eher ländlichen Regionen die Wärmenachfrage aufgrund der geringeren Einwohnerdichte wesentlich geringer ist.

Tabelle 4.2: Städte und Gemeinden mit größer Wärmenachfrage (Sektor Haushalte)

Technisches Nachfrageotenzial Haushalte [TWh/a]			
West-Berlin	16,91	Bonn, Stadt	2,05
Hamburg	11,32	Dortmund, Stadt	3,84
München	8,12	Münster, Stadt	1,78
Köln, Stadt	6,20	Karlsruhe, Stadt	1,75
Frankfurt am Main, Stadt	4,04	Duisburg, Stadt	3,31
Düsseldorf, Stadt	3,65	Bielefeld, Stadt	2,08
Hannover, Landeshauptstadt	3,34	Mannheim, Universitätsstadt	1,96
Bremen, Stadt	4,12	Freiburg im Breisgau, Stadt	1,19
Essen, Stadt	3,91	Bochum, Stadt	2,41
Summe:	82,61		

4.1.2 Gewerbe, Handel und Dienstleistung

Die Wärmenachfrage im GHD-Sektor liegt im norddeutschen Becken bei 14 TWh/a, im Oberrheingraben bei 3 TWh/a und im Molassebecken bei 2 TWh/a (Abb. 4.3 links). Dies entspricht in der Summe einer Wärmenachfrage in den geothermiehöffigen Gebieten von 19 TWh/a. Der GHD-Sektor nimmt damit den geringsten Anteil von der Gesamtwärmenachfrage ein (ca. 8 %) an. Im GHD-Sektor ist gegenüber dem Haushaltssektor eine vergleichsweise noch inhomogenere Verteilung der Wärmenachfrage zu erkennen. Durch die Konzetration der gewerbetreibenden Betriebe in einwohnerstarken Gebieten kommt es dazu, dass die Wärmenachfrage in einigen Gemeinden größer 20 000 Einwohner gegen Null geht [54].

4.1.3 Industrie

Im Industriesektor errechnet sich eine Wärmenachfrage im norddeutschen Becken von 54 TWh/a, im Oberrheingraben von 24 TWh/a und im süddeutschen Molassebecken von 3 TWh/a (Abb. 4.3 rechts). In der Summe sind dies insgesamt 81 TWh/a. Im Industriesektor ist eine ähnliche Verteilung wie im GHD-Sektor zu beobachten, Die Wärmenachfrage ist gegenüber dem Haushaltssektor noch inhomogener verteilt, wobei hier die Verteilung unter den betrachteten Städten und Gemeinden nicht einwohnerproportional, sondern abhängig von der Größe der Gewerbegebiete (Siedlungstyp 10) ist [54].

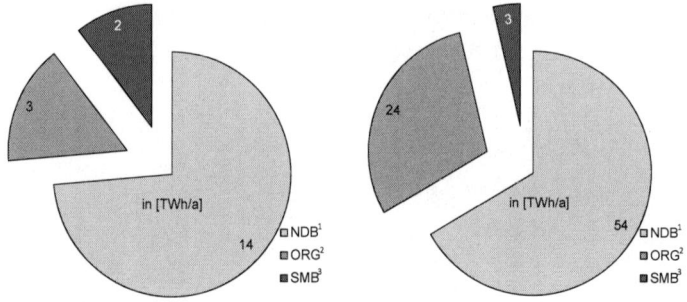

Abb. 4.3: Wärmenachfrage im Bereich GHD (links) und Industrie (rechts) ([1]norddeutsches Becken; [2]Oberrheingraben; [3]süddeutsches Molassebecken)

4.1.4 Gesamt

Zusammengefasst beträgt die Wärmenachfrage in den Sektoren Haushalte, GHD (Gewerbe, Handel und Dienstleistung) und Industrie 254 TWh/a im norddeutschen Becken, 62 TWh/a im Oberrheingraben und 25 TWh/a im Molassebecken. Es ergibt sich in allen Gemeinden mit mehr als 20 000 Einwohnern in den geothermiehöffigen Gebieten Deutschlands damit eine Wärmenachfrage von 341 TWh/a (Abb. 4.4) [54].

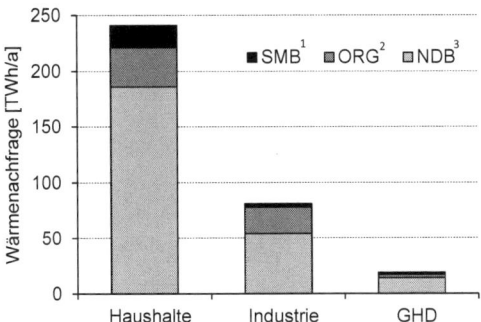

Abb. 4.4: Wärmenachfrage in den geothermiehöffigen Gebieten ([1]süddeutsches Molassebecken; [2]Oberrheingraben; [3]norddeutsches Becken)

4.2 Wärmenachfrage an der Anlage

Die nach Kapitel 3.1.2 getroffene Auswahl von exemplarisch untersuchten Güter, dessen Temperaturbereiche und die Produktions- bzw. Erntemengen sind in Tabelle 4.3 dargestellt. Die dargestellten Mengenangaben entsprechen dabei nicht zwingend denen, die einer Trocknung unterzogen werden.

Tabelle 4.3: Trocknungsgüter und deren Produktions- und Erntemengen

Trocknungsgut	Temperaturbereich Trocknung [°C]	Produktions–/ Erntemenge [t_{Fr}/a]
Getreide	40 – 160	41 900 000
Halmgut	20 – 120	32 800 000
Äpfel	50 – 90	1 000 000
Pflaumen	50 – 90	62 000
Hopfen	30 – 65	33 600
Tabak	20 – 70	11 000
Kartoffelerzeugnisse	39 – 100	420 000
Holzhackschnitzel, Holzspäne, Scheitholz	25 – 100	10 489 940
Klärschlamm	40 – 120	6 300 000

Nachfolgend werden für die ausgewählten Güter (vgl. Kapitel 3.1.2) die Durchsatzmengen zur Trocknung in Deutschland (Wärmenachfrage) und in den Gebieten, die im Einzugsgebiet potenzieller geothermischer Anlagenstandorte für das jeweilige Gut liegen (technisches Nachfragepotenzial) zusammengefasst.

- Getreide (z. B. Weizen, Roggen, Gerste, Hafer, Mais) wird je nach Witterung mit unterschiedlichen Wassergehalten geerntet. Zur sicheren Einhaltung des zu Lagerung und Weiterverarbeitung vorgeschriebenen maximalen Wassergehaltes von 14 % kann eine Trocknung notwendig sein, die dann unmittelbar nach der Ernte im Hochsommer/Spätsommer realisiert werden muss [73]. Beispielsweise musste 2011 in Deutschland von den insgesamt geernteten 41,9 Mio. t (Frischmasse) rund 14,2 Mio. t zeitnah zur Ernte (Juli bis September) getrocknet werden [74]. In die Einzugsgebiete von potenziellen Standorten geothermischer Anlagen fallen von der Gesamternte ca. 35 Mio. t (Frischmasse); davon sind ca. 12 Mio. t zu trocknen. Diese Mengen schwanken witterungsbedingt zwischen unterschiedlichen Jahren z. T. erheblich [20].

- Für eine sichere Lagerung und Weiterverarbeitung sollte das Halmgut (z. B. Stroh, Heu, Straßengrass, Schilf) einen Wassergehalt von 14 % [75] nicht überschreiten. Wird deshalb eine Trocknung notwendig, muss diese unmittelbar nach der Ernte im Sommer/Herbst realisiert werden. 2011 beispielsweise mussten in Deutschland von den insgesamt geernteten 72,9 Mio. t (Frischmasse) [76] rund 3,6 Mio. t zeitnah zur Ernte getrocknet werden [77]. In die Einzugsgebiete von potenziellen Standorten geothermischer Anlagen fallen von der Gesamternte ca. 62,7 Mio. t (Frischmasse); davon sind ca. 3,1 Mio. t zu trocknen. Diese Mengen schwanken witterungsbedingt zwischen unterschiedlichen Jahren z. T. erheblich. Die Trocknung erfolgt in den Monaten April bis November, da in den Wintermonaten kein Halmgut anfällt [20].

- 2011 wurden – ähnlich wie in den Vorjahren – 4 % der gesamten Obsternte zu Trockenobst weiterverarbeitet [78]. Da obstsortenspezifisch keine Daten über Trocknungsmengen existieren, wird hier vereinfachend unterstellt, dass anteilig auch 4 % der produzierten Äpfel getrocknet werden. Dadurch errechnet sich für 2011 eine zu trocknende Apfelmenge von rund 40 000 t (Frischmasse) in Deutschland. Davon wird ein Großteil in Baden-Württemberg und Niedersachsen geerntet. In den geothermiehöffigen Gebieten fallen ca. 31 000 t (Frischmasse) an. Die Ernte erfolgt i. Allg. zwischen August und Oktober. Durch eine Lagerung in Kühlhäusern lässt sich der Zeitraum, innerhalb dessen eine Trocknung realisiert werden muss, noch etwas ausdehnen. Unter ökonomischen Aspekten dürfte damit der potenzielle Trocknungszeitraum bei maximal einem halben Jahr liegen [20].

- Pflaumen stehen unter den Trockenobstsorten mengenspezifisch an zweiter Stelle; von den geernteten 62 000 t_{Fr}/a werden in Deutschland, analog zur Apfeltrocknung, 2 480 tFr/a getrocknet (2 032 tFr/a in den geothermiehöffigen Gebieten). Aus Gründen der Verderblichkeit muss die Trocknung unmittelbar in der Ernteperiode zwischen Juli und Oktober erfolgen [75, 20].

- Der gesamte Hopfenanbau in Deutschland in Höhe von 33 600 t_{Fr}/a (32 250 t_{Fr}/a in den geothermiehöffigen Gebieten) wird zum Großteil für die Bierherstellung genutzt und vor der Weiterverarbeitung immer getrocknet. Die Trocknung hat unmittelbar im Erntezeitraum August bis Oktober zu erfolgen [20].

- In Deutschland wurden 2011 ca. 11 000 t_{Fr}/a Tabak geerntet. Der erste Verarbeitungsschritt nach der Ernte ist die Trocknung. 2011 wurden in den geothermiehöffigen Gebieten 9 570 t_{Fr}/a getrocknet. Die Trocknung erfolgt unmittelbar nach der Ernte zwischen Juli und Oktober [79, 20].

- In Deutschland werden ca. 11 Mio. t_{Fr}/a Kartoffeln geerntet. Davon werden ca. 420 000 t_{Fr}/a u. a. durch einen Trocknungsprozess zu Kartoffelerzeugnissen weiterverarbeitet. Davon fallen 394 800 t_{Fr}/a in den geothermiehöffigen Gebieten an. Aufgrund der guten Lagerbarkeit von Kartoffeln lässt sich die Trocknung auf ein Zeitraum von 6 Monaten ausdehnen [80, 20].

- Holzhackschnitzel, Holzspäne und Scheitholz werden – bei deutlich steigender Tendenz – zu Energieholz wie z. B. zu Pellets für den späteren Einsatz in Pelletfeuerungen weiterverarbeitet. Vor der Nutzung als Energieträger muss das Ausgangsmaterial konditioniert werden (d. h. auf eine bestimmtes Temperatur- und Feuchteniveau eingestellt werden). In Deutschland wurde 2011 aus einem Gesamtholzeinschlag von 54 Mio. fm ein Anteil von 10,5 Mio. tFr/a Energieholz bereitgestellt. 8,6 Mio. tFr/a fallen davon in den geothermiehöffigen Gebieten an. Das Holz wird aufgrund der guten Lagerbarkeit im Verlauf des gesamten Jahres getrocknet [81, 20].

- Klärschlamm fällt bei der Abwasserbehandlung an und wird als Dünger (falls er die entsprechenden Grenzwerte einhält) oder – wenn die Schadstoffbelastung zu hoch ist – in getrockneter Form als Energieträger eingesetzt. Von den 2011 in Deutschland produzierten 1,89 Mio. t (Trockenmasse) Klärschlamm wurden in der Landwirtschaft und beim Landschaftsbau knapp 44 % eingesetzt; dieser Einsatz nimmt tendenziell ab. Thermisch entsorgt wurden – mit eher zunehmender Bedeutung – rund 53 %. Damit mussten 2011 in Deutschland rund 3,3 Mio. t (Frischmasse) an mechanisch entwässertem Klärschlamm (d. h. Wassergehalt von 70 %) getrocknet werden und davon ca. 3,1 Mio. t. in den geothermiehöffigen Gebieten [82]. Die dafür benötigte Trocknungsleistung fällt im Verlauf des gesamten Jahres an [20].

In Tabelle 4.4 sind die identifizierten Durchsatzmengen der betrachteten Güter zur Bestimmung der Wärmenachfrage, die Anfangs- und Endwassergehalte und die nach Kapitel 3.1.2 berechneten Bedarfsenthalpien zusammengefasst.

Tabelle 4.4: Randbedingungen der Güter zur Bestimmung der Wärmenachfrage

Gut	Durchsatz [1 000 t/a]	Wassergehalt Y_1^1 [%]	Y_2^2 [%]	Bedarfsenthalpie [kJ/kg]
Getreide	14 200,0	16	14	70
Halmgut	3 644,5	55	14	1 436
Äpfel	40,0	85	16	2 416
Pflaumen	2,5	83	20	2 206
Hopfen	33,6	80	12	2 381
Tabak	11,0	92	15	2 697
Kartoffelerz.	420,0	78	7	2 487
Energieholz	10 489,9	40	10	1 051
Klärschlamm	3 339,0	70	5	2 276

[1]Anfangswassergehalt; [2]Endwassergehalt

Die jeweils berechnete Wärmenachfrage ist in Tabelle 4.5 zusammengefasst. Die gesamte Wärmenachfrage, die sich für die Trocknung der untersuchten Güter ergibt, beträgt in der Summe 7 252 GWh/a. Ein Anteil von über 90 % der ermittelten Wärmenachfrage wird durch die Güter Energieholz, Klärschlamm und Halmgut nachgefragt.

Tabelle 4.5: Wärmenachfrage zur Trocknung ausgewählter Güter

Energieholz	3 061 GWh/a
Klärschlamm	2 111 GWh/a
Halmgut	1 454 GWh/a
Kartoffelerzeugn.	290 GWh/a
Getreide	276 GWh/a
Äpfel	27 GWh/a
Hopfen	22 GWh/a
Tabak, Pflaumem	10 GWh/a
Summe	7 252 GWh/a

5 Quantifizierung der Wärmenachfragepotenziale

Die Wärmenachfragepotenziale werden nach der in Kapitel 3.2 dargestellten Methodik quantifiziert und die gewonnen Ergebnisse diskutiert.

5.1 Wärmenachfragepotenziale in der Umgebung potenzieller Anlagenstandorte

Die Bestimmung der Wärmenachfragepotenziale in dem definierten Untersuchungsrahmen (vgl. Kapitel 4.1) erfolgt ausgehend von der quantifizierten Wärmenachfrage in Kapitel 4.1. Dazu wird das technische, das unerschlossene, das substituierbare und abschließend das wirtschaftliche Nachfragepotenzial bestimmt (vgl. Anhang A Tabelle A 16).

5.1.1 Technisches Nachfragepotenzial

Das technische Nachfragepotenzial, wie in Kapitel 3.2.1 definiert, wird im Folgenden, entsprechend der zugrunde gelegten Methodik (vgl. Kapitel 3.2.2.1), für die Sektoren Haushalte, GHD (Gewerbe, Handel und Dienstleistung) und Industrie erhoben.

5.1.1.1 Haushalte

Das technische Nachfragepotenzial aus dem Sektor Haushalte in den untersuchten Gebieten beträgt im norddeutschen Becken 86 TWh/a, im Oberrheingraben 17 TWh/a und im süddeutschen Molassebecken 10 TWh/a. Insgesamt ergibt sich für den Haushaltssektor der betrachteten Gemeinden ein technisches Nachfragepotenzial von 113 TWh/a, wovon 100 TWh/a für Raumwärme und 13 TWh/a für Brauchwarmwasser genutzt werden (Abb. 5.1) [54].

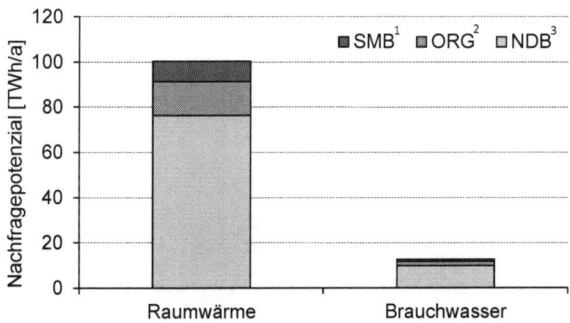

Abb. 5.1: Technisches Nachfragepotenzial Haushalte ([1]süddeutsches Molassebecken; [2]Oberrhein-graben; [3]norddeutsches Becken)

Gegenüber der Wärmenachfrage in diesem Sektor (vgl. Kapitel 4.1.1) reduziert sich das technischen Nachfragepotenzial um 53 %; d. h. über die Hälfte der identifizierten Wärmenachfrage im Bereich Haushalte ist unter den zugrundegelegten Randbedingungen nicht fernwärmetechnisch erschließbar. Abb. 5.2 zeigt exemplarisch für ausgewählte große Städte und kleine Gemeinden das berechnet technische Nachfragepotenzial. Insbesondere die Einfamilien, Zweifamilien und Doppelhäuser sind ab einem gewissen Zersiedlungsgrad nur eingeschränkt erschließbar.

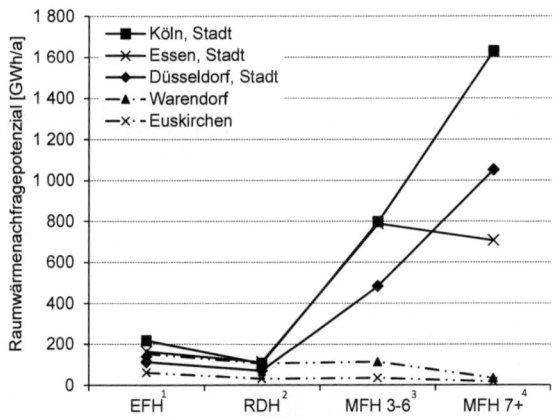

Abb. 5.2: Verteilung des technischen Raumwärmenachfragepotenzials ausgewählter Städte und Gemeinden auf Gebäudetypen ([1]Einfamilienhäuser; [2]Reihen/Doppelhäuser; [3]Mehrfamilienhäuser mit 3-6 Wohneinheiten; [4]Mehrfamilienhäuser mit mehr als 7 Wohneinheiten)

5.1.1.2 Gewerbe, Handel und Dienstleistung

Die in Kapitel 4.1.2 identifizierte Wärmenachfrage aus dem Sektor-GHD reduziert sich unter Berücksichtigung der fernwärmetechischen Erschließbarkeit um 37 %. Das nach Kapitel 3.1.1.2 berechnete technisches Nachfragepotenzial beträgt damit 9 TWh/a im norddeutschen Becken, 2 TWh/a im Oberrheingraben und 1 TWh/a im Molassebecken. In der Summe ergibt sich ein technische Nachfragepotenzial im Sektor-GHD von 12 TWh/a [54].

5.1.1.3 Industrie

Die ermittelte Wärmenachfrage im Sektor Industrie (vgl. Kapitel 4.1.3) ist vollständig geothermisch erschließbar (vgl. Kapitel 3.2.2.1). Damit entspricht das technische Nachfragepotenzial der ermittelten Wärmenachfrage und beträgt im norddeutschen Becken von 54 TWh/a, im Oberrheingraben von 24 TWh/a und im süddeutschen Molassebecken von 3 TWh/a. In der Summe sind dies insgesamt 81 TWh/a [54].

5.1.1.4 Gesamtpotenziale

Das diskutierte technische Niedertemperaturwärmenachfragepotenzial der Einzelsektoren wird zusammengefasst und in Abb. 5.3 als Nachfragedichte dargestellt. Dies beträgt insgesamt 206 TWh/a, davon werden 149 TWh/a im norddeutsches Becken, 43 TWh/a im Oberrheingraben und 14 TWh/a im Molassebecken nachgefragt [54].

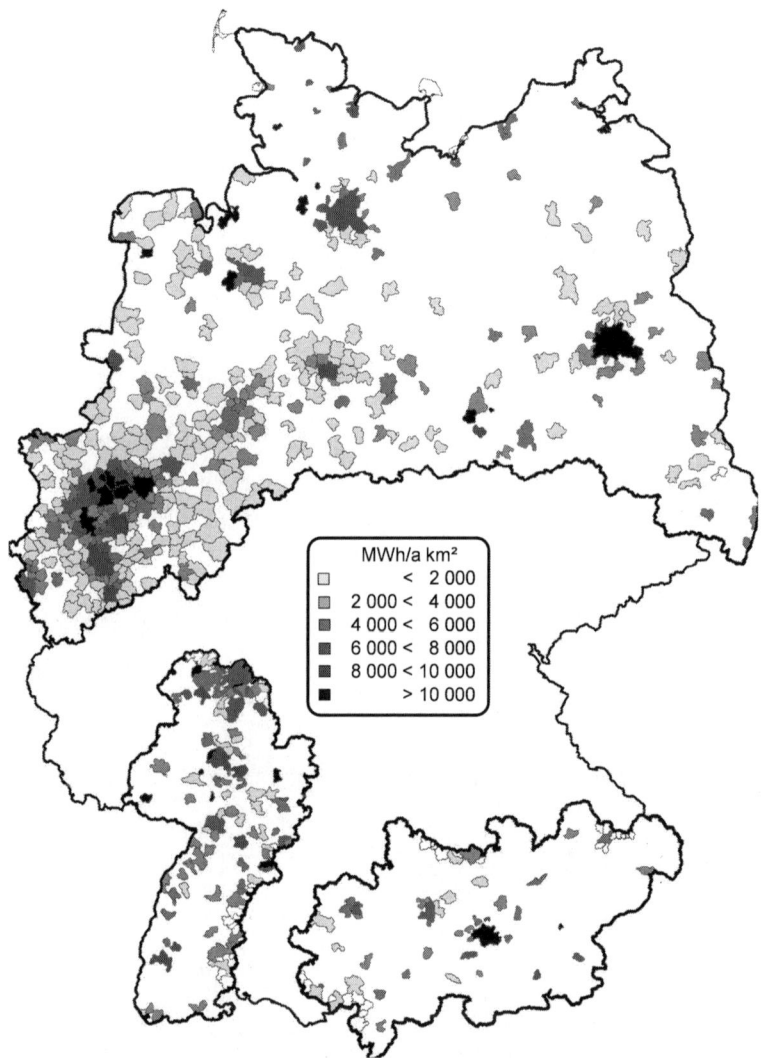

Abb. 5.3: Gesamtniedertemperaturwärmenachfragedichte des technischen Nachfragepotenzials für Gemeinden größer 20 000 Einwohner (Gemeindegrenzen nach [83])

5.1.2 Unerschlossenes Nachfragepotenzial

Ausgehend von dem erhobenen technischen Nachfragepotenzial (Kapitel 5.1.1) kann der durch leitungsgebundene Energieträger noch unerschlossene Anteil am technischen Nachfragepotenzial abgeschätzt werden. Er liegt im norddeutschen Becken bei 39 TWh/a, im Oberrheingraben bei 20 TWh/a und im Molassebecken bei 2 TWh/a (Abb. 5.4); darin wurde das bereits durch Gas- (120 TWh/a) und Fernwärmenetze (25 TWh/a) erschlossene Nachfragepotenzial berücksichtigt. Es sind also noch erhebliche fernwärmetechnisch nicht erschlossene Wärmesenken in den Gemeinden mit mehr als 20 000 Einwohnern in den geothermiehöffigen Gebieten Deutschlands vorhanden, die geothermisch erschlossen werden könnten [54].

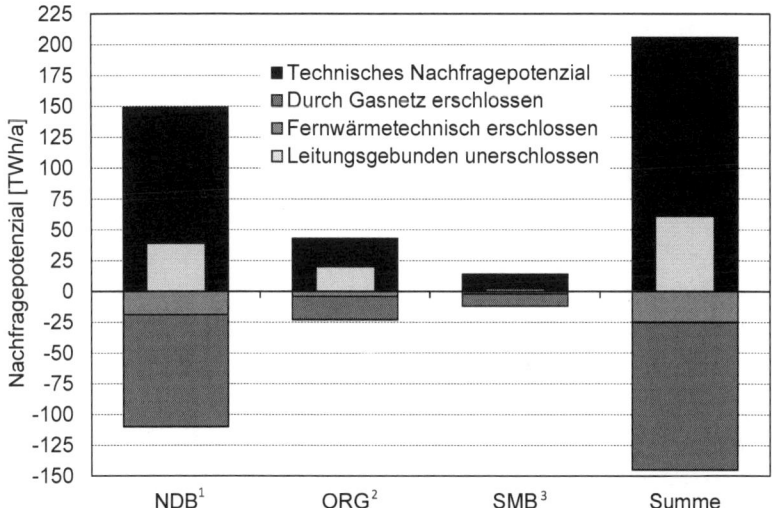

Abb. 5.4: Leitungsgebunden noch unerschlossenes Nachfragepotenzial ([1]norddeutsches Becken; [2]Oberrheingraben; [3]süddeutsches Molassebecken)

5.1.3 Substituierbares Nachfragepotenzial

Das substituierbare Nachfragepotenzial entspricht dem bereits fernwärmetechnisch erschlossenen Anteil (vgl. Abb. 5.4) und teilt sich zu 19 TWh/a auf das norddeutschen Becken, zu 4 TWh/a auf den Oberrheingraben und zu 2 TWh/a auf das süddeutschen Molassebecken auf; damit könnten rund 25 TWh/a vergleichsweise einfach und problemlos erschlossen werden, sofern die dort installierte Wärmequelle ihre technische Lebensdauer erreicht hat und diese durch eine geothermische Wärmequelle substituiert werden kann [54].

5.1.4 Wirtschaftliches Nachfragepotenzial

Unter den diskutierten Randbedingungen (Kapitel 3.2.2.4) sind im norddeutschen Becken rund 35 TWh/a, im Oberrheingraben etwa 16 TWh/a und im Molassebecken ca. 2 TWh/a des technischen Nachfragepotenzials wirtschaftlich erschließbar. Dies entspricht einem Anteil am technischen Gesamtpotenzial von 26 %. Abb. 5.5 zeigt das bestimmte wirtschaftlich erschließbare Nachfragepotenzial[54].

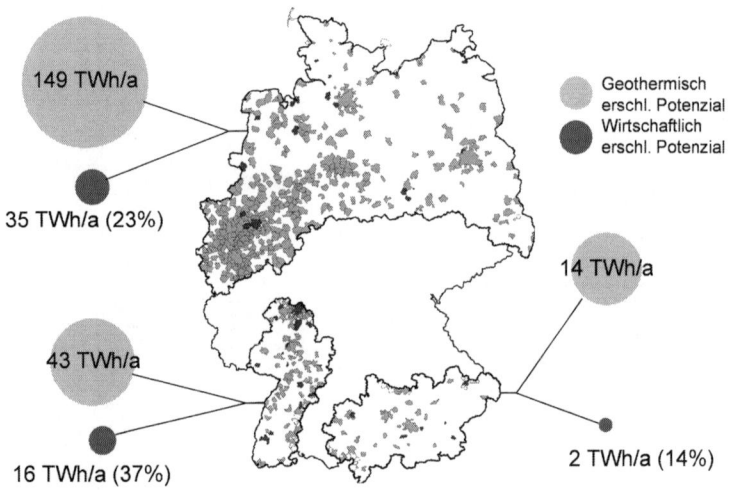

Abb. 5.5: Anteil des wirtschaftlichen gegenüber dem technischen Nachfragepotenzial der geothermiehöffigen Gebiete in Gemeinden größer 20 000 Einwohner (Gemeindegrenzen nach [83]) [54]

5.2 Wärmenachfragepotenziale an der Anlage

Tabelle 5.1 zeigt die Durchsatzmengen der Güteranteile, die im Einzugsgebiet potenzieller geothermischer Anlagenstandorte anfallen (technisches Nachfragepotenzial). Unter Anwendung der beschriebenen Methodik (Kapitel 3.1.2) ergeben sich, unter Berücksichtigung der Bedarfsenthalpien (vgl. Kapitel 4.2), die dargestellten technischen Nachfragepotenziale (Tabelle 5.1). Das technische Nachfragepotenzial zur Trocknung aller betrachteten Güter beträgt 6 256 GWh/a. Ein Anteil von über 90 % wird durch die Güter Energieholz, Klärschlamm und Halmgut nachgefragt.

Tabelle 5.1: Technisches Nachfragepotenzial zur Trocknung ausgewählter Güter

Gut	Durchsatz [1 000 t/a]	Technisches Nachfrage- potenzial [GWh/a]
Energieholz	8 601,75	2 510
Klärschlamm	3 071,88	1 942
Halmgut	3 130,71	1 249
Kartoffelerzeugn.	394,80	273
Getreide	11 900,00	232
Äpfel	30,48	20
Hopfen	32,26	21
Tabak	9,57	7
Pflaumen	2,03	1
Summe		6 256

Die errechneten Energiemengen für die betrachteten Güter zeigen, dass das technische Niedertemperaturwärmenachfragepotenzial durch Trocknungsprozesse in einer energetisch relevanten Größenordnung liegt [21].

6 Analyse und Bewertung der Wärmenachfragepotenziale

Die Nutzbarmachung der geothermischen Niedertemperaturwärme durch die identifizierten Optionen führt zu technischem, ökonomischem und ökologischem Mehraufwand gegenüber einer ausschließlichen Stromerzeugung. Ob sich dieser Mehraufwand aus technischer, ökonomischer und ökologischer Sicht gegenüber einer alleinigen Strombereitstellung rechnet, wird im Folgenden für die zunächst zu definierenden Systeme anhand der in Kapitel 3.3 dargestellten Methodik diskutiert.

6.1 Definition der Referenzsysteme

Nachfolgend werden die verschiedenen Randbedingungen der Angebots- und Nachfragesituation festgelegt und die zu untersuchenden Konzepte definiert. Die Angebotssituation entspricht dabei den geologischen Randbedingungen in den geothermiehöffigen Gebieten und die Nachfragesituation den zu definierenden Versorgungsaufgaben.

6.1.1 Geologische Randbedingungen

Die geologischen Randbedingungen in Deutschland zeigen (Kapitel 2.1.3) charakteristische Unterschiede in den geothermiehöffigen Gebieten. Das norddeutsche Becken (NDB) weist bei verhältnismäßig moderaten bis hohen Temperaturen im Vergleich zum Oberrheingraben (ORG) mit ähnlichen Temperaturen relativ geringe Förderraten auf. Im Molassebecken (SMB) werden dagegen bei moderaten Temperaturen hohe Förderraten erreicht. Um diese Unterschiede in die Analysen mit einfließen zu lassen, wird für jedes Gebiet ein Standort mit typischen geologischen Randbedingungen untersucht.

Die definierten geologischen Randbedingungen orientieren sich an den Werten bereits existierender Anlagen in der jeweiligen Region (vgl. Kapitel 3.3.1). Die hier unterstellten Bohrtiefen, Temperaturen, Förderraten, Einhängtiefen und Bohrlochabstände zeigt Tabelle 6.1.

Tabelle 6.1: Definition der geologischen Randbedingungen [84]

Parameter	Einheit	1	2	3
Gebiet	-	ORG	SMB	NDB
Förderrate	kg/s	70	150	30
Temperatur	°C	160	130	150
Tiefe	m	3 340	3 440	3 900
Umgebungstemperatur	°C		15	
Einhängtiefe Förderpumpe	m		400	
Bohrlochabstand	m		1 000	

[1]Oberrheingraben; [2]süddeutsches Molassebecken; [3]norddeutsches Becken

6.1.2 Versorgungsaufgaben

Als Versorgungsaufgaben werden die Randbedingungen bezeichnet, die nachfrageseitig zu definieren sind. Hier wird analog zur Potenzialanalyse zwischen den Wärmesenken an der Anlage und in der Umgebung der Anlage unterschieden.

Zur Bewertung der Nachfragepotenziale an der Anlage werden exemplarisch die Trocknungsgüter Klärschlamm und Energieholz untersucht. Für diese Güter werden Durchsatzmengen sowie Anfangs- und Endfeuchten definiert (Tabelle 6.2). Für die jährliche Betriebsdauer wird ein Dauerbetrieb (24 Std./d) betrachtet; daraus ergibt sich für die folgenden Berechnungen eine definierte Volllaststundenzahl von 7 500 h/a. Die Durchsatzmengen werden anhand der in Kapitel 3.3.1 dargestellten Methodik definiert. Außer bei der Klärschlammtrocknung und der Energieholznutzung bei der Kombination der Konzepte im norddeutschen Becken wird bei allen untersuchten Anlagen die logistische Grenze von 60 kt/a (vgl. Kapitel 3.3.1) erreicht. Im norddeutschen Becken ergibt sich für die Klärschlammtrocknung ein Durchsatz von 41 kt/a (Tabelle 6.2). Bei der Kombination der Konzepte reduziert sich die Vollaststundenzahl auf 4 000 h/a im Oberrheingraben und norddeutschen Becken bzw. auf 3 500 h/a im süddeutschen Molassebecken, dadurch ergeben sich im norddeutschen Becken und bei der Klärschlammtrocknung im Oberrheingraben geringere Durchsatzmenge (vgl. Tabelle 6.2 Werte in Klammern). Sonst bleibt der Durchsatz unverändert.

Tabelle 6.2: Randbedingungen Versorgungsaufgabe Trocknung

Parameter	Einheit	KA1(K)[1]	KA2(K)[2]	KA3(K)[3]	KA1(E)[4]	KA2(E)[5]	KA3(E)[6]
Trocknungsgut	-		Klärschlamm			Energieholzprodukte	
Gebiet	-	ORG[7]	SMB[8]	NDB[9]	ORG	SMB	NDB
Durchsatzmenge	kt/a	60 (54)	60	41 (21)	60	60	60 (47)
Anfangsfeuchte	%		70			40	
Endfeuchte	%		5			10	
Volllaststunden	h/a	7 500 (4 000[10])	7 500 (3 500)	7 500 (4 000)	7 500 (4 000)	7 500 (3 500)	7 500 (4 000)

[1]Versorgungsaufgabe Klärschlamm, Oberrheingraben; [2]Versorgungsaufgabe Klärschlamm, süddeutsches Molassebecken; [3]Versorgungsaufgabe Klärschlamm, norddeutsches Becken; [4]Versorgungsaufgabe Energieholz, Oberrheingraben; [5]Versorgungsaufgabe Energieholz, süddeutsches Molassebecken; [6]Versorgungsaufgabe Energieholz, norddeutsches Becken; [7]Oberrheingraben; [8]süddeutsches Molassebecken; [9]norddeutsches Becken; [10]Volllaststundenzahl bei Kombination der Konzepte

Zur Bewertung der Nachfragepotenziale in der Umgebung von potenziellen Anlagenstandorten wird für die Versorgung von Haushalten und GHD eine für ein Fernwärmeversorgungsgebiet typische Verteilung [24] auf die Siedlungstypen 2 und 5a/b betrachtet. Für einen industriellen Nachfrager wird eine ausschließliche Bereitstellung von Prozesswärme für ein Industrieunternehmen unterstellt [106]. Die Siedlungstyp-spezifischen Merkmale, aus denen sich die definierten Versorgungsaufgaben für die Bereiche Haushalte und GHD (Gewerbe, Handel und Dienstleistung) zusammensetzen, sind in Tabelle 6.3 zusammengefasst. Für die Zusammensetzung der Versorgungsaufgaben wird unterstellt, dass sich das zu versorgende Gebiet zu jeweils einem Drittel aus den dargestellten Siedlungstypen zusammensetzt [24]. Demnach wird ein Mischgebiet aus Einfamilienhäusern (EFH), Zweifamilienhäusern (ZFH) und kleinen- bzw. großen Mehrfamilienhäusern (KMH/GMH) betrachtet und es ergibt sich eine mittlere Gebäudedichte von 1 318 Gebäuden je km², ein mittlerer Abstand zwischen Haus und Straße von 7,7 m und eine gemittelte Wärmedichte (Wärmenachfrage je km² [85]) von 25,1 MW/km² (Tabelle 6.3).

Tabelle 6.3:Siedlungstyp-spezifische Merkmale für die Versorgungsgebiete Haushalte und GHD [86]

	Einheit	ST2[1]	ST5a[2]	ST5b[3]	Versorgungsaufgabe
Gebäudetypen	-	EFH[4]/ ZFH[5]	KMH[6]	KMH/ GMH[7]	EFH/ZFH/ KMH/GMH
Gebäudedichte	Geb/km²	1 257	1 524	1 172	1 318
Abstand Gebäude/Straße	m	7,0	7,0	9,0	7,7
Wärmedichte	MW/km²	18,0	27,2	30,2	25,1

[1]Siedlungstyp 2: Streusiedlung; [2]Siedlungstyp 5a: Siedlung kleiner Mehrfamilienhäuser; [3]Siedlungstyp 5b: Zeilenbebauung mit großen und kleinen Mehrfamilienhäusern; [4]Einfamilienhäuser; [5]Zweifamilienhäuser; [6]kleine Mehrfamilienhäuser; [7]große Mehrfamilienhäuser

Die definierten thermischen Leistungen (Tabelle 6.4) der Versorgungsaufgaben orientieren sich (vgl. Kapitel 3.3.1) an bereits existierenden Anlagen in dem jeweiligen Gebiet [2]. Da im norddeutschen Becken und im Oberrheingraben nach der Stromerzeugung etwas höhere Thermalwassertemperaturen (ca. 60 bis 80°C) als im süddeutschen Molassebecken (ca. 50 bis 70 °C) zu erwarten sind, werden hier Wärmesenken aus dem Bereich Haushalte und GHD (Gewerbe, Handel und Dienstleistung) bedient, während im süddeutschen Molassebecken eine Versorgung von Industriebetrieben erfolgt. Der geothermische Deckungsgrad wird einheitlich mit 80 % und der Netznutzungsgrad bzw. der Nutzungsgrad der Hausübergabestationen mit 85 % bzw. 95 % angenommen [3]. Die Vor- und Rücklauftemperaturen werden für die Versorgung von Haushalten und GHD mit 70 °C im Vorlauf und 50 °C im Rücklauf und bei der Versorgung eines Industriebetriebs mit 60 °C im Vorlauf und 40 °C im Rücklauf definiert (Tabelle 6.4). Die Raumwärmenachfrage der Haushalte und des GHD-Bereichs (Gewerbe, Handel, Dienstleistung) ist starken saisonalen Schwankungen unterlegen. Während an kalten Wintertagen Spitzenlasten nachgefragt werden, ist im Sommer keine Raumwärmenachfrage gegeben. Die Wärmenachfrage der Industrie nach Prozesswärme ist hingegen relativ konstant. Um diesen Umstand zu berücksichtigen, wird im Bereich Haushalte/GHD (Gewerbe, Handel, Dienstleistung) eine Volllaststundenzahl von 1 750 h/a und im Bereich Industrie von 4 000 h/a (16 Std./d bei 250 Arbeitstagen/a) unterstellt.

Tabelle 6.4: Randbedingungen Versorgungsaufgabe Fernwärmeversorgung

Parameter	Einheit	KU(1)[1]	KU(2)[2]	KU(3)[3]
Gebiet	-	ORG[4]	SMB[5]	NDB[6]
Nachfragesektor	-	Haushalte/GHD[7]	Industrie	Haushalte/GHD
Versorgungsaufgaben ab Anlage	MW	5	10	3,8
Geothermischer Deckungsgrad	%		80	
Vor-/Rücklauftemperaturen	°C	70/50	60/40	70/50
Volllaststunden	h/a	1 750	4 000	1 750

[1]Versorgungsaufgabe Fernwärme, Oberrheingraben; [2]Versorgungsaufgabe Fernwärme, süddeutsches Molassebecken; [3]Versorgungsaufgabe Fernwärme, norddeutsches Becken; [4]Oberrheingraben; [5]süddeutsches Molassebecken; [6]norddeutsches Becken

6.1.3 Konzepte und resultierende Referenzanlagen

Im Folgenden werden die nach Kapitel 3.3.1 definierten Konzepte dargestellt. Durch Zuweisung der in Kapitel 6.1.1 und 6.1.2 festgelegten Randbedingungen zu den Konzepten ergeben sich die Referenzanlagen (Tabelle 6.5), die nachfolgend technisch, ökonomisch und ökologisch analysiert werden.

Demnach wird für die definierten geologischen Randbedingungen im Oberrheingraben (R1), im süddeutschen Molassebecken (R2) und im norddeutschen Becken (R3) jeweils eine Referenzanlage zur ausschließlichen Stromerzeugung untersucht.

Dem Konzept zur Erschließung der Wärmesenken in der Anlagenumgebung wird je geologischer Randbedingung eine Versorgungsaufgabe zur Fernwärmeversorgung zugeordnet. Daraus ergeben sich insgesamt drei (KU1, KU2, KU3) zu untersuchende Anlagenkonfigurationen (Tabelle 6.5).

Für die Konzepte zur geothermischen Restwärmenutzung zur ausschließlichen Trocknung und zur Trocknung mit anschließender Verbrennung wird für die Güter Klärschlamm und Energieholz je geologischer Randbedingung eine Anlagenkonfiguration untersucht. Die sich ergebenden sechs verschiedenen Parametervarianten werden auf beide Konzepte angewandt. In der Summe werden zur Bewertung der Etablierung von Wärmesenken an der Anlage somit zwölf verschiedene Referenzanlagen untersucht (d. h. Trocknung: KA1(KT), KA1(ET), KA2(KT), KA2(ET), KA3(KT), KA3(ET); bzw. Trocknung und Verbrennung: KA1(KV), KA1(EV), KA2(KV), KA2(EV), KA3(KV), KA3(EV)) (Tabelle 6.5).

Weiterhin erfolgt je Trocknungsgut und geologischer Randbedingung eine Kombination der Konzepte zur Nutzung von geothermischer Restwärme zu Trocknungszwecken und Fernwärmeversorgung (d. h. es ergeben sich je geothermiehöffigem Gebiet zwei zu untersuchende Referenzanlagen KK1(KV), KK1(EV), KK2(KV), KK2(EV), KK3(KV), KK3(EV) (Tabelle 6.5)).

Tabelle 6.5: Überblick Anlagenkonfigurationen

Kennziffer Referenzanlage	Gebiet	Trocknungsgut	Wärmeversorgung	Nutzung Gut
R1	ORG	-	-	-
R2	SMB	-	-	-
R3	NDB	-	-	-
KA1(KT)	ORG	Klärschlamm	-	Verkauf
KA2(KT)	SMB	Klärschlamm	-	Verkauf
KA3(KT)	NDB	Klärschlamm	-	Verkauf
KA1(ET)	ORG	Pellets	-	Verkauf
KA2(ET)	SMB	Pellets	-	Verkauf
KA3(ET)	NDB	Pellets	-	Verkauf
KA1(KV)	ORG	Klärschlamm	-	Einkopplung KW
KA2(KV)	SMB	Klärschlamm	-	Einkopplung KW
KA3(KV)	NDB	Klärschlamm	-	Einkopplung KW
KA1(EV)	ORG	Pellets	-	Einkopplung KW
KA2(EV)	SMB	Pellets	-	Einkopplung KW
KA3(EV)	NDB	Pellets	-	Einkopplung KW
KU1	ORG	-	Haushalte/GHD	-
KU2	SMB	-	Industrie	-
KU3	NDB	-	Haushalte/GHD	-
KK1(KV)	ORG	Klärschlamm	Haushalte/GHD	Einkopplung KW
KK1(EV)	ORG	Energieholz	Haushalte/GHD	Einkopplung KW
KK2(KV)	SMB	Klärschlamm	Industrie	Einkopplung KW
KK2(EV)	SMB	Energieholz	Industrie	Einkopplung KW
KK3(KV)	NDB	Klärschlamm	Haushalte/GHD	Einkopplung KW
KK3(EV)	NDB	Energieholz	Haushalte/GHD	Einkopplung KW

R=Konzept zur Strombereitstellung; KA=Konzepte zur Etablierung einer Wärmesenke an der Anlage; KU=Konzepte zur fernwärmetechnischen Versorgung der Wärmesenken in der Anlagenumgebung; KK=Kombination der Konzepte (K)=Klärschlamm; (E)=Energieholz; (T)=reine Trocknungsdienstleistung; (V)=Kombinierte Trocknung und Verbrennung mit Nutzung der Verbrennungswärme im Kraftwerksprozess und Spitzenlastbereitstellung; 1=Oberrheingraben; 2=süddeutsches Molasse Becken; 3=norddeutsches Becken

6.1.3.1 Ausschließliche Stromerzeugung

Um die identifizierten Wärmenachfragepotenziale (Kapitel 5) in Bezug auf ihre Fähigkeit, die Effizienz von geothermischen Anlagen zu verbessern und zu bewerten, werden Konzepte zur kombinierten Strom- und Wärmebereitstellung, in denen die geothermische Restwärme zur Versorgung der identifizierten Wärmesenken nutzbar gemacht wird, Konzepten zur ausschließlichen geothermischen Stromerzeugung (R1, R2, R3 vgl. Tabelle 6.5) gegenübergestellt. Als verwendeter Kreisprozess wird der in Kapitel 2.3.1 beschriebene Organic-Rankine-Cycle (ORC) gewählt. In Abb. 6.1 ist das Prinzipschaltbild und die Systemgrenze für das definierte Konzept dargestellt.

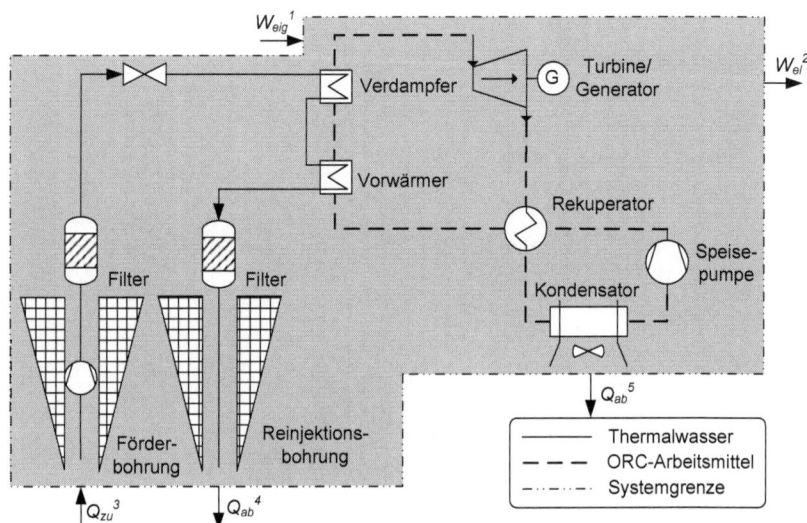

Abb. 6.1: Referenzkonzept und Systemgrenze ORC Prozess ([1]elektrischer Eigenbedarf bei Bruttobetrachtung; [2]elektrische Energie (brutto); [3]zugeführte thermische Energie Thermalwasser; [4]abgeführte thermische Energie Thermalwasser; [5]abgeführte thermische Energie Luftkühlung)

Die Enthitzung des organischen Arbeitsmittels erfolgt durch eine direkte Luftkühlung. Als elektrische Verbraucher werden die Ventilatoren der direkten Luftkühlung zur Kondensation und die Förder- und Speisepumpe berücksichtigt.

Es werden drei Referenzanlagen mit unterschiedlichen geologischen Randbedingungen zur ausschließlichen Strombereitstellung untersucht. Sie unterscheiden sich bei der Wahl des Arbeitsmittels. Entsprechend dem Temperaturniveau frei Bohrlochkopf wird zur Optimierung der Nettowirkungsgrade zur Stromerzeugung das in dem jeweiligen Temperaturbereich optimale organische Arbeitsmittel gewählt. Dabei sollte die kritische Temperatur des Arbeitsmittels ca. dem 0,9-fachen der Thermalwassereintrittstemperatur entsprechen [15]. Die Wahl des Arbeitsmittels für die verschiedenen Referenzanlagen erfolgt im Kapitel 6.2 bei der Auslegung der Systeme.

6.1.3.2 KWK – Wärmesenken in der Anlagenumgebung

Die Anlagenkonfiguration der Kopplungskonzepte zur fernwärmetechnischen Erschließung von Wärmesenken (KU1, KU2, KU3; vgl. Tabelle 6.5) ist schematisch in Abb. 6.2 dargestellt.

Nach der Wärmeauskopplung zur Stromerzeugung in einem ORC-Prozess (vgl. Kapitel 6.1.3) wird, wie in Kapitel 3.3.1 diskutiert, ein zusätzlicher Wärmeübertrager angeordnet, durch den die im Thermalwasser noch enthaltene Restwärme auf das Wärmeträgermedium im Heiznetz übertragen wird.

Im Heiznetz ist die geothermische Wärmequelle parallel zu einem mit Erdgas betriebenen Spitzenlastkessel angeordnet. Die Zuschaltung des Heizkessels erfolgt zu Spitzenlastzeiten, um damit die Bedarfsspitzen zu bedienen.

Innerhalb der Systemgrenze und damit in den folgenden Analysen berücksichtigt ist neben dem Thermalwasserkreislauf mit der Förderpumpe und dem ORC Prozess auch die gesamte fernwärmetechnische Erschließung der Wärmesenken einschließlich des Spitzenlastkessels. Dem System werden die folgenden Energieströme zugeführt:

- die im Thermalwasser enthaltene thermische Energie $Q_{zu,1}$,

- die im Erdgas enthaltene potenzielle Energie $Q_{zu,2}$ und

- bei Bruttostrombetrachtung die elektrische Arbeit W_{eig} zum Betrieb der Pumpen.

Bei einer Nettostrombetrachtung hingegen ist $W_{eig} = 0$, da in diesem Fall der elektrische Eigenbedarf der Anlage durch den produzierten Strom bereitgestellt wird. Die das System verlassenden Energieströme setzen sich zusammen aus

- der erzeugten und in das Stromnetz eingespeisten elektrischen Arbeit W_{el},

- der an den Verbraucher abgegebenen Nutzenergie $Q_{nutz,therm}$,

- der im Thermalwasser bei der Reinjektion enthaltenen Restwärme $Q_{ab,1}$,

- der bei der Kondensation abgeführten Wärme $Q_{ab,2}$ und

- der im Fernwärmenetz auftretenden Rohrleitungsverluste $Q_{ab,3}$.

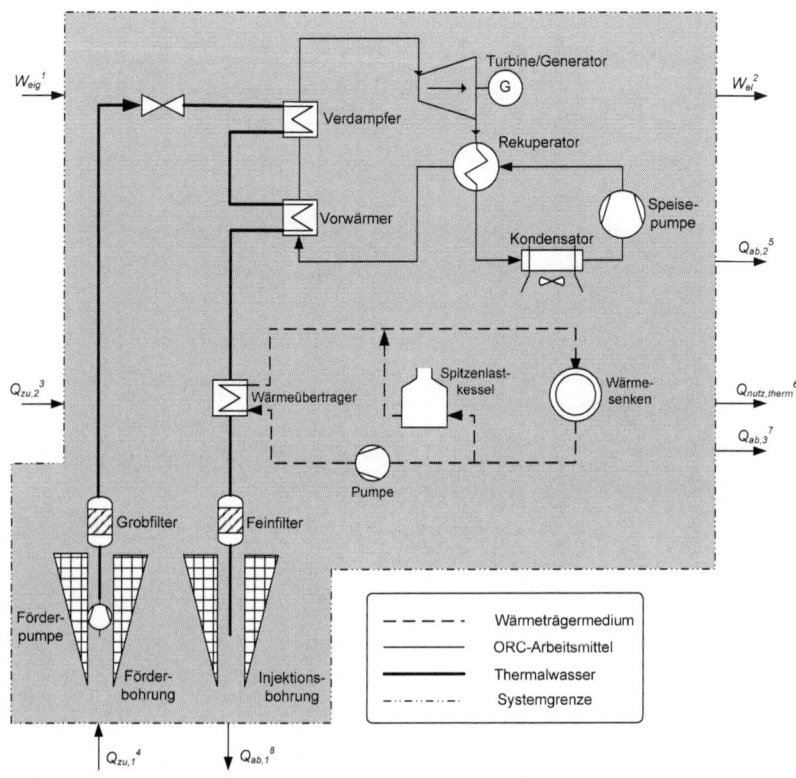

Abb. 6.2: Kombinierte Bereitstellung von Strom und Wärme zur Fernwärmeversorgung ([1]elektrischer Eigenbedarf bei Bruttobetrachtung; [2]elektrische Energie (brutto); [3]zugeführte potenzielle Energie Erdgas; [4]zugeführte thermische Energie Thermalwasser; [5]abgeführte thermische Energie Luftkühlung; [6]abgeführte thermische Nutzenergie; [7]abgeführte thermische Verlustenergie; [8]abgeführte thermische Energie Thermalwasser)

6.1.3.3 KWK – Wärmesenken an der Anlage

Zur Etablierung einer Wärmesenke an der Anlage werden die in Kapitel 3.3.1 diskutierten Möglichkeiten untersucht. Die daraus resultierenden Konzepte werden im Folgenden dargestellt.

Trocknung mit geothermischer Restwärme. Zur Etablierung einer Wärmesenke an der Anlage wird die Möglichkeit der konvektiven Trocknung durch den Einsatz eines Bandtrockners untersucht (KA1(KT), KA1(ET), KA2(KT), KA2(ET), KA3(KT), KA3(ET); vgl. Tabelle 6.5). Nach der Wärmeauskopplung zur Stromerzeugung in einem ORC Prozess (vgl. Kapitel 6.1.3) wird ein zusätzlicher Wärmeübertrager angeordnet, durch den die im Thermalwasser enthaltene Restwärme auf die Trocknerluft übertragen wird. Die erhitzte Luft wird im Trockner mit Wasser aus dem feuchten zu trocknenden Gut beladen und über einen Biofilter an die Umgebung abgegeben. Das getrocknete Gut wird zu den üblichen Marktpreisen wieder verkauft bzw. bei Klärschlamm weiter entsorgt (Kennzeichnung in Analyse mit T) (Abb. 6.3).

Dem System zugeführt wird die im Thermalwasser enthaltene thermische Energie Q_{zu} und bei einer Bruttostrombetrachtung die elektrische Arbeit W_{eig} zum Betrieb der Pumpen, Ventilatoren und Trocknerperipherie (vgl. Abb. 6.3). Aus dem System ausgetragen wird

- die erzeugte in das Stromnetz eingespeiste elektrische Arbeit W_{el},
- die thermische Nutzenergie $Q_{nutz,therm}$ zur Trocknung des Gutes,
- die im Thermalwasser bei der Reinjektion noch enthaltene Restwärme $Q_{ab,1}$,
- die Restwärme in der wasserbeladenen Luft $Q_{ab,2}$ und
- die bei der Kondensation durch die Luftkühlung abgeführte Wärme $Q_{ab,3}$.

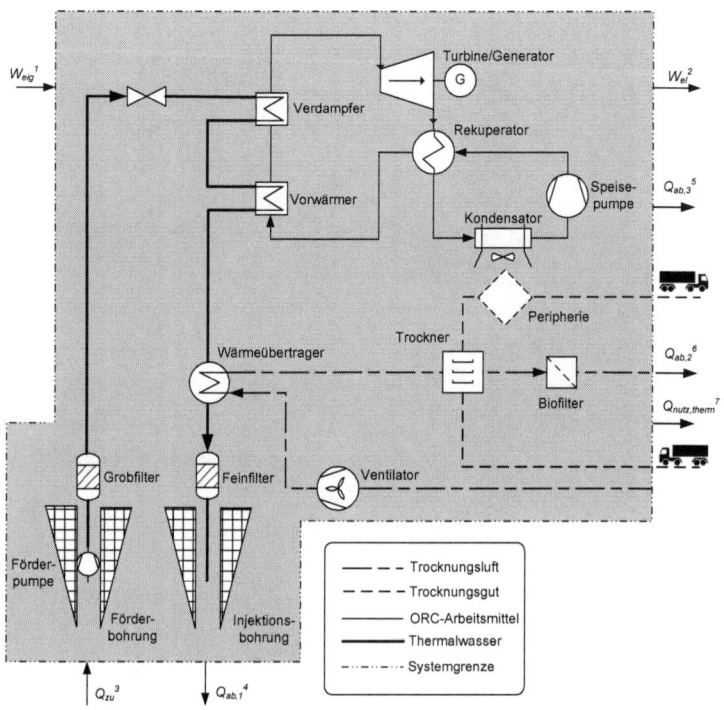

Abb. 6.3: Konzept zur Trocknung mit geothermischer Restwärme ([1]elektrischer Eigenbedarf bei Bruttobetrachtung; [2]elektrische Energie; [3]zugeführte thermische Energie Thermalwasser; [3]abgeführte thermische Energie Thermalwasser [5]abgeführte thermische Energie Luftkühlung; [6]abgeführte thermische Verlustenergie; [7]abgeführte thermische Nutzenergie)

Trocknung mit geothermischer Restwärme und anschließender Verbrennung. Bei der kombinierten Trocknung von Energieträgern mit anschließender Verbrennung (KA1(KV), KA1(EV), KA2(KV), KA2(EV), KA3(KV), KA3(EV); vgl. Tabelle 6.5) verhalten sich die in das System ein- und ausfließenden Energieströme wie bei der ausschließlichen Trocknung. Wesentlicher Unterschied ist der zusätzlich angeordnete Biomassekessel und der dadurch zu berücksichtigende Energiestrom $Q_{zu,2}$ der in der Biomasse gebunden ist. Nach der Trocknung der definierten Güter werden diese in einem Kessel verbrannt und die dabei entstehende Hochenthalpiewärme wird über einen Thermoölkreislauf in das Thermalwasser eingekoppelt. Dadurch entsteht ein weiterer an die Umgebung abgegebener Verlustwärmestrom $Q_{ab,4}$ (Abb. 6.4). Die Verbrennungsrückstände werden anschließend umweltgerecht entsorgt (d. h. als Abfall auf einer Deponie abgelegt).

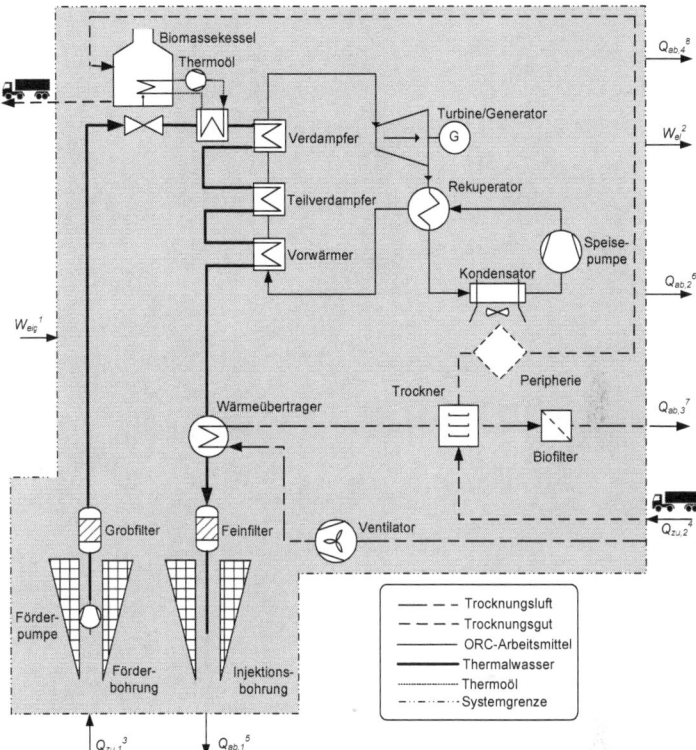

Abb. 6.4: Konzept zur Trocknung mit geothermischer Restwärme mit anschließender Verbrennung der Energieträger ([1]elektrischer Eigenbedarf bei Bruttobetrachtung; [2]elektrische Energie; [3]zugeführte thermische Energie Thermalwasser; [4]zugeführte potenzielle Energie Biomasse; [5]abgeführte thermische Energie Thermalwasser [6]abgeführte thermische Energie Luftkühlung; [7]abgeführte thermische Verlustenergie Trocknung; [8]abgeführte thermische Verlustenergie Verbrennung)

6.1.3.4 Kombinierte Konzepte

Die Nutzungskonzepte zur Erschließung von Wämesenken in der Anlagenumgebung und an der Anlage werden zusätzlich – soweit es die geologischen Randbedingungen zulassen – kombiniert (KK1(KV), KK1(EV), KK2(KV), KK2(EV), KK3(KV), KK3(EV); vgl. Tabelle 6.5). Dabei erfolgt in Thermalwasserfließrichtung nach der Stromerzeugung eine in Reihe geschaltete Auskopplung der Restwärme zunächst zur Fernwärmebereitstellung und anschließend zur konvektiven Trocknung. Die getrockneten Energieträger werden in einem Biomassekessel zur Erzeugung von Hochenthalpiewärme verbrannt. Die Hochenthalpiewärme wird zum einen zur Substitution des Spitzenlastkessels auf Basis fossiler Energieträger zur Fernwärmebereitstellung und zum anderen zur Steigerung des elektrischen Wirkungsgrades genutzt (Abb. 6.5).

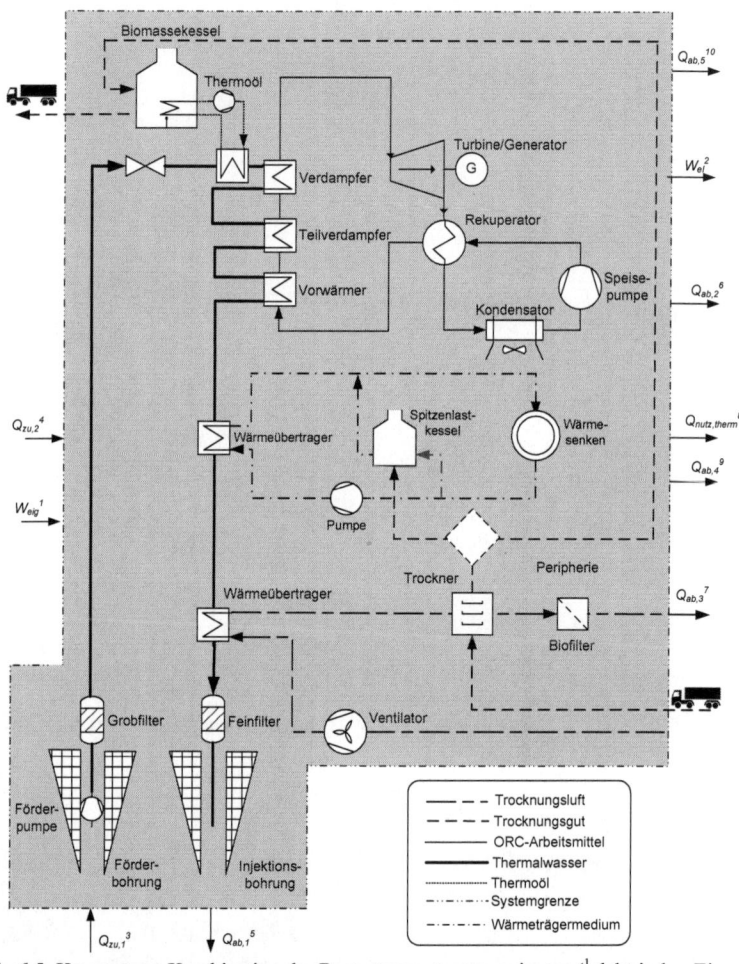

Abb. 6.5: Konzept zur Kombination der Restwärmenutzungsvarianten ([1]elektrischer Eigenbedarf bei Bruttostrombetrachtung; [2]elektrische Energie; [3]zugeführte thermische Energie Thermalwasser; [4]zugeführte potenzielle Energie Biomasse; [5]abgeführte thermische Energie Thermalwasser [6]abgeführte thermische Energie Luftkühlung; [7]abgeführte thermische Verlustenergie Trocknung ; [8]Nutzenergie Fernwärme; [9]Verlustenergie Fernwärme; [10]Verlustenergie Verbrennung)

Dem Konzept wird

- die im Thermalwasser enthaltene thermische Energie $Q_{zu,1}$,
- die in der Biomasse enthaltene potenzielle Energie $Q_{zu,2}$ und
- bei einer Bruttostrombetrachtung der elektrische Eigenbedarf W_{eig} zugeführt.

Bei einer Nettostrombetrachtung wird der elektrische Eigenbedarf durch den produzierten Strom gedeckt.

Als Output-Ströme werden berücksichtigt:

- die in das Stromnetz eingespeiste elektrische Arbeit W_{el},
- die an den Wärmeverbraucher abgegebene Nutzwärme $Q_{nutz,therm}$,
- die im Thermalwasser bei der Reinjektion enthaltene Restwärme $Q_{ab,1}$,
- die am kalten Ende des Kraftwerksprozesses bei der Kondensation durch die Luftkühlung abgeführte Wärme $Q_{ab,2}$,
- die Restwärme in der wasserbeladenen Luft $Q_{ab,3}$,
- die Rohrleitungsverluste im Fernwärmenetz $Q_{ab,4}$ und
- die im Biomassekessel austretende Verlustwärme $Q_{ab,5}$.

6.2 Technische Analyse

Das Ziel der technischen Analyse ist die Ermittlung der in Kapitel 3.3.2 definierten technischen Kenngrößen. Dazu folgt zunächst eine Zusammenstellung der sich aus der Datenbasis und Simulation ergebenden Prozessdaten für die Referenzanlagen und im Anschluss daran eine Auswertung der Ergebnisse in Bezug auf die technischen Kenngrößen.

6.2.1 Datenbasis und Simulation

Nachfolgend werden die Parameter zur Simulation der nach Kapitel 6.1 zu untersuchenden Systeme definiert. Die Auslegung zunächst für die ausschließliche Stromerzeugung und anschließend für die KWK-Anlagen. Die Datenbasis und Simulation bildet die Grundlage für die technische Analyse.

6.2.1.1 Referenzanlagen Stromerzeugung

Für den Betrieb der Referenzanlagen zur ausschließlichen Stromerzeugung werden 7 500 Volllaststunden zugrunde gelegt. Ausgehend von den in Kapitel 6.1 definierten Randbedingungen wird im Oberrheingraben und norddeutschen Becken Isobutan als Kreislaufmittel im ORC-Prozess eingesetzt und im süddeutschen Molassebecken kommt Octafluorcylobutan zur Anwendung [87]; die jeweiligen kritischen Parameter zeigt Tabelle 6.6 [88].

Tabelle 6.6: Organische Arbeitsmittel Referenzkonzepte

	Arbeitsmittel	Kritischer Druck [bar]	Kritisches Temperatur [°C]
R1[1] R3[3]	Isobutan	36,4	134,7
R2[5]	Octafluorcyclobutan	27,8	115,23

[1]ausschließliche Stromerzeugung Oberrheingraben; [2]ausschließliche Stromerzeugung norddeutsches Becken; [3]ausschließliche Stromerzeugung süddeutsches Molassebecken

Die Auslegung der an der Stromproduktion beteiligten Komponenten wird nachfolgend exemplarisch für die Anlage im Oberrheingraben vorgestellt. Das Prozessschaltbild der Simulation mit den sich ergebenden Drücken, Temperaturen und Massenströmen ist in Abb. 6.6 dargestellt. Die Betrachtung erfolgt getrennt nach dem Thermalwasserkreislauf, dem ORC-Kreislauf und der Kühlung. Eine detaillierte Dokumentation der Prozessauslegung und Simulation für alle untersuchten Anlagen zur ausschließlichen Stromerzeugung (R1, R2, R3) ist in Anhang B Tabelle B 1 bis Tabelle B 3 zusammengestellt.

Die Förderpumpe muss eine Druckdifferenz von 40 bar überwinden; darin sind die geodätische Höhe zwischen Einhängtiefe der Pumpe (Pumpenwirkungsgrad 76 % [3]) und die Druckverluste des Thermalwassers in Vorwärmer, Teilverdampfer und Verdampfer berücksichtigt. Die geodätische Höhe wird durch eine Drossel simuliert (vgl. Abb. 6.6). Die Wärmeübertragung vom Thermalwasser auf das Arbeitsmedium erfolgt mit einer minimalen Temperaturdifferenz im Wärmeübertrager von 5 °C [15]. Eine Rücklauftemperatur des Thermalwassers ist nicht definiert.

Der ORC-Kreislauf beginnt mit der Erwärmung und Verdampfung des Arbeitsmittels Isobutan durch die aus dem Thermalwasser übertragene Wärme. Der Dampf wird in der Turbine mit einem isentropen und mechanischen Wirkungsgrad von 0,85 bzw. 0,95 zur Stromproduktion entspannt, im Rekuperator mit einer Temperaturreduktion um 10 °C [15] enthitzt und im Kondensator verflüssigt. Die Kondensation erfolgt mit einer definierten minimalen Temperaturdifferenz im Wärmeübertrager von 10 °C [15]. Das nun wieder flüssige Isobutan wird anschließend in der Speisepumpe (Pumpenwirkungsgrad 76 % [3]) auf Verdampfungsdruck gebracht und im Rekuperator vorgewärmt. Damit ist der Kreislauf geschlossen.

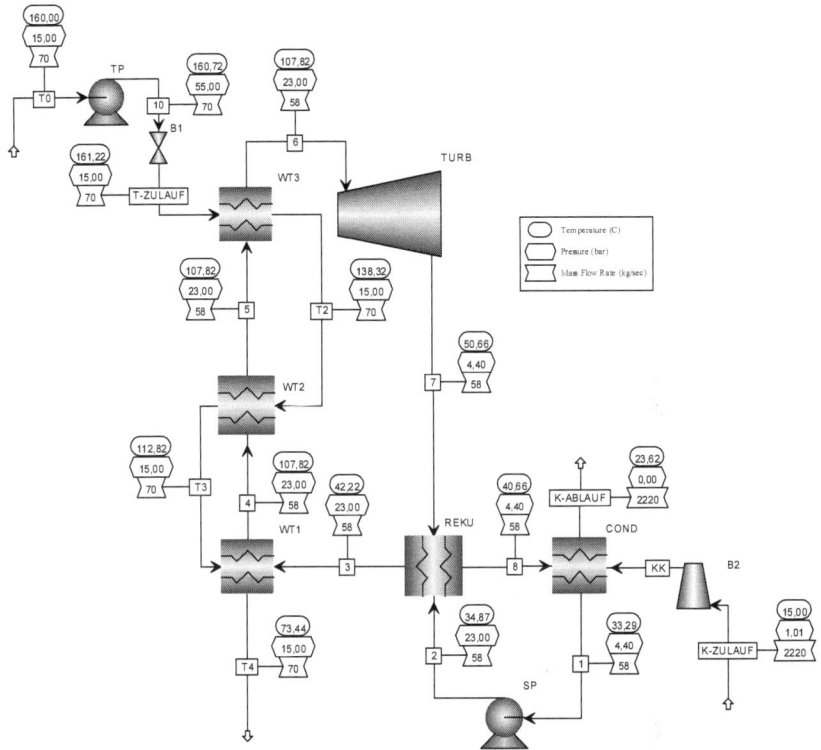

Abb. 6.6: Prozessschaltbild der ausschließlichen Stromerzeugung im ORG

Die Prozessoptimierung und die damit verbundene Einstellung des Arbeitsmittelmassenstroms, des Verdampfungs- und Entspannungsdrucks im Kreislauf erfolgt durch eine Designspezifikation und verschiedene Sensitivitätsanalysen während der Simulation. Der Arbeitsmittelmassenstrom wird so geregelt, dass die minimale Temperaturdifferenz von 5 °C im Wärmeübertrager auf der heißen Seite des Kraftwerkprozesses eingehalten wird. Für die Anlage im Oberrheingraben ergibt sich ein Arbeitsmittelmassenstrom von 58 kg/s. Der Verdampfungs- und Entspannungsdruck wird durch eine Sensitivitätsanalyse zur Maximierung der Turbinennettoleistung bestimmt. Beispielsweise stellt sich bei der Anlage im Oberrheingraben die maximale Nettoleistung der Turbine bei einem Speisepumpendruck von 23 bar und einem Entspannungsdruck von 4,4 bar ein (vgl. Abb. 6.6).

Die Luft zur Kühlung auf der kalten Seite des Kraftwerkprozesses hat eine Temperatur von 15 °C. Der luftseitig zu überwindende Druckverlust am Kondensator beträgt 160 Pa [89]. Der durch die Ventilatoren (Gesamtwirkungsgrad 76 %) erzeugte Luftmassenstrom wird durch eine Designspezifikation geregelt. Der Massenstrom wird dabei so eingestellt, dass die minimale Temperaturdifferenz von 10 °C [15] am Kondensator eingehalten wird.

6.2.1.2 KWK – Wärmesenken in der Anlagenumgebung

Die Kopplungsanlagen zur fernwärmetechnischen Versorgung der in den Versorgungsaufgaben definierten Wärmenachfrager werden in zwei Betriebszuständen betrieben. Die Bereitstellung der Niedertemperaturwärme findet über 1 750 h/a bei der Versorgung von Haushalten bzw. 4 000 h/a bei der industriellen Wärmenutzung statt; dementsprechend wird 5 750 h/a bzw. 3 500 h/a ein ausschließlicher Kraftwerksbetrieb (vgl. Kapitel 6.1.2) simuliert.

Die Auslegung und Simulation der Anlagen zur fernwärmetechnischen Versorgung wird nachfolgend exemplarisch für die Anlage im Oberrheingraben vorgestellt, dabei werden jeweils nur die Veränderungen gegenüber der ausschließlichen Stromerzeugung diskutiert. Das Prozessschaltbild des Simulationsmodells ist in Anhang B Tabelle B 4 dargestellt. Die Wärmeauskopplung wird durch einen in Thermalwasserfließrichtung nach dem Kraftwerksprozess angeordneten Wärmeübertrager modelliert. Unter Berücksichtigung des geothermischen Deckungsgrades von 80 % ergibt sich für die Fernwärmeversorgung eine geothermische Leistung von 4 MW. Für das Wärmenetz ist eine Vor- und Rücklauftemperatur von 70 bzw. 50 °C definiert.

Im Unterschied zur ausschließlichen Stromerzeugung ist durch die definierte Vorlauftemperatur im Wärmenetz eine ausreichend hohe Temperatur im Thermalwasser nach der Stromproduktion zu gewährleisten. Die Regelung erfolgt in der Simulation durch eine Designspezifikation. Der Arbeitsmittelmassenstrom im ORC-Prozess wird dabei so eingestellt, dass mit der thermalwasserseitigen Austrittstemperatur, unter Berücksichtigung einer minimalen Temperaturdifferenz von 5 °C bei der Wärmeauskopplung zur Fernwärmebereitstellung, die definierte Vorlauftemperatur im Wärmenetz bereitgestellt werden kann.

Bei einem geothermischen Deckungsgrad von 80 % wird die Spitzenlast in Höhe von 1 MW durch einen erdgasbetriebenen Spitzenlastkessel mit einem Kesselnutzungsgrad von 92 % bereitgestellt. Im Fernwärmenetz und den Hausübergabestationen werden Nutzungsgrade von 85 % bzw. 95 % [3] berücksichtigt. Dadurch beträgt die abgegebene Nutzleistung an den Hausübergabestationen 4 038 kW. Der Pumpstromaufwand P_P zum Betrieb des Wärmenetzes ergibt sich aus der Netzhöchstlast Q_H, der Druckhöhe der Pumpe Δp und der Temperaturspreizung im Wärmenetz Δt (Gleichung (6.1)) [24].

$$P_P = 35{,}43 Q_H \frac{\Delta p}{\Delta t} \qquad (6.1)$$

Anhang B Tabelle B 16 bis Tabelle B 18 zeigt eine detaillierte Zusammenstellung der Prozessdaten aller Referenzanlagen im KWK-Betrieb zur Versorgung von Wärmesenken in der Anlagenumgebung (KU). Dabei wird unterschieden zwischen den verschiedenen geologischen Randbedingungen (Kapitel 6.1.1). Neben den Temperaturen werden dort für alle Ströme Druck, Temperatur, Massenstrom und Dampfgehalt dargestellt. Zudem werden die ermittelten Kennzahlen der in den Prozess involvierten Wärmeübertrager, Pumpen, Ventilatoren und Turbine tabellarisch zusammengefasst; dabei werden jeweils die Veränderungen gegenüber den Anlagen zur ausschließlichen Stromerzeugung diskutiert.

6.2.1.3 KWK – Wärmesenken an der Anlage

Zur Etablierung von Wärmesenken an der Anlage wird die Integration eines konvektiven Trocknungsprozesses optional mit anschließender Verbrennung des Trocknungsgutes untersucht. Aus zwei Trocknungsgütern, drei geologischen Randbedingungen und zwei Kopplungskonzepten ergeben sich die zwölf hier untersuchten Anlagenkonfigurationen. Zunächst werden die Auslegung und Simulation der Referenzanlagen zur geothermischen Trocknung (KA1-3(K/ET)) und im Anschluss die Daten für die kombinierte Trocknung und Verbrennung (KA1-3(K/EV)) dargestellt.

Trocknung mit geothermischer Restwärme. Der Trocknerbetrieb findet 7 500 h/a statt. Eine detaillierte Zusammenstellung der simulierten Prozessdaten aller Referenzanlagen zum Anbieten einer Trocknungsleistung (T) erfolgt in Anhang B Tabelle B 4 bis Tabelle B 9.

Nachfolgend wird die Auslegung und Simulation exemplarisch anhand der Anlage im Oberrheingraben zur Klärschlammtrocknung (KA1(KT)) vorgestellt.

Da für den Trocknungsprozess keine Mindesttemperatur für die Trocknungsluft einzuhalten ist, wird dieser auf die sich ergebenden Bedingungen im Thermalwasser nach der Stromproduktion angepasst. Die Wärmeübertragung zwischen Thermalwasser und Trocknungsluft erfolgt mit einer Temperaturdifferenz von 10 °C [18].

Die Auslegung der Trocknungsanlage erfolgt analog zu Kapitel 3.1.2. Die Trocknerluft mit einer Anfangswasserbeladung von 4 g_{H_2O}/$kg_{tr,L}$ [105] wird während des Trocknungsvorgangs bis zu einem Sättigungsgrad von 55 % [15] mit Wasser beladen. Die Wasserbeladung der Trocknerluft am Trockneraustritt beträgt 16 g_{H_2O}/$kg_{tr,L}$. Während des Trocknungsprozesses wird die Luft von 63 °C auf 31 °C ausgekühlt. Unter Berücksichtigung der spezifischen Bedarfsenthalpie h_{bed} und der Verdunstungsenthalpie h_{verd} (Kapitel 3.1.2 Gleichung (3.16)/(3.11)) ergibt sich für die Anlage im Oberrheingraben zur Klärschlammtrocknung ein Trocknerwirkungsgrad η_{Tr} von 65 % (Gleichung (6.2)).

$$\eta_{Tr} = \frac{h_{verd}}{h_{bed}} \qquad (6.2)$$

Der notwendige Luftmassenstrom $\dot{m}_{Luft}$ ergibt sich aus dem zu trocknendem Wassermassenstrom $\dot{m}_{H_2O}$ und der Differenz zwischen der Wasserbeladung vor und nach dem Trocknungsprozess Δx (Gleichung (6.3)) .

$$\dot{m}_{Luft} = \frac{\dot{m}_{H_2O}}{\Delta x} \qquad (6.3)$$

Der zu trocknende Wassermassenstrom $\dot{m}_{H_2O}$ berechnet sich aus der Durchsatzmenge Klärschlamm $\dot{m}_K$, dem Anfangs- und Endwassergehalt Y_1 bzw. Y_2 und den Volllaststunden im Trocknungsbetrieb t_v (Gleichung (6.4)).

$$\dot{m}_{H_2O} = \frac{\dot{m}_K (Y_1 - Y_2)}{t_v} \qquad (6.4)$$

Die Bestimmung der Gebläseleistung des Trockners $P_{el,Ventilator}$ erfolgt über die Luftdichte ρ_{Luft} nach Gleichung (6.5). Dabei wird ein Druckverlust im Bandtrockner Δp_{Tr} von 1 500 Pa [41] und ein Wirkungsgrad des Ventilatorsystems η_V von 60 % unterstellt [90].

$$P_{el,Ventilator} = \frac{\Delta p_{Tr}\, \dot{m}_{Luft}}{\rho_{Luft}\, \eta_V} \qquad (6.5)$$

Trocknung mit geothermischer Restwärme und anschließender Verbrennung. Der Betrieb der Anlagen zur Trocknung mit anschließender Verbrennung des Trocknungsgutes erfolgt analog zur ausschließlichen Trocknung. Die bei der Verbrennung entstehende Hochenthalpiewärme wird dabei im gesamten Jahresbetrieb von 7 500 h/a über einen Thermoölkessel in das Thermalwasser eingekoppelt.

Für den Verbrennungsprozess wird ein Heizwert für Klärschlamm von 11 MJ/kg$_{tr}$ [91] und 18 MJ/kgtr [92] für Energieholzprodukte zugrunde gelegt. Der Wirkungsgrad für den Thermoölkessels wird mit 85 % definiert [93]. Durch den Verbrennungsprozess wird das zirkulierende Thermoöl auf 300 °C erwärmt. Die Einkopplung der Verbrennungsenergie in das geothermische System erfolgt durch eine indirekte Wärmezufuhr (vgl. Kapitel 2.3.4.2) in das Thermalwasser. Durch die Einkopplung der Wärme in den Thermalwasserstrom wird das Thermalwasser vor dem Kraftwerksprozess auf ein höheres Temperaturniveau gehoben. Zur Optimierung des Stromerzeugungsprozesses wird die Wahl des Arbeitsmittels an die vorliegende Thermalwassertemperatur angepasst (Kapitel 2.3.6.1). In Tabelle 6.7 sind die eingesetzten Arbeitsmittel zusammengefasst.

Tabelle 6.7: Arbeitsmittel der Referenzanlagen zur geothermischen Trocknung mit anschließender Verbrennung

Anlage	Arbeitsmittel
KA1(KV)[1]	n-Butan
KA1(EV)[2]	n-Pentan
KA2(KV)[3]	Octafluorcyclobutan
KA2(EV)[4]	Isobutan
KA3(KV)[5]	Isobutan
KA3(EV)[6]	n-Pentan

[1]Referenzanlage Klärschlammtrocknung/-verbrennung Oberrheingraben; [2]Referenzanlage Energieholztrocknung/-verbrennung Oberrheingraben; [3]Referenzanlage Klärschlammtrocknung/-verbrennung süddeutsches Molassebecken; [4]Referenzanlage Energieholztrocknung/-verbrennung süddeutsches Molassebecken; [5]Referenzanlage Klärschlammtrocknung/-verbrennung norddeutsches Becken; [6]Referenzanlage Energieholztrocknung/-verbrennung norddeutsches Becken

Eine detaillierte Zusammenstellung der definierten und der sich aus der Simulation ergebenden Prozessdaten erfolgt in Anhang B Tabelle B 10 bis Tabelle B 15. Im Oberrheingraben ergibt sich z. B. bei der Anlage zur Klärschlammnutzung eine maximale Generatorklemmleistung von 4,2 MW bei einem Verdampfungsdruck von 31 bar und einem Entspannungsdruck von 4,3 bar.

6.2.1.4 Kombinierte Konzepte

Die Referenzanlagen zur Kombination der Konzepte werden auf Grundlage der bisher betrachteten geologischen Randbedingungen (vgl. Kapitel 6.1.1) und der definierten Versorgungsaufgaben (vgl. Kapitel 6.1.2) der vorrangegangenen Referenzanlagen simuliert. Die Betriebszustände zur konvektiven Trocknung (vgl. Kapitel 6.2.1.3) und Fernwärmeversorgung (vgl. Kapitel 6.2.1.2) sind zeitlich seriell geschaltet. Wird keine Fernwärme nachgefragt, so wird die Wärme zu Trocknungszwecken genutzt. Im Oberrheingraben reduziert sich der ausschließliche Kraftwerksbetrieb auf 1 750 h/a und im süddeutschen Molassebecken setzt sich der Betrieb der Anlage aus 4 000 h/a zur Fernwärmebereitstellung und 3 500 h/a zur konvektiven Trocknung zusammen.

Die durch die Verbrennung der in Kapitel 6.1.2 definierten Klärschlamm- und Energieholzmengen gewonnene Hochenthalpiewärme wird neben der Nutzung im Kraftwerksprozess auch zur Bereitstellung der Spitzenlast im Fernwärmenetz und Substitution der fossilen Energieträger genutzt. Die Einkopplung der Hochenthalpiewärme durch einen Thermoölkreislauf in das Thermalwasser und die Wahl des Arbeitsmittels erfolgt analog zu Kapitel 6.2.1.3 über den gesamten Jahresbetrieb von 7 500 h/a. Eine detaillierte Zusammenstellung der Prozessdaten zeigt Anhang B Tabelle B 19 bis Tabelle B 24.

6.2.2 Ergebnisse

Nachfolgend werden die Ergebnisse der technischen Analyse zunächst für die Anlagen zur ausschließlichen Stromerzeugung und im Anschluss für die KWK-Anlagen diskutiert.

6.2.2.1 Ausschließliche Stromerzeugung

Bei der ausschließlichen Stromerzeugung wird ein Teil der aus dem geothermischen Reservoir zu Tage geförderte thermische Energie in den ORC-Prozess zur Stromerzeugung eingekoppelt. In Abb. 6.7 ist exemplarisch der Energiefluss einer Nettobetrachtung für die Anlage im Oberrheingraben dargestellt. Von der dem System zugeführten geothermischen Energie werden 6,3 % in elektrische Energie umgewandelt, wovon 2,3 % für den elektrischen Eigenbedarf genutzt werden. Als Wärmeverluste werden 41,8 % am kalten Ende des Kraftwerksprozesse an die Umgebung abgegeben und 51,9 % mit dem Thermalwasser wieder in den Untergrund verpresst.

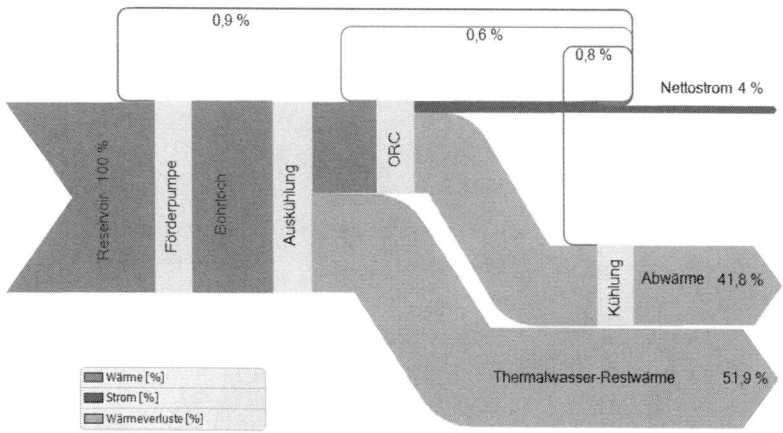

Abb. 6.7: Energieflussdiagramm für die Anlage zur ausschließlichen Stromerzeugung im Oberrheingraben

Ausgehend von den simulierten Prozessdaten in Anhang B Tabelle B 1 bis Tabelle B 3 werden die definierten technischen Kenngrößen nach den in Kapitel 3.3.2 definierten Gleichungen berechnet (Tabelle 6.8). Dies gilt für die erzeugte elektrische Brutto- und Nettoleistung der Anlagen und die aus dem Thermalwasser ausgekoppelte bzw. die theoretisch im Thermalwasser zur Verfügung stehende thermische Leistung. Zudem werden die sich ergebenden elektrischen und Systemwirkungsgrade der Anlagen bei Brutto- und Nettobetrachtung ermittelt.

Die erzeugte Generatorklemm- und Nettoleistung hängt im Wesentlichen von den geologischen Randbedingungen der Bohrlokation ab. Aufgrund der hohen Förderrate ist das süddeutsche Molassebecken die leistungsstärkste Bohrlokation. Im Oberrheingraben ist die Förderrate zwar geringer als im Molassebecken, jedoch sorgt die höhere Thermalwassertemperatur für eine nur unwesentlich geringere Leistungsausbeute. Das norddeutsche Becken stellt die schwächsten geologischen Randbedingungen bereit; die erzeugte Bruttoleitung entspricht hier nur ca. einem Drittel der anderen Bohrlokationen (Tabelle 6.8).

Der Eigenbedarf der Anlagen wird bestimmt durch den Pumpstromaufwand für die Förder- und Speisepumpe und den Betrieb der Ventilatoren zur Luftzirkulation bei der Trockenkühlung. Der hohe Eigenbedarfsanteil der Anlage im Molassebecken (52 %) gegenüber den Referenzanlagen im Oberrheingraben (37 %) und norddeutschen Becken (41 %) resultiert aus der hohen Thermalwasserförderrate und dem sich daraus ergebenden erhöhten Pumpstromaufwand. Im süddeutschen Molassebecken wird gegenüber den anderen Lokationen mehr als das doppelte an Thermalwasser zutage gefördert (Tabelle 6.8).

Unter Berücksichtigung der ausgekoppelten und der theoretisch zur Verfügung stehenden thermischen Leistung (vgl. Kapitel 3.3.2) ergeben sich die elektrischen und Systemwirkungsgrade. Durch die höheren Thermalwassertemperaturen im Oberrheingaben und im norddeutschen Becken gegenüber dem süddeutschen Molassebecken sind höhere mittlere Temperaturen der Wärmezufuhr zu erwarten. Die Wirkungsgrade steigen mit steigender mittlerer Temperatur der Wärmezufuhr an. Dementsprechend ergeben sich für die Anlagen im Oberrheingraben und im norddeutschen Becken höhere Wirkungsgrade im Vergleich zum Molassebecken (Tabelle 6.8).

Tabelle 6.8: Technische Kennwerte Referenzanlagen zur ausschließlichen Stromerzeugung

	Elektrische Leistung [kW]		Thermische Leistung [kW]		Wirkungsgrad [%]			
	Brutto	Netto	Thermalwasser	Theoretisch	Elektrisch		System	
					Brutto	Netto	Brutto	Netto
R1[1]	2 957	1 877	22 456	46 745	13,2%	8,4%	6,3%	4,0%
R2[2]	3 326	1 581	34 143	78 773	9,7%	4,6%	4,2%	2,0%
R3[3]	983	581	8 483	18 593	11,6%	6,8%	5,3%	3,1%

[1]Referenzanlage Stromerzeugung Oberrheingraben; [2]Referenzanlage Stromerzeugung süddeutsches Molassebecken; [3]Referenzanlage Stromerzeugung norddeutsches Becken

6.2.2.2 KWK – Wärmesenken in der Anlagenumgebung

Eine Übersicht der erzeugten elektrischen Brutto- und Nettoleistung der untersuchten Anlagenkonfigurationen im KWK-Betrieb und die aus dem Thermalwasser zur Stromerzeugung und Wärmebereitstellung ausgekoppelte thermische Leistung zeigt Tabelle 6.9. Demnach werden im Vergleich zur ausschließlichen Stromerzeugung etwas geringere elektrische Nettoleistungen bereitgestellt, da zum einen zusätzlich der Eigenbedarf der Komponenten zur Druckaufrechterhaltung im Fernwärmenetz berücksichtigt wird und zum anderen, weil für die Vorlauftemperatur im Thermalwasser ein ausreichend hohes Temperaturniveau eingehalten werden muss und deshalb das Thermalwasser ggf. nicht maximal zur Stromerzeugung ausgekühlt werden kann. Dementsprechend ist auch die in den Kraftwerksprozess eingekoppelte thermische Leistung, gegenüber den Referenzanlagen zur ausschließlichen Stromerzeugung, geringer (Tabelle 6.9). Als thermische Nutzleistung ist die an den Hausübergabestationen vorliegende Leistung definiert; diese ergibt sich unter Berücksichtigung der Netzleitungsverluste im Wärmenetz.

Tabelle 6.9: Thermische/elektrische Leistung KWK-Betrieb KU1-3

	Elektrische Leistung [kW]		Thermische Leistung [kW]		
	Brutto	Netto	Kraftwerk	Wärmenetz	Hausübergabe
KU1[1]	2 938	1 810	21 979	5 000	4 038
KU2[2]	3 027	1 183	31 933	10 000	8 075
KU3[3]	926	447	7 976	3 875	3 129

[1]Referenzanlage Strom- und Fernwärmebereitstellung Oberrheingraben; [2]Referenzanlage Strom- und Fernwärmebereitstellung Molassebecken; [3]Referenzanlage Strom- und Fernwärmebereitstellung norddeutsches Becken.

Der sich bei den KWK-Anlagen zur Fernwärmebereitstellung ergebende Energiefluss für eine Nettobetrachtung ist in Abb. 6.8 exemplarisch für die Anlage im Oberrheingraben dargestellt. Gegenüber der ausschließlichen Stromerzeugung wird dem System neben der geothermischen Wärme fossile Energie zum Betrieb des Spitzenlastkessel zugeführt. Neben der erzeugten elektrischen Energie wird die an den Hausübergabestationen an die Verbraucher abgegebenen Fernwärme bereitgestellt. Der elektrische Eigenbedarf der Anlage setzt sich aus dem Energieaufwand zum Betrieb der Förderpumpe, der Speisepumpe, der Luftkühlung und der Pumpstationen im Fernwärmenetz zusammen; dabei ist der Pumpaufwand für den Fernwärmetransport im Energiefluss nicht dargestellt, da der Anteil an der Gesamtenergie unter 0,1 % ist. Durch die Nutzbarmachung der Wärme zur Fernwärmebereitstellung werden die Wärmeverluste der Anlage gegenüber der ausschließlichen Stromerzeungung um 2,1 % reduziert. Für die Anlagen im Molassebecken und norddeutschen Becken ergibt sich ein qualitativ vergleichbarer Energiefluss.

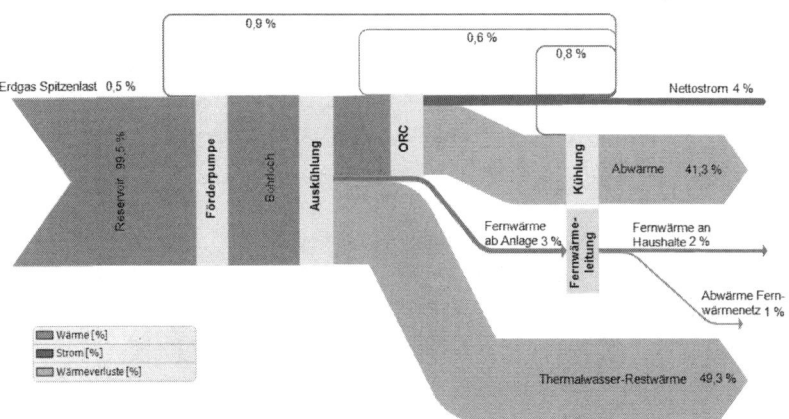

Abb. 6.8: Energieflussdiagramm der Anlage zur Fernwärmebereitstellung im Oberrheingraben

Die elektrischen Jahresnutzungsgrade der Referenzanlagen zur Fernwärmebereitstellung liegen aufgrund des geringeren Anteils der elektrischen Nutzenergie, der über das Jahr bereitgestellt wird, ein bis zwei Prozentpunkte unter den Anlagen zur ausschließlichen Strombereitstellung (Tabelle 6.10). Die Jahressystemnutzungsgrade (gesamt) können aber durch die Nutzbarmachung der geothermischen Restwärme zur Fernwärmebereitstellung gegenüber der ausschließlichen Strombereitstellung (vgl. Kapitel 6.2.2.1) gesteigert werden.

Tabelle 6.10: Jahresnutzungsgrade KWK-Betrieb KU1-3

	Jahresnutzungsgrad (elektrisch)		Jahresnutzungsgrad (gesamt)		Jahressystemnutzungsgrad (gesamt)	
	Brutto	Netto	Brutto	Netto	Brutto	Netto
KU1[1]	12,7 %	7,9 %	16,7 %	11,9 %	8,3 %	6,0%
KU2[2]	8,3 %	3,6 %	19,5 %	14,8 %	9,3 %	7,1%
KU3[3]	10,5 %	5,9 %	18,3 %	13,8 %	9,0 %	6,8 %

[1]Referenzanlage Strom- und Fernwärmebereitstellung Oberrheingraben; [2]Referenzanlage Strom- und Fernwärmebereitstellung Molassebecken; [3]Referenzanlage Strom- und Fernwärmebereitstellung norddeutsches Becken

6.2.2.3 KWK – Wärmesenken an der Anlage

Zunächst werden die technischen Kenngrößen der Referenzanlagen zur Trocknung mit geothermischer Restwärme (KA1-3(K/ET)) und im Anschluss für die kombinierte Trocknung und Verbrennung (KA1-3(K/EV)) dargestellt.

Trocknung mit geothermischer Restwärme. Die technischen Kenngrößen werden nach den in Kapitel 3.3.2 definierten Gleichungen berechnet. Durch das gegenüber der Fernwärmebereitstellung geringere notwendige Temperaturniveau zur Trocknung ist die Auskühlung im Kraftwerksprozess keinen Beschränkungen unterlegen (Tabelle 6.11). Die thermische Nutzleistung entspricht dem aus dem Thermalwasser zur Trocknung ausgekoppelten Anteil, der zur Wasserverdunstung genutzt wird.

Durch den integrierten Trocknungsprozess ergänzt sich der elektrische Eigenverbrauch gegenüber der ausschließlichen Stromerzeugung (Kapitel 6.2.2.1) um einen weiteren Verbraucher. Dabei richtet sich der elektrische Energieaufwand zur Trocknung der Güter nach der durchzusetzenden Luftmenge im Bandtrockner. Beispielsweise steigt bei Erreichen der hier unterstellten logistischen Grenze von 60 000 t/a Klärschlamm der elektrische Eigenbedarf des Trockners auf bis zu 0,3 MW. Die sich ergebenden elektrischen Nettoleistung sind in Tabelle 6.11 zusammengefasst.

Tabelle 6.11: Thermische/elektrische Leistung KWK-Betrieb KA1-3(K/ET)

	Elektrische Leistung [kW]		Thermische Leistung [kW]		
	Brutto	Netto	Kraftwerk	Trocknung	Nutz
KA1(KT)[1]	3 044	1 644	22 455	5 543	3 607
KA2(KT)[2]	3 088	1 230	31 936	5 543	3 607
KA3(KT)[3]	983	357	8 487	3 762	2 449
KA1(ET)[4]	3 044	1 805	22 455	2 558	1 665
KA2(ET)[5]	3 088	1 391	31 936	2 558	1 665
KA3(ET)[6]	983	416	8 486	2 558	1 665

[1]Referenzanlage Klärschlammtrocknung Oberrheingraben; [2]Referenzanlage Klärschlammtrocknung süddeutsches Molassebecken; [3]Referenzanlage Klärschlammtrocknung norddeutsches Becken; [4]Referenzanlage Energieholztrocknung Oberrheingraben; [5]Referenzanlage Energieholztrocknung süddeutsches Molassebecken; [6]Referenzanlage Energieholztrocknung norddeutsches Becken

Die elektrischen Jahresnutzungsgrade reduzieren sich gegenüber der ausschließlichen Stromerzeugung, da die zugeführte thermische Energie nicht nur zur Stromerzeugung genutzt wird. Die Jahres- und Jahressystemnutzungsgrade hingegen werden je nach den jeweiligen Randbedingungen um bis das dreifache im Vergleich zur ausschließlichen Stromerzeugung gesteigert (Tabelle 6.12). Der größte Einflussfaktor ist hier die zu verdunstende Wassermenge im Trocknungsgut, durch die sich die thermische Nutzleistung zur Trocknung ableitet.

Tabelle 6.12: Jahresnutzungsgrade KWK-Betrieb KA1-3(K/ET)

	Jahresnutzungsgrad (elektrisch)		Jahresnutzungsgrad (gesamt)		Jahressystemnutzungsgrad (gesamt)	
	Brutto	Netto	Brutto	Netto	Brutto	Netto
KA1(KT)[1]	10,9 %	5,9 %	23,8 %	18,8 %	14,2 %	11,2 %
KA2(KT)[2]	8,2 %	3,3 %	17,9 %	12,9 %	8,5 %	6,1 %
KA3(KT)[3]	8,0 %	2,9 %	28,0 %	22,9 %	18,5 %	15,1 %
KA1(ET)[4]	12,2 %	7,2 %	18,8 %	13,9 %	10,1 %	7,4 %
KA2(ET)[5]	9,0 %	4,0 %	13,8 %	8,9 %	6,0 %	3,9 %
KA3(ET)[6]	8,9 %	3,8 %	24,0 %	13,9 %	14,2 %	11,2 %

[1]Referenzanlage Klärschlammtrocknung Oberrheingraben; [2]Referenzanlage Klärschlammtrocknung süddeutsches Molassebecken; [3]Referenzanlage Klärschlammtrocknung norddeutsches Becken; [4]Referenzanlage Energieholztrocknung Oberrheingraben; [5]Referenzanlage Energieholztrocknung süddeutsches Molassebecken; [6]Referenzanlage Energieholztrocknung norddeutsches Becken

Trocknung mit geothermischer Restwärme und anschließender Verbrennung. Durch die zusätzliche Einkopplung von Hochenthapiewärme aus dem Verbrennungsprozess zur Nutzung im Kraftwerksprozess werden die Stromproduktion (Tabelle 6.13) und die elektrischen Nutzungsgrade (Tabelle 6.14) merklich gesteigert. Bei den Referenzanlagen zur Energieholznutzung wird unter den gegebenen Randbedingungen die größte Wärmemenge durch den Verbrennungsprozess ins Kraftwerk eingekoppelt. Unter diesen Bedingungen wird eine Steigerung der elektrischen Bruttoleistung gegenüber den Anlagen zur ausschließlichen Stromerzeugung von 100 bis 500 % erreicht (Tabelle 6.13).

Tabelle 6.13: Thermische/elektrische Leistung KWK-Betrieb KA1-3(K/EV)

	Elektrische Leistung [kW]		Thermische Leistung [kW]		
	Brutto	Netto	Kraftwerk	Trocknung	Nutz
KA1(KV)[1]	4 143	2 564	30 202	5 543	3 607
KA2(KV)[2]	4 451	2 192	40 527	5 543	3 607
KA3(KV)[3]	1 782	1 064	13 250	3 762	2 448
KA1(EV)[4]	8 259	6 197	49 614	2 558	1 665
KA2(EV)[5]	6 613	4 189	49 107	2 558	1 665
KA3(EV)[6]	5 220	3 857	31 568	2 558	1 665

[1]Referenzanlage Klärschlammtrocknung/-verbrennung Oberrheingraben; [2]Referenzanlage Klärschlammtrocknung/-verbrennung süddeutsches Molassebecken; [3]Referenzanlage Klärschlammtrocknung/-verbrennung norddeutsches Becken; [4]Referenzanlage Energieholztrocknung/-verbrennung Oberrheingraben; [5]Referenzanlage Energieholztrocknung/-verbrennung süddeutsches Molassebecken; [6]Referenzanlage Energieholztrocknung/-verbrennung norddeutsches Becken

Als Nutzleistung wird von den Referenzanlagen mit kombinierter Trocknung und Verbrennung ausschließlich Strom bereitgestellt. Im besten Fall können die Jahressystemnutzungsgrade gegenüber einer ausschließlichen Stromerzeugung brutto verdoppelt und netto verdreifacht werden (Tabelle 6.14).

Tabelle 6.14: Jahresnutzungsgrade KWK-Betrieb KA1-3(K/EV)

	Jahresnutzungsgrad (elektrisch/gesamt)		Jahressystemnutzungsgrad (gesamt)	
	Brutto	Netto	Brutto	Netto
KA1(KV)[1]	11,6%	7,2%	7,8%	4,8%
KA2(KV)[2]	8,7%	4,3%	5,2%	2,6%
KA3(KV)[3]	10,2%	6,1%	7,7%	4,6%
KA1(EV)[4]	15,8%	11,9%	12,5%	9,4%
KA2(EV)[5]	12,3%	7,8%	6,6%	4,2%
KA3(EV)[6]	14,6%	10,8%	13,4%	9,9%

[1]Referenzanlage Klärschlammtrocknung/-verbrennung Oberrheingraben; [2]Referenzanlage Klärschlammtrocknung/-verbrennung süddeutsches Molassebecken; [3]Referenzanlage Klärschlammtrocknung/-verbrennung norddeutsches Becken; [4]Referenzanlage Energieholztrocknung/-verbrennung Oberrheingraben; [5]Referenzanlage Energieholztrocknung/-verbrennung süddeutsches Molassebecken; [6]Referenzanlage Energieholztrocknung/-verbrennung norddeutsches Becken

6.2.2.4 Kombinierte Konzepte

Durch die Kombination der Konzepte wird die geothermische Restwärme zur Trockung und Fernwärmebereitstellung genutzt. In Abb. 6.9 ist exemplarisch für die Anlage im Oberrheingraben zur Klärschlammtrocknung und Verbrennung das Energieflussbild für eine Nettobetrachtung dargestellt.

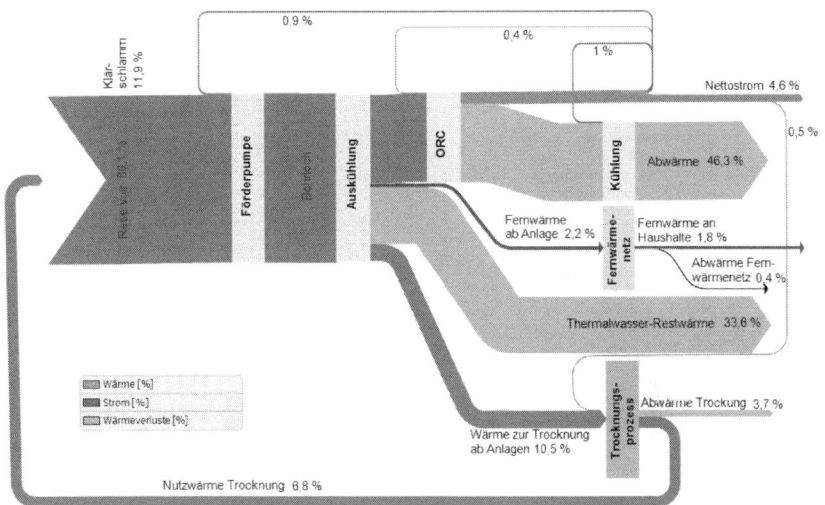

Abb. 6.9: Energieflussdiagramm der Anlage zur Kombination der Konzepte im Oberrheingraben bei Klärschlammtrocknung und -verbrennung

Dem System wird neben der geothermischen Wärme aus dem Reservoir die bei der Klärschlammverbrennung freigesetzte Hochenthalpiewärme über das Thermalwasser und den Spitzenlastkessel zugeführt. Der Energiefluss teilt sich in elektrische Energie, Wärme und Wärmeverluste (vgl. Abb. 6.9). Die erzeugte elektrische Energie entspricht 7,4 % der zugeführten Wärme, wovon bei einer Nettobetrachtung 2,8 % für den elektrischen Eigenbedarf aufgewendet werden. Als Nutzwärmeströme ergeben sich die an den Hausübergabestationen abgegebenen und die zur Trocknung genutzen Wärmemengen (8,6 % der zugeführten Wärme); dabei verlässt die zur Trocknung genutzte Wärme aufgrund der anschließenden Verbrennung des Klärschlamms nicht das Bilanzsystem. Die Wärmeverluste teilen sich auf in die Abwärme am kalten Ende des ORC-Prozesses (46,3 %), die Thermalwasserrestwärme (33,6 %), die Abwärme beim Trockungsprozess (3,7 %) und die Abwärme beim Fernwärmetransport (0,4 %).

Die durch die Nutzung der Hochenthalpiewärmeströme erzeugten höheren elektrischen und thermischen Leistungen für die untersuchten Anlagen sind in Tabelle 6.15 zusammengefasst.

Tabelle 6.15: Thermische/elektrische Nutzleistung KWK-Betrieb KK1-3(KV/EV)

	Nutzleistung [kW]		
	Elektrisch	Brutto Trocknung	Fernwärme
KK1(KV)[1]	3 981	9 363	4 038
KK2(KV)[2]	4 202	11 877	8 075
KK3(KV)[3]	1 244	3 762	3 129
KK1(EV)[4]	8 214	4 796	4 038
KK2(EV)[5]	6 322	4 796	8 075
KK3(EV)[6]	4 487	3 762	3 129

[1]Referenzanlage Konzeptkombination Klärschlamm Oberrheingraben; [2]Referenzanlage Konzeptkombination Klärschlamm süddeutsches Molassebecken; [3]Referenzanlage Konzeptkombination Klärschlamm norddeutsches Becken; [4]Referenzanlage Konzeptkombination Energieholz Oberrheingraben; [5]Referenzanlage Konzeptkombination Energieholz süddeutsches Molassebecken; [6]Referenzanlage Konzeptkombination Energieholz norddeutsches Becken

Beim Einsatz von Klärschlamm in dieser Anlagenkonfiguration ergeben sich durch die Berücksichtigung der zugeführten Wärme zur Stromproduktion gegenüber der ausschließlichen Stromerzeugung geringere elektrische Nutzungsgrade, während bei dem Einsatz von Energieholz aufgrund der hohen Energieinhalte der getrockneten Güter eine Steigerung erreicht werden kann. Die Jahresnutzungsgrade und Jahressystemnutzungsgrade erfahren hingegen durch die Berücksichtigung der thermischen Nutzleistung zur Fernwärmebereitstellung einen Anstieg von bis zu 250 % brutto und 400 % netto.

Tabelle 6.16: Jahresnutzungsgrade KWK-Betrieb KK1-3(KV/EV)

	Jahresnutzungsgrad (elektrisch)		Jahresnutzungsgrad (gesamt)		Jahressystemnutzungsgrad (gesamt)	
	Brutto	Netto	Brutto	Netto	Brutto	Netto
KK1(KV)[1]	11,5%	7,1%	14,2%	9,8%	9,3%	6,4%
KK2(KV)[2]	8,5%	3,8%	17,3%	12,5%	9,8%	7,1%
KK3(KV)[3]	10,0%	5,6%	15,9%	11,5%	9,3%	6,7%
KK1(EV)[4]	15,5%	11,5%	17,2%	13,3%	13,8%	10,7%
KK2(EV)[5]	11,5%	6,9%	19,4%	14,8%	10,5%	8,0%
KK3(EV)[6]	14,8%	10,8%	17,2%	13,2%	15,1%	11,6%

[1]Referenzanlage Konzeptkombination Klärschlamm Oberrheingraben; [2]Referenzanlage Konzeptkombination Klärschlamm süddeutsches Molassebecken; [3]Referenzanlage Konzeptkombination Klärschlamm norddeutsches Becken; [4]Referenzanlage Konzeptkombination Energieholz Oberrheingraben; [5]Referenzanlage Konzeptkombination Energieholz süddeutsches Molassebecken; [6]Referenzanlage Konzeptkombination Energieholz norddeutsches Becken

6.3 Ökonomische Analyse

Die ökonomische Analyse wird anhand der in Kapitel 3.3.3 dargestellten Methodik durchgeführt. Dazu werden die Rahmenannahmen und Datenbasis definiert und die Ergebnisse diskutiert.

6.3.1 Rahmenannahmen und Datenbasis

Nachfolgend werden die finanzmathematischen Rahmenannahmen und die Datenbasis der Investitionen, betriebsgebundenen- und verbrauchsgebundenen Kosten dargestellt.

6.3.1.1 Finanzmathematische Rahmenannahmen

Die zugrunde gelegten finanzmathematischen Rahmenannahmen zeigt Tabelle 6.17. Demnach werden als Betrachtungszeitraum 20 Jahre und als Realzins 4 % [94] festgelegt. Generell werden 2 % der Investitionen zur Instandhaltung berücksichtigt. Die kalkulatorische Lebensdauer variiert der technischen Lebensdauer der Komponenten entsprechend. Die aus der Wärmenutzung erbrachten Zusatzleistungen werden durch Wärmegutschriften berücksichtigt.

Tabelle 6.17: Finanzmathematische Rahmenannahmen

Kapitalgebundene Kosten			Erlöse Trocknungsgüter		
Instandhaltungsfaktor	%	2	Klärschlamm	€/t	33
Basisfaktoren			Pellets	€/t	35
Betrachtungszeitraum	a	20	**Kalkulatorische Lebensdauer**		
Realzins	%	4	Bohrung	a	30
Verbrauchsgebundene Kosten			Slop- und Filtersysteme	a	11
Spezifische Strombezugskosten	€/kWh	0,06	Thermalwasserkreislauf	a	25
Betriebsgebundene Kosten			Förderpumpe	a	4
Personalaufwand	k€/(P.a)	60	Konversionsanlage	a	15
Wartung und Reinigung	%	1	Elektroanbindungen	a	30
Sonstige Kosten			Gebäude	a	30
Versicherung	%	0,75	Wärmeübertrager	a	25
Verwaltung	%	0,5	Bandtrockner	a	15
			Lager	a	20
Erlöse Wärmebereitstellung			Fernwärmeleitungen	a	35
Haushalte/GHD	€/kWh	0,10	Hausübergabestationen	a	35
Industrie	€/kWh	0,08	Spitzenlastkessel	a	20

- Die Trocknungserlöse für Energieholzprodukte berechnen sich aus der Differenz der Marktpreise im Anlieferungszustand und nach der Trocknung (35 €/t$_{\text{Anlieferungszustand}}$) [95, 21].
- Für Klärschlamm werden die zu zahlenden Entsorgungskosten für den getrockneten Klärschlamm von den Entsorgungserlösen aus dem angelieferten Klärschlamm subtrahiert (33 €/t$_{\text{Anlieferungszustand}}$) [96, 21].
- Für die kombinierte Trocknung und Verbrennung sind beim Einsatz von Energieholz dessen Beschaffungskosten (15 €/srm) [97] und beim Klärschlammeinsatz die Entsorgungserlöse für die Abfälle (50 €/t$_{\text{Anlieferungszustand}}$)

[98] abzüglich der Ascheentsorgung 60 €/t$_{Asche}$ bei einem Ascheanteil von 50 %$_{athro}$ [99] zu berücksichtigen; daraus ergeben sich Entsorgungsgewinne in Höhe von 40 €/t$_{Anlieferungszustand}$.·

- Für die Erlöse der Wärmebereitstellung werden Marktpreise für Haushalte und GHD (0,10 €/kWh) und Industriekunden (0,08 €/kWh) [100] unterstellt.

6.3.1.2 Investitionen

Zum Bau der untersuchten Anlagenkonzepte sind Investitionen im untertägigen und im übertägigen Anlagenbereich notwendig. Die übertägigen Investitionen werden gegliedert nach den Komponenten zur Stromerzeugung und zur Wärmenutzung. In die Kategorie Sonstiges fallen Aufwendungen für Unvorhergesehenes, Planung und die Fündigkeitsrisikoversicherung (Tabelle 6.18).

Tabelle 6.18: Investitionen ökonomische Analyse

Unter Tage	Bohrungen	Stimulation
	Einrichten/Umsetzung Bohrplatz	Slop-und Filtersysteme
	Bohrlochvermessung	Thermalwasserkreislauf
	Produktionstests	Förderpumpe
Stromerzeugung	Konversionsanlage (ORC)	Gebäude
	Elektroanbindung	
Wärmenutzung	Wärmeübertrager	Spitzenlast
	Antransportleitung	Bandtrockner
	Netzverteilung	Lager
	Wärmeübertrager	
Sonstiges	Fündigkeitsrisikoversicherung	Planung
	Aufschlag Unvorhergesehenes	

Unter Tage-Komponenten. Im Folgenden werden die Kostenfunktionen der in Tabelle 6.18 aufgeführten Untertagekomponenten dargestellt.

Die Bohrkosten K_B beinhalten die Kosten für Verrohrung, Zementierung, Komplettierung und Bohrlochkopf und berechnen sich nach Gleichung (6.8) [101]. Der Kostenfunktion werden eine saigere und eine gerichtete Bohrung zugrunde gelegt, wobei die Bohrtiefe T_B aus den definierten geologischen Randbedingungen resultiert.

$$K_B = 1299902e^{0,0005T_B} + 1483776e^{0,0005T_B} \tag{6.8}$$

Die Kosten für Grundstück, Bohrkeller und Herrichten des Untergrunds (K_{EB}, K_{UB}) werden pauschal mit 1 Mio. € [102] angenommen.

Die Investitionen für die Bohrlochvermessung K_V werden mit Gleichung (6.9) [101] bestimmt.

$$K_V = 156363e^{0,0002T_B} \tag{6.9}$$

Die anfallenden Kosten für die Produktionstests und Stimulation variieren stark in Abhängigkeit der an der Bohrlokation vorherrschenden geologischen Parameter und die Realkosten sind stets erst nach Abschluss der Arbeiten bestimmbar. Daher werden hier pauschal 300 k€ für die Produktionstests (K_{PT}) und 800 k€ (K_S) für die Stimulation berücksichtigt [103].

Die Investitionen für Slop- und Filtersysteme $K_{S/F}$ werden mit der aus dem Thermalwasser ausgekoppelten Wärmemenge Q_{zu} nach Gleichung (6.10) berechnet.

$$K_{S/F} = 25Q_{zu} \tag{6.10}$$

Die Kosten für den Thermalwasserkreislauf K_{TK} berechnen sich über die Länge der Thermalwasserleitungen l_{TK} nach Gleichung (6.11) [101]. Dabei werden alle Verbindungsleitungen zwischen Bohrung und Anlage berücksichtigt.

$$K_{TK} = l_{TK}300 \tag{6.11}$$

Die Förderpumpe wird in Abhängigkeit der Förderrate V_{TW} dimensioniert. Die Investitionen für die Förderpumpe K_{FP} berechnen sich nach Gleichung (6.12) [104].

$$K_{FP} = 9099,72V_{TW}^{0,7999} \tag{6.12}$$

Stromerzeugungskomponenten. Die Kosten im Übertagebereich für die Komponenten zur Stromerzeugung werden gegliedert nach den Investitionen für die Konversionsanlage (einschließlich Wärmeübertrager), die Elektroanbindungen, die Wärmeauskopplung und das Gebäude.

Die Investitionen für die Konversionsanlage K_{KA} berechnen sich in Abhängigkeit der Anlagenleistung $P_{el,brutto}$ nach Gleichung (6.13) [15].

$$K_{KA} = \frac{60\,000\,P_{el,brutto}}{P_{el,brutto}^{0,4}} \tag{6.13}$$

Die Investitionen der Elektroanbindungen K_{EA} werden nach Gleichung (6.14) ermittelt [101].

$$K_{EA} = 64,786P_{el,brutto} + 251711 \tag{6.14}$$

Die Investitionen für das Gebäude unterscheiden sich zwischen verschiedenen geothermischen Kraftwerken nur wenig. Daher wird hier für die untersuchten Anlagen ein Pauschalbetrag von 250 k€ [101] angenommen.

Komponenten Wärmenutzung. Die Investitionen für die Wärmeübertrager $K_{WÜ}$ zur Auskopplung der geothermischen Restwärme werden anhand eines Basiswertes für Plattenwärmeübertrager (Titan) über die Wärmeübertragerfläche A im Verhältnis zur Referenzfläche A_0 nach Gleichung (6.15) berechnet [105].

$$K_{WÜ} = 52592(\frac{A}{A_0})^{0,59} \tag{6.15}$$

Die benötigte Wärmeübertragerfläche wird über das Produkt aus Wärmeübertragerfläche A und dem Wärmedurchgangskoeffizienten U bestimmt (Gleichung (6.16)). Beides resultiert aus den Ergebnissen der technischen Auslegung und Simulation (Kapitel 6.2). Der zugehörige Wärmedurchgangskoeffizent U* (415 W/m²K) wird dem VDI Wärmeatlas [106] entnommen.

$$A = \frac{UA}{U^*} \tag{6.16}$$

Für die Kopplungskonzepte zur fernwärmetechnischen Versorgung von Wärmesenken sind neben den zusätzlichen Wärmeübertragern weitere Investitionen notwendig. Für die Antransportleitung bzw. Netzverteilung fallen 600 €/m bzw. 500 €/m Trasse [107] an. Die Anzahl der zu installierenden Hausübergabestationen ist durch die Versorgungsaufgaben festgelegt. Je Hausübergabestation sind 8 000 € zu investieren.

Die Investitionen für den Spitzenlastkessel K_{SK} berechnen sich mit der thermischen Leistung des Spitzenlastkessels P_{SK} nach Gleichung (6.17) [108].

$$K_{SK} = 100,97P_{SK} \tag{6.17}$$

Die Investitionen für den Bandtrockner für die konvektive Trocknung errechnen sich mit der thermischen Leistung des Trockners P_{BT}. Als Basis werden 1,8 Mio. € für einen Bandtrockner mit 7,5 MW thermischer Leistung zugrunde gelegt [109]. Der Scale Faktor gibt den Einfluss der Größenänderung einer Komponente auf seine spezifischen Kosten an und ist für Bandtrockner mit 0,8 definiert [104]. Damit errechnen sich die Kosten für den Bandtrockner K_{BT} nach Gleichung (6.18).

$$K_{BT} = \frac{P_{BT}}{7500}^{0,8} \; 1\,800\,000 \tag{6.18}$$

Für die Lagerung der Trocknungsgüter bei Anlieferung und Ablieferung wird bei Volllastbetrieb der Anlage eine Zwischenlagerung der Güter für das Durchsatzvolumen von 10 Tagen bei spezifischen Lagerkosten von 65 €/m³ [90] zugrunde gelegt.

Als sonstige Kosten wird ein Aufschlag für Unvorhergesehenes in Höhe von 20 % sowie Kosten für die Planung in Höhe von 3 % der Investitionen berücksichtigt [3].

6.3.1.3 Betriebsgebundene Kosten

Die betriebsgebundenen Kosten setzten sich aus den Wartungs-, Personal- und sonstigen Kosten zusammen. Dabei werden Wartungskosten mit einem Anteil von 1 % der Gesamtinvestitionen berücksichtigt und als Personalkosten 60 000 €/(Pers.a) zugrunde gelegt. Die Anzahl der notwendigen Personen zum Betrieb der Anlage ist konzeptabhängig; für die Referenzanlagen zur ausschließlichen Strombereitstellung werden 10 Arbeitskräfte und für die Referenzanlagen zur kombinierten Strom- und Wärmebereitstellung 12 Arbeitskräfte berücksichtigt.

Sonstige betriebsgebundene Kosten sind die Aufwendungen für die Versicherung (0,75 % der Investitionen und Instandhaltungskosten) und Verwaltung (0,5 % der Investitionen und Instandhaltungskosten) [103].

6.3.1.4 Verbrauchsgebunden Kosten

Die verbrauchsgebundenen Kosten beinhalten alle Aufwendungen, die mit dem Jahresenergieverbrauch der Anlage verbunden sind. Dazu zählen bei der Bruttostrombetrachtung die Strombezugskosten für den Betrieb der Pumpen, Ventilatoren und Trocknerperipherie (0,06 €/kWh) (entfallen bei der Nettostrombetrachtung) [110], die Holzbezugskosten für den Fall der Eigennutzung des Trocknungsgutes zur Wärmebereitstellung (0,02 €/kWh$_{th}$) [94] sowie die Bezugskosten für Erdgas zum Betrieb der Spitzenlastkessel (0,04 €/kWh) [111].

6.3.2 Ergebnisse

Im Folgenden werden die Investitionen und die Zusammensetzung der Nettostromgestehungskosten (Bruttostromgestehungskosten jeweils in Klammer) für die Referenzanlagen zur ausschließlichen Stromerzeugung sowie für die KWK-Anlagen dargestellt. Eine detaillierte Übersicht zu den Einzelheiten der

Kostenrechnung (u.a. Nutzungsdauer, Barwert und Annuität der kapitalgebundenen Kosten einzelner Komponenten eines Konzeptes, Kalkulation der Stromgestehungskosten) gibt Anhang C Tabelle C 1 bis Tabelle C 47.

6.3.2.1 Ausschließliche Stromerzeugung

Die für die Referenzanlagen zur ausschließlichen Stromerzeugung notwendigen Investitionen sind in Abb. 6.10 zusammengefasst; diese werden zu über 60 % durch die Aufwendungen für Bohrung und Konversionsanlage bestimmt. Im norddeutschen Becken muss am tiefsten gebohrt werden (vgl. Kapitel 6.1.1) und im Molassebecken wird die höchste Bruttoleistung bereitgestellt; dementsprechend sind die Investitionen für die Bohrung im norddeutschen   Becken und für die Konversionsanlage im Molassebecken am höchsten.

Beispielsweise ergeben sich für die Anlage im Oberrheingraben Gesamtinvestitionen in Höhe von 33,1 Mio. €; diese setzen sich aus 18,8 Mio. € im Bereich unter Tage, 8 Mio. € im Übertagebereich und 6,3 Mio. € aus sonstigen Investitionen zusammen. Die untertägigen Investitionen bestehen aus Kosten für die Bohrungsniederbringung und den Thermalwasserkreislauf. Über Tage werden alle Investitionen berücksichtigt, die für den Kraftwerksbau notwendig sind, und dem Bereich Sonstiges werden die Investitionen für Unvorhergesehenes und die Planung zugeordnet.

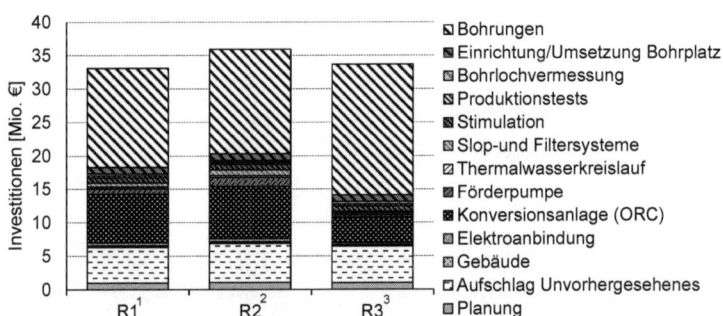

Abb. 6.10: Investitionen Referenzanlagen ausschließliche Stromerzeugung (Legendeneinträge und Diagrammsegmente sind in analoger Reihenfolge angeordnet; [1]ausschließlich Strom, Oberrheingraben; [2]ausschließlich Strom, süddeutsches Molassebecken; [3]ausschließlich Strom, norddeutsches Becken)

Die annuitätisch berechneten (vgl. Kapitel 3.3.3) Stromgestehungskosten der Anlagen zur ausschließlichen Stromerzeugung bestehen bei einer Nettostrombetrachtung (Abb. 6.11) zu ca. 80 % aus den Kosten für die Bohrungsniederbringung, ORC-Anlage, Versicherung, Verwaltung und Personal.

Die Stromgestehungskosten betragen im Oberrheingraben 0,34 €/kWh$_{netto}$ (0,24 €/kWh$_{brutto}$), im Molassebecken 0,40 €/kWh$_{netto}$ (0,22 €/kWh$_{brutto}$) und im norddeutschen Becken 0,89 €/kWh$_{netto}$ (0,55 €/kWh$_{brutto}$); diese setzten sich z. B. im Oberrheingraben aus 0,24 €/kWh$_{netto}$ (0,16 €/kWh$_{brutto}$) für die Investitionen und 0,10 €/kWh$_{netto}$ (0,06 €/kWh$_{brutto}$) für betriebsgebundene Kosten zusammen. Die verbrauchsgebundenen Kosten entfallen bei einer Nettostrombetrachtung (0,02 €/kWh$_{brutto}$), da der elektrische Eigenbedarf durch die produzierte Strommenge gedeckt und nicht, wie bei der Bruttostrombetrachtung, extern eingekauft wird.

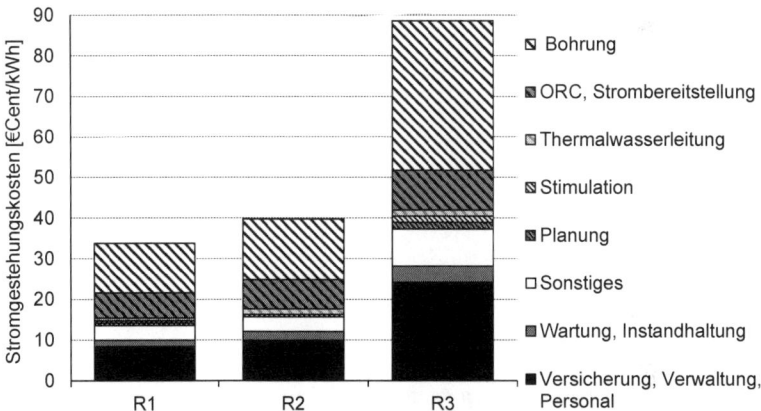

Abb. 6.11: Stromgestehungskosten (netto) Referenzanlagen (Legendeneinträge und Diagrammsegmente sind in analoger Reihenfolge angeordnet; [1]ausschließlich Strom, Oberrheingraben; [2]ausschließlich Strom, süddeutsches Molassebecken; [3]ausschließlich Strom, norddeutsches Becken)

6.3.2.2 KWK – Wärmesenken in der Anlagenumgebung

Für die Erschließung von Wärmesenken mit geothermischer Restwärme werden gegenüber der ausschließlichen Stromerzeugung zusätzliche Investitionen (Kapitel 3.3.4) notwendig für:

- Wärmeübertrager
- Spitzenlastkessel
- Antransportleitung
- Netzverteilung
- Hausübergabestationen

In der Summe ergeben sich dafür im Oberrheigraben 3,6 Mio. €, im süddeutschen Molassebecken 3,2 Mio. € und im norddeutschen Becken 2,8 Mio. €. Die Gesamtinvestitionen sind in Abb. 6.12 zusammengefasst, eine detailierte Darstellung erfolgt in Anhang B Tabelle C 10 bis Tabelle C 12.

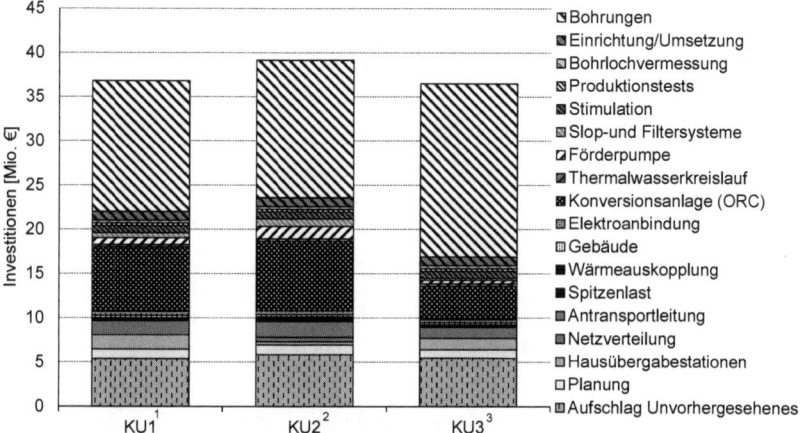

Abb. 6.12: Investitionen Referenzanlagen zur Fernwärmebereitstellung (Legendeneinträge und Diagrammsegmente sind in analoger Reihenfolge angeordnet; [1]Strom- und Fernwärmebereitstellung Oberrheingraben; [2]Strom- und Fernwärmebereitstellung süddeutsches Molassebecken; [3]Strom- und Fernwärmebereitstellung norddeutsches Becken)

Die Stromgestehungskosten (Abb. 6.13) reduzieren sich gegenüber den Anlagen zur ausschließlichen Stromerzeugung im Oberrheingraben und Molassebecken und erhöhen sich im norddeutschen Becken leicht; unter Berücksichtigung der Wärmegutschriften ergeben sich im Oberrheingraben 0,29 €/kWh$_{netto}$ (0,20 €/kWh$_{brutto}$), im Molassebecken 0,23 €/kWh$_{netto}$ (0,14 €/kWh$_{brutto}$) und im norddeutschen Becken 0,91 €/kWh$_{netto}$ (0,54 €/kWh$_{brutto}$). Die Wärmegutschriften werden je kWh erzeugte Wärme berücksichtigt und auf die produzierte kWh Strom umgelegt; diese stromspezifischen Wärmegutschriften (Abb. 6.13) sind im Molassebecken aufgrund der höheren Volllaststundenzahl für Industriewärme am höchsten (0,31 €/kWh$_{netto}$ bzw. 0,14 €/kWh$_{brutto}$). Im Oberrheingraben ergeben sich, trotz der gegenüber dem norddeutschen Becken höheren bereitgestellten Fernwärmemengen, aufgrund der höheren elektrischen Energien stromspezifisch geringere Wärmegutschriften (0,05 €/kWh$_{netto}$ bzw. 0,03 €/kWh$_{brutto}$) als im norddeutschen Becken (0,13 €/kWh$_{netto}$ bzw. 0,08 €/kWh$_{brutto}$). Eine detailierte Darstellung der Kosten erfolgt in Anhang B Tabelle C 33 bis Tabelle C 35.

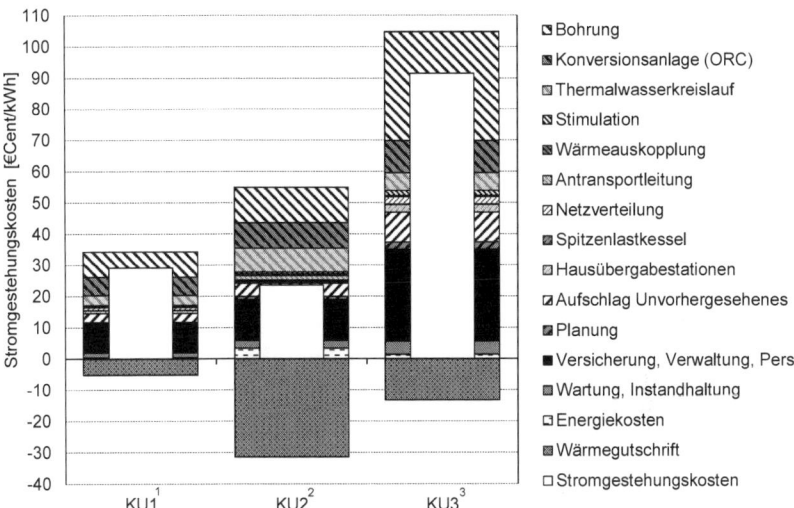

Abb. 6.13: Stromgestehungskosten (netto) Referenzanlagen zur Fernwärmebereitstellung (Legendeneinträge und Diagrammsegmente sind in analoger Reihenfolge angeordnet; [1]Strom- und Fernwärmebereitstellung Oberrheingraben; [2]Strom- und Fernwärmebereitstellung süddeutsches Molassebecken; [3]Strom- und Fernwärmebereitstellung norddeutsches Becken)

6.3.2.3 KWK – Wärmesenken an der Anlage

Die untersuchten Konzepte zur Etablierung von Wärmesenken an der Anlage unterscheiden sich in der ökonomischen Analyse insbesondere durch den monetären Zusatznutzen der aus der Niedertemperaturwärmenutzung gezogen wird. Die berechneten Investitionen und Stromgestehungskosten werden im Folgenden zusammengefasst.

Trocknung mit geothermischer Restwärme. Zur Trocknung mit geothermischer Restwärme sind gegenüber der ausschließlichen Stromerzeugung (Kapitel 6.3.2.1) zusätzliche Investitionen für den Bandtrockner, das Lager und die Wärmeübertragung zu tätigen; diese liegen zwischen 1,1 Mio. € bei der Energieholznutzung im norddeutschen Becken und 2,9 Mio. € bei der Klärschlammtrocknung im Molassebecken (Abb. 6.14).

Im Oberrheingraben werden beispielsweise für die Gesamtanlage zur Klärschlammtrocknung im Bereich unter Tage 18,8 Mio. €, zur Stromerzeugung über Tage 8 Mio. €, für die Komponenten zur Trocknung 1,9 Mio. € und als sonstige Investitionen 6,4 Mio. € notwendig (Abb. 6.14).

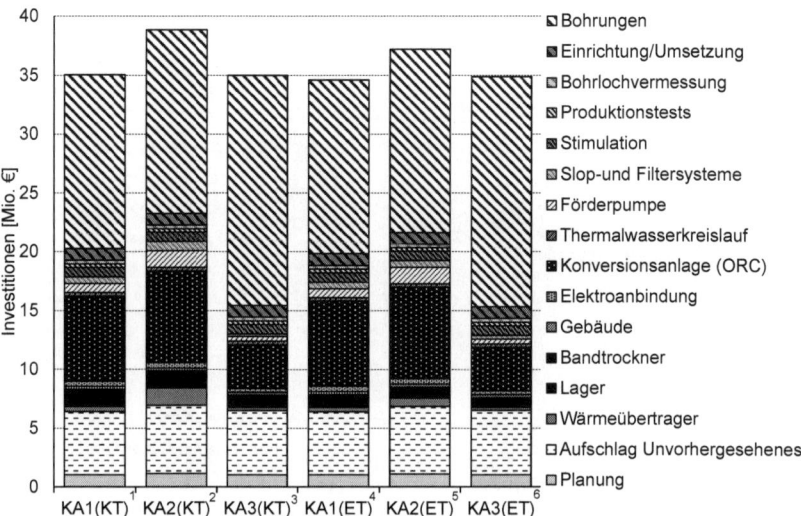

Abb. 6.14: Investitionen Referenzanlagen zur Trocknung (Legendeneinträge und Diagramm-segmente sind in analoger Reihenfolge angeordnet; [1]Oberrheingraben Klärschlammtrock-nung; [2]Molassebecken Klärschlammtrocknung;[3]norddeutsches Becken Klärschlammtrock-nung; [4]Oberrheingraben Energieholztrocknung; [5]Molassebecken Energieholztrocknung; [6]norddeutsches Becken Energieholztrocknung)

Für die untersuchten Referenzanlagen ergeben sich Stromgestehungskosten zwischen 0,18 €/kWh$_{netto}$ (0,13 €/kWh$_{brutto}$) im Oberrheingraben zur Energie-holztrocknung und 1,06 €/kWh$_{netto}$ (0,42 €/kWh$_{brutto}$) im norddeutschen Becken zur Klärschlammtrocknung (Abb. 6.15); mit dieser Außnahme wird in allen Ge-bieten gegenüber der ausschließlichen Stromerzeugung für beide untersuchten Güter eine Reduktion der Stromgestehungskosten erreicht.

Die Zusammensetzung der Stromgestehungskosten (netto) für die untersuch-ten Referenzanlagen zeigt Abb. 6.15; diese bestehen z. B. bei der Klärschlamm-trocknung im Oberrheingraben aus 0,26 €/kWh$_{netto}$ (0,14 €/kWh$_{brutto}$) für Investi-tionen und 0,12 €/kWh$_{netto}$ (0,06 €/kWh$_{brutto}$) für betriebsgebundene Kosten. Bei der Nettobetrachtung entfallen die verbrauchsgebundenen Kosten, die bei der Bruttobetrachtung 0,03 €/kWh$_{brutto}$ für den elektrischen Eigenbedarf betragen.

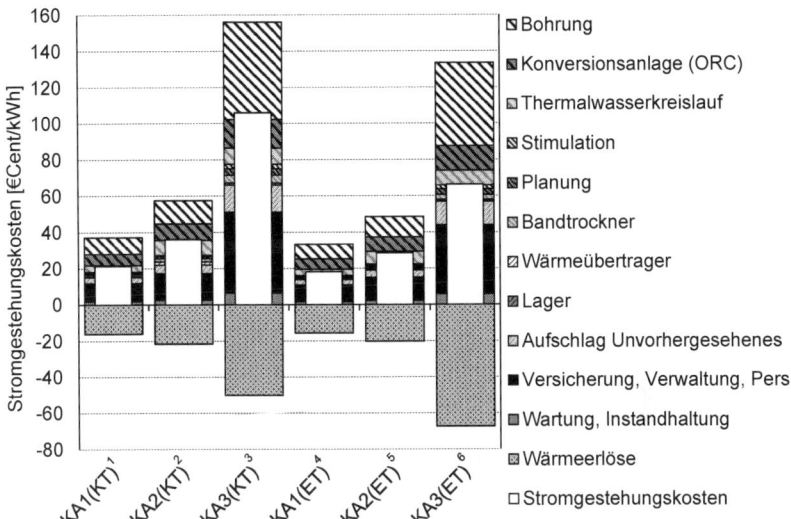

Abb. 6.15: Nettostromgestehungskosten Referenzanlagen zur Trocknung (Legendeneinträge und Diagrammsegmente sind in analoger Reihenfolge angeordnet; [1]Oberrheingraben Klärschlammtrocknung; [2]Molassebecken Klärschlammtrocknung;[3]norddeutsches Becken Klärschlammtrocknung; [4]Oberrheingraben Energieholztrocknung; [5]Molassebecken Energieholztrocknung; [6]norddeutsches Becken Energieholztrocknung)

Trocknung mit geothermischer Restwärme und anschließender Verbrennung.
Für die Anlagen zur Trocknung mit anschließender Verbrennung der Güter werden gegenüber der ausschließlichen Stromerzeugung (vgl. Kapitel 6.3.2.1) zusätzliche Investitionen für die Trocknungs- und Verbrennungskomponenten notwendig. Weiterhin ergeben sich aufgrund der höheren Leistungen (vgl. Kapitel 6.2.2.3) höhere Investitionen für die Kraftwerkskomponenten. In der Summe betragen die Investitionen zwischen 37,5 Mio. € (norddeutsches Becken, Klärschlammnutzung) und 44,7 Mio. € (Oberrheingraben, Energieholznutzung), eine detaillierte Darstellung der Kosten erfolgt in Anhang C Tabelle C 13 bis Tabelle C 18.

Die Investitionen für die untersuchten Referenzanlagen sind in Abb. 6.16 dargestellt. Im Oberrheingraben bestehen diese z. B. bei Klärschlammnutzung aus 19 Mio. € für die Unter-Tage-Komponenten, 12,2 Mio. € für den über Tage Bereich – wozu die Komponenten zur Stromerzeugung, Trocknung und Verbrennung gehören – und 6,9 Mio. € für sonstige Investitionen.

123

Die Stromgestehungskosten (in Abb. 6.17 exemplarische Darstellung Nettostromgestehungskosten) liegen zwischen 0,13 €/kWh$_{netto}$ (0,10 €/kWh$_{brutto}$) im Oberrheingraben (Klärschlammnutzung) und 0,34 €/kWh$_{netto}$ (0,23 €/kWh$_{brutto}$) im norddeutschen Becken (Klärschlammnutzung). Diese werden gegenüber der ausschließlichen Stromerzeugung bei allen Referenzanlagen, aufgrund der Steigerung der Stromproduktion mithilfe der Verbrennungsenergie (Kapitel 6.2.2.3), reduziert. Zudem werden bei den Anlagen zur Klärschlammnutzung zusätzliche Entsorgungserlöse erzielt, welche die Stromgestehungskosten weiter senken.

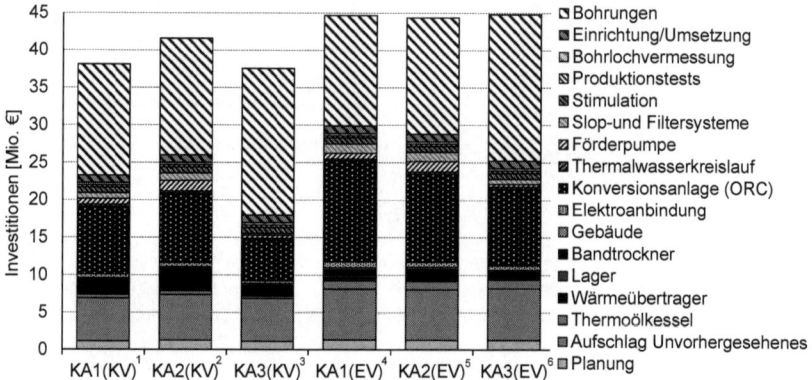

Abb. 6.16: Investitionen Referenzanlagen zur kombinierten Trocknung und Verbrennung (Legendeneinträge und Diagrammsegmente sind in analoger Reihenfolge angeordnet; [1]Oberrheingraben Klärschlammtrocknung/-verbrennung; [2]Molassebecken Klärschlammtrocknung/-verbrennung; [3]norddeutsches Becken Klärschlammtrocknung/-verbrennung; [4]Oberrheingraben Energieholztrocknung/-verbrennung; [5]Molassebecken Energieholztrocknung/-verbrennung; [6]norddeutsches Becken Energieholztrocknung/-verbrennung)

Im Oberrheingraben (bei Klärschlammnutzung) setzen sich die Stromgestehungskosten beispielsweise aus 0,17 €/kWh$_{netto}$ (0,11 €/kWh$_{brutto}$) für Investitionen, 0,08 €/kWh$_{netto}$ (0,05 €/kWh$_{brutto}$) für betriebsgebundene Kosten und bei Bruttobetrachtung 0,02 €/kWh$_{brutto}$ verbrauchsgebundenen Kosten zusammen. Unter Berücksichtigung der Entsorgungserlöse in Höhe von 0,12 €/kWh$_{netto}$ (0,08 €/kWh$_{brutto}$) für den Klärschlamm ergeben sich Stromgestehungskosten von 0,13 €/kWh$_{netto}$ (0,10 €/kWh$_{brutto}$) (Abb. 6.17).

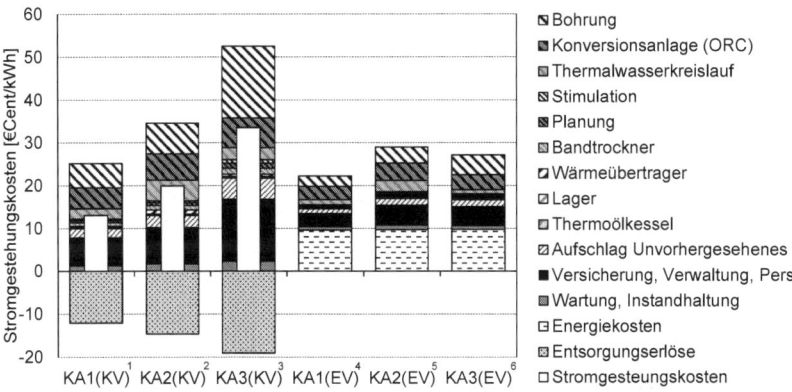

Abb. 6.17: Stromgestehungskosten (netto) Referenzanlagen zur kombinierten Trocknung und Verbrennung (Legendeneinträge und Diagrammsegmente sind in analoger Reihenfolge angeordnet; [1]Oberrheingraben Klärschlammtrocknung/-verbrennung; [2]Molassebecken Klärschlammtrocknung/-verbrennung; [3]norddeutsches Becken Klärschlammtrocknung/-verbrennung; [4]Oberrheingraben Energieholztrocknung/-verbrennung; [5]Molassebecken Energieholztrocknung/-verbrennung; [6]norddeutsches Becken Energieholztrocknung/-verbrennung)

6.3.2.4 Kombinierte Konzepte

Bei der Kombination der Konzepte sind gegenüber der ausschließlichen Stromerzeugung alle bereits erwähnten Zusatzinvestitionen (Komponenten für Trocknung, Verbrennung, Fernwärmebereitstellung), bei gleichzeitig höheren Investitionen für die Kraftwerkskomponenten (aufgrund der Leistungssteigerung) zu berücksichtigen. Für die untersuchten Anlagen sind Investitionen zwischen 39,9 Mio. € für die Anlage zur Klärschlammnutzung und Fernwärmebereitstellung im norddeutschen Becken und 48,9 Mio. € für die Energieholznutzung und Fernwärmebereitstellung im Molassebecken notwendig; diese sind in Abb. 6.18 zusammengefasst, eine detaillierte Darstellung erfolgt in Anhang C Tabelle C 19 bis Tabelle C 23.

Die Gesamtinvestitionen im Oberrheingraben setzen sich z. B. aus 19 Mio. € im Bereich unter Tage, 16,6 Mio. € über Tage und 7 Mio. € für sonstige Investitionen zusammen.

125

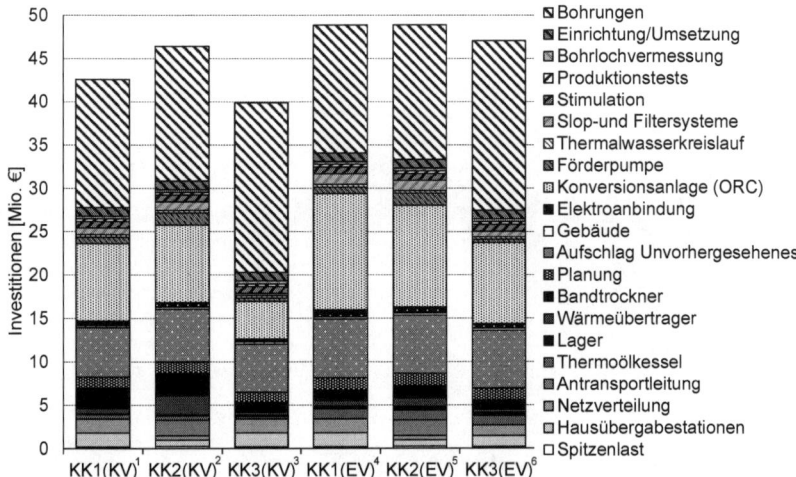

Abb. 6.18: Investitionen Referenzanlagen bei Kombination der Konzepte (Legendeneinträge und Diagrammsegmente sind in analoger Reihenfolge angeordnet; [1]Oberrheingraben, Fernwärme an Haushalte, Klärschlammtrocknung/-verbrennung; [2]Molassebecken, Fernwärme an Industrie, Klärschlammtrocknung/-verbrennung; [3]norddeutsches Becken, Fernwärme an Haushalte, Klärschlammtrocknung/-verbrennung; [4]Oberrheingraben, Fernwärme an Haushalte, Energieholztrocknung/-verbrennung; [5]Molassebecken, Fernwärme an Industrie, Energieholztrocknung/-verbrennung; [6]norddeutsches Becken, Fernwärme an Haushalte, Energieholztrocknung/-verbrennung)

Die berechneten Stromgestehungskosten (Abb. 6.19) liegen in einer Bandbreite zwischen 0,09 €/kWh$_{netto}$ (0,08 €/kWh$_{brutto}$) im Molassebecken (Klärschlammnutzung und Fernwärmebereitstellung) und 0,67 €/kWh$_{netto}$ (0,39 €/kWh$_{brutto}$) im norddeutschen Becken (Klärschlammnutzung und Fernwärmebereitstellung). Gegenüber der ausschließlichen Stromerzeugung (Kapitel 6.3.2.1) können die Stromgestehungskosten, unter Berücksichtigung der Wärmegutschriften durch die Fernwärmebereitstellung, der Entsorgungserlöse bei der Klärschlammnutzung und der Steigerung der Stromproduktion, durch die Nutzung der Verbrennungswärme gesenkt werden.

Ein Überblick über die Zusammensetzung der Stromgestehungskosten (netto) gibt Abb. 6.19. Im Oberrheingraben setzten sich diese beispielsweise aus 0,21 €/kWh$_{netto}$ (0,13 €/kWh$_{brutto}$) für die Investitionen, 0,17 €/kWh$_{netto}$ (0,06 €/kWh$_{brutto}$) für betriebsgebundene Kosten und bei der Bruttobetrachtung zusätzlich aus 0,02 €/kWh$_{brutto}$ für verbrauchsgebundene Kosten zusammen. Unter Berücksichtigung der Wärmeerlöse von 0,04 €/kWh$_{netto}$ (0,02 €/kWh$_{brutto}$) aus der Fernwärmeversorgung und 0,13 €/kWh$_{netto}$ (0,08 €/kWh$_{brutto}$) durch die Entsorgung von Klärschlamm ergeben sich damit Stromgestehungskosten von 0,21 €/kWh$_{netto}$ (0,11 €/kWh$_{brutto}$).

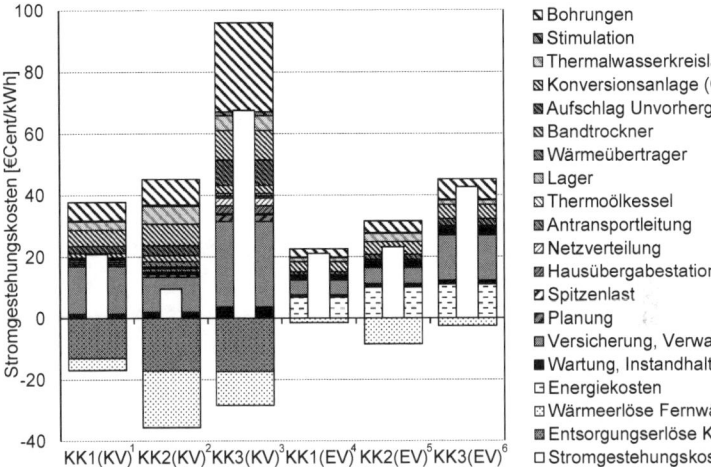

Abb. 6.19: Stromgestehungskosten (netto) Referenzanlagen bei Kombination der Konzepte (Legendeneinträge und Diagrammsegmente sind in analoger Reihenfolge angeordnet; [1]Oberrheingraben, Fernwärme an Haushalte, Klärschlammtrocknung/-verbrennung; [2]Molassebecken, Fernwärme an Industrie, Klärschlammtrocknung/-verbrennung; [3]norddeutsches Becken, Fernwärme an Haushalte, Klärschlammtrocknung/-verbrennung; [4]Oberrheingraben, Fernwärme an Haushalte, Energieholztrocknung/-verbrennung; [5]Molassebecken, Fernwärme an Industrie, Energieholztrocknung/-verbrennung; [6]norddeutsches Becken, Fernwärme an Haushalte, Energieholztrocknung/-verbrennung)

6.4 Ökologische Analyse

Die ökologische Analyse wird anhand der in Kapitel 3.3.4 dargestellten Methodik durchgeführt. Nachfolgend werden die Datenbasis und ihre Rahmenannahmen definiert und anschließend die Ergebnisse dargestellt.

6.4.1 Rahmenannahmen und Datenbasis

Nach der Festlegung von Ziel und Untersuchungsrahmen werden in der Sachbilanz die zugrunde gelegte Datenbasis dargestellt und in der Wirkungsabschätzung die Wirkindikatoren definiert.

6.4.1.1 Festlegung Ziel und Untersuchungsrahmen

Das Ziel der ökologischen Analyse ist es, die vorliegenden Konzepte und Variationen in ihrem Lebensweg anhand ausgewählter Umwelteffekte zu vergleichen. Als Umwelteinflüsse werden der anthropogene Treibhauseffekt (CO_2-Äquivalent Emissionen), die Versauerung von Böden und Gewässern (SO_2-Äquivalent Emissionen), die Eutrophierung natürlicher Ökosysteme (PO_4-Äquivalent Emissionen) und der kumulierte fossile Energieaufwand gegenübergestellt.

In der Analyse wird eine Netto- und eine Bruttostrombetrachtung durchgeführt. Bei der Nettostrombetrachtung wird unterstellt, dass der elektrische Eigenbedarf der Anlage ausschließlich durch den selbst produzierten Strom gedeckt wird. Bei der Bruttostrombetrachtung muss die über das öffentliche Netz bezogene elektrische Energie zur Abdeckung der elektrischen Eigenenergienachfrage der geothermischen Anlage zusätzlich berücksichtigt werden; dies ist wie die folgenden Ergebnisse zeigen, bei dem unterstellten aktuellen deutschen Strommixes [112] mit einem vergleichsweise hohen kumulierten fossilen Energieaufwand sowie hohen Emissionen verbunden.

Der Zusatznutzen der Anlagen zur kombinierten Strom- und Wärmebereitstellung wird in der Analyse nach dem Gutschriftenverfahren durch Substitution einer mit fossiler Energie betriebenen Wärmeversorgung bzw. Trocknungsanlage (Anhang D; Tabelle D 4) berücksichtigt (vgl. Kapitel 3.3.4.1).

Der Untersuchungsrahmen der Analyse bildet den gesamte Lebensweg (d. h. Bau, Betrieb, Rückbau) der definierten Referenzanlagen ab. Bilanziert werden damit alle Komponenten zur geothermischen Stromerzeugung, die Komponenten zur Trocknung und Verbrennung sowie zur Bereitstellung von Nah- oder Fernwärme. Die vor- und nachgelagerten Prozesse werden durch in das System ein- und ausfließende In- und Outputströme berücksichtigt. Die verwendeten Datensätze für die Prozesse werden der ecoinvent-Datenbank [67] entnommen und, wenn nicht anders angegeben, wird für die Umwelteffekte dieser Ströme der in Deutschland heute herrschende Standard unterstellt. Weiterhin werden nur die in der Anlage direkt genutzten Produkte und ihre Vorketten betrachtet (d. h. der Herstellungsprozess für z. B. Baumaschinen, die nur zu einem kleinen Teil ihrer Lebensdauer im Zusammenhang mit der Geothermieanlage genutzt werden, wird nicht berücksichtigt). Die genutzten Datensätze entsprechen dem Stand 2011/12 [113].

6.4.1.2 Sachbilanz

Die Ergebnisse der ökologischen Analyse und ihre Qualität werden bestimmt durch die in der Sachbilanz zugrunde gelegte Datenbasis. Diese wird für alle Konzeptvariationen nachfolgend erläutert. Die Gliederung der Sachbilanzdaten erfolgt nach dem Lebenszyklus der Anlage in die Abschnitte Bau, Betrieb und Rückbau. Die Basis für die Sachbilanz bilden die technische Analyse (vgl. Kapitel 6.2), Betreiber/Hersteller Informationen und Literaturwerte. Für die Bilanzierung der Lebenszyklen werden verschiedene Randbedingungen definiert:

- Der Austausch der Förderpumpe wird für alle 4 Jahre berücksichtigt [113].

- Es erfolgt während der gesamten Lebenszeit eine einmalige Befüllung des ORC- Kreislaufs mit Arbeitsmittel [114].

- Bei metallischem Material wird zwischen hoch- und niedriglegiertem Stahl und Kupfer unterschieden.

- Personentransport und externe Dienstleistungen (z.B. Planung) werden vernachlässigt.

- Die Umwelteffekte von eingesetzten Komponenten werden durch die Materialmassen und den Fertigungsaufwand berücksichtigt.

- Für den Transport einzelner Komponenten werden Lastwagen mit einem Flottendurchschnitt von 16 t der Schadstoffemissionsklasse Euro 5 zugrunde gelegt.

Bau. Hier wird die Datenbasis für den Bau der Anlage erläutert. Dabei wird untergliedert in die Bereiche unter Tage, Stromerzeugung und Wärmenutzung.

- Im Bereich unter Tage werden die folgenden Quellen und Definitionen zugrunde gelegt:
  - Der Bohrplatz wird mit 20 000 MJ Endenergie und 300 kg Zement bilanziert. Die Endenergie wird in Form von Diesel zum Betrieb der Baumaschinen und Dieselgeneratoren bereitgestellt [114].
  - Der spezifische Energieaufwand je Meter Bohrung ist stark von den geologischen Bedingungen und der Bohrtiefe abhängig und schwankt zwischen 6 und 8 GJ/m [113]. Hier wird von einem dieselelektrischen Antrieb und einem spezifischen Energieaufwand von rund 7,5 GJ/m [113], [100] ausgegangen.
  - Der Bedarf an Bohrspühlung liegt im Durchschnitt zwischen 700 und 1 000 kg/m. Es wird eine typische Zusammensetzung (Anhang D Tabelle D 1) aus entkarbonisierten Wasser, Betonit, anorganischen Chemikalien,

Stärke und Kalk definiert. Weiterhin müssen je Meter Bohrtiefe 456 kg Bohrklein entsorgt werden, das mit der Bohrspülung zutage gefördert wird [113].

- Für die Verrohrung werden 80 bis 120 kg Stahl und für die Zementation 45 bis 65 kg Zement je Meter Bohrloch eingesetzt. Für die untersuchten Konzepte wird der Einsatz von 69,1 kg/m an niedrig legiertem und 34 kg/m an hochlegiertem Stahl unterstellt. Für die Zementation kommen anorganische Chemikalien, Zement, Quarzsand und entkarbonatisiertes Wasser zum Einsatz (Anhang D Tabelle D 1) [113].

- Der Aufwand zur Stimulation ist stark abhängig von den geologischen Gegebenheiten. Zum Verpressen einer definierten Wassermenge von 260 000 t/Bohrung ist zum Betrieb der Injektionspumpe ein Energieaufwand von 3 000 GJ/Bohrung notwendig [113].

- Die eingesetzte Stahlmenge zur Verrohrung des Thermalwasserkreislaufs ist volumenstromspezifisch. Hier wird unterstellt, dass 93,6 kg/(m³/h) hochlegierter- und 189,9 kg/(m³/h) niedriglegierter Stahl zum Einsatz kommen [115]. Der Thermalwasserkreislauf wird im Gesamtbetrachtungszeitraum einmal ausgetauscht [113].

- Für die Wärmeübertrager im Thermalwasserkreislauf werden 7 kg/kWh hochlegierter Stahl eingesetzt [113].

• Der Bau der übertägigen Stromerzeugungsanlage wird in der Analyse wie folgt berücksichtigt.

- Für die Wärmeübertrager zur Auskopplung der Wärme aus dem Thermalwasser werden 7 kg/kWh hochlegierter Stahl eingesetzt [113].

- Die erzeugte Generatorklemmleistung entscheidet über die Menge des Arbeitsmittels; hierfür sind 0,3 kg/kW nötig. Für die Luftkühlung werden 1 500 kg/MW$_{th}$ und für die anderen Komponenten der Konversionsanlage 37,8 kg/kW$_{el}$ niedriglegierter Stahl aufgewendet. Zudem ist für stromleitende Elemente 1,2 kg/kWh$_{el}$ Kupfer notwendig. Die Konversionsanlage und der Generator werden während der gesamten Lebenszeit einmal ausgetauscht. Für den Transport der Komponenten werden eine Strecke von 50 km via LKW und 2 000 km via Zug unterstellt [113].

- Für den Gebäudetrakt der Gesamtanlage werden pauschal 16 m³ Beton, 1 250 kg niedriglegierter Stahl und ein Antransportweg von jeweils 40 km Schiene und LKW angenommen [112].

- Die notwendige Energie zum Betrieb von Baugerät wird mit 1 000 MJ in Form von Diesel unterstellt [114].

• Der Sachaufwand zur fernwärmetechnischen Versorgung und die Einrichtungen zur Trocknung und Verbrennung von Gütern werden nachfolgend gemeinsam dargestellt.

- Für die Wärmeübertrager zur Auskopplung der Restwärme aus dem Thermalwasserkreislauf werden 7 kg/kWh hochlegierter Stahl eingesetzt [113].

- Als Fernwärmetrassen werden ausschließlich Kunststoffmantelrohre verwendet. Dafür werden 47,7 kg/m niedriglegierter Stahl, 14,6 kg/m Polyethylen und 9,6 kg/m Polyurethan benötigt [116]. Zum Einbringen der Rohre ins Erdreich wird ein Aushub mittels einer Frontladeraupe von 1 m³/m berücksichtigt [113]. Für die Anlieferung der Komponenten wird pauschal eine Entfernung von 500 km angenommen [113].

- Der Materialaufwand für den Spitzenlastkessel wird mit 2,6 kg/kW an niedriglegiertem Stahl berücksichtigt.

- Die notwendigen Mengen an niedriglegiertem Stahl für den Bandtrockner werden in Abhängigkeit der Durchsatzmenge mit 16,2 kg/(kg/h) definiert [117], [118]. Die Anlieferung erfolgt über eine Entfernung von pauschal 400 km mittels Lkw [113].

- Für den Bau eines Lagerraums werden pauschal 8 m³ Beton und 625 kg niedriglegierter Stahl angenommen. Der Antransport der Materialien erfolgt auf 40 km mit Lkw und 40 km mit Zug [113].

- Für die Kesselanlage wird 15,7 t/MW niedriglegierter Stahl für das Gehäuse, 0,4 t/MW Keramik für die Auskleidung der Brennkammer und 8,8 t/MW Stahlguss für das Vorschubrost berücksichtigt [119].

- Es kommen 0,3 kg/kW$_{th}$ Thermoöl zum Einsatz und für den zusätzlichen Verrohrungsaufwand werden 200 kg niedriglegierter Stahl berücksichtigt.

Betrieb. Nachfolgend werden alle relevanten Aspekte zum Betrieb der Referenz- und Kopplungsanlagen gemeinsam dargestellt. Berücksichtigt werden der Austausch der Tiefenpumpe, die Entsorgung des Filtrats und der Betrieb des Spitzenlastkessels. Der elektrische Eigenbedarf der Anlagenkomponenten wird bei der Nettobetrachtung aus der produzierten elektrischen Energie und bei der Bruttobetrachtung aus dem deutschen Stromnetz gedeckt.

• Die Tiefenpumpe steht in direktem Kontakt mit den teilweise hochsalinen Thermalwässern und weist daher eine hohe Ausfallrate auf. Für den regelmäßigen Tausch der Tiefenpumpe wird eine jährliche Stahlmenge von 4,5 t/a [113] an hochlegiertem Stahl angenommen, die auch regelmäßig zu entsorgen bzw. zu recyceln ist. Der An- und Abtransport wird mit 250 tkm/a berücksichtigt [120].

- Zum Schutz der obertägigen Systemelemente durchläuft das Thermalwasser verschiedene Filterstufen. Bei dem abgetrennten Filtersubstrat handelt es sich um stark verunreinigte Rückstände, die als Sonderabfall entsorgt bzw. deponiert werden müssen. Die anfallende Substratmenge wird fördermengenspezifisch definiert mit 1,5 kg/a/(m^3/h) [113].

- Der Spitzenlastkessel zur Deckung der Bedarfsspitzen wird mit Erdgas betrieben. Die notwendige Erdgasmenge wird, entsprechend dem Kesselwirkungsgrad, der jeweiligen Betriebsdauer und Leistung des Kessels berücksichtigt. Für das Erdgas wird ein Brennwert von 12 kWh/kg zugrunde gelegt [113].

Rückbau. Nach Ablauf der Anlagenlebensdauer erfolgt der Rückbau der Anlagenkomponenten. Dies wird untergliedert in die Bereiche unter Tage, Stromerzeugung und Wärmenutzung.

- Zum unter Tage Bereich gehört die Verfüllung des Bohrlochs nach der Anlagennutzungsdauer mit Kies und Zement. Dazu werden 51,1 kg Kies und 4,9 kg Zement je Bohrmeter benötigt. Für den Thermalwasserkreislauf fällt eine volumenstromspezifische Entsorgungsmenge in Höhe von 567 kg/(m^3/h) an [113].

- Zur Stromerzeugung gehört der Rückbau des Gebäudes hier sind 16 m^3 Beton und 1 250 kg Stahl zu verbringen. Für die Entsorgung des Generators werden 2,4 kg/kW_{el} Kupfer und für die Konversionsanlage 75,6 kg/kW_{el} Stahl berücksichtigt. Weiterhin sind die Stahlmengen für die Wärmeübertrager (14 kg/kW_{th}) sowie 600 kg/MW_{el} an Sonderabfällen zu entsorgen [113].

- Für den Rückbau der Komponenten zur fernwärmetechnischen Versorgung werden 47,7 kg/m Trasse Stahl, 14,6 kg/m Polyethylen und 9,6 kg/m Polyurethan entsorgt. Zum Entfernen der Rohre aus dem Erdreich wird ein Aushub mittels einer Frontladerraupe von 1 m^3/m berücksichtigt. Zur Entsorgung von Bandtrockner, Spitzenlastkessel, Aschetonne, Biomassekessel, Lager und Verrohrung des Thermoölkessels sind die beim Bau definierten Mengen an niedriglegiertem Stahl zu entsorgen. Für den Rückbau des Lagers und des Thermoölkessels sind 8 m^3 Beton und 0,3 kg/kW_{th} Thermoöl zu entsorgen.

Der Abtransport der Materialien erfolgt auf 40 km mit Lkw und 40 km mit Zug [115].

6.4.1.3 Wirkungsabschätzung

Die Wirkungssabschätzung erfolgt nachfolgend für die bereits bei der Zieldefinition (vgl. Kapitel 6.4.1) festgelegten Wirkkategorien für die sich in der Sachbilanz ergebenden Stoff- und Energieströme (vgl. Kapitel 6.4.1.2).

Emissionen mit Klimawirksamkeit. Der anthropogene und damit der Teil des Treibhauseffektes, der auf die Aktivitäten des Menschen zurückgeht, begründet sich durch den Ausstoß von Gasen mit Klimawirksamkeit. Als Referenzsubstanz dient Kohlenstoffdioxid. Relativ dazu werden weitere Stoffe mit Klimawirkung, unter Berücksichtigung des zugehörigen Gewichtungsfaktors, zu CO_2-Äquivalent-Emissionen aufsummiert. Die Gewichtungsfaktoren für die unterschiedlichen Gase sind hier im GWP 100 zusammengefasst (Tabelle 6.19); dabei wird ein Bezugszeitraum für die Äquivalentwirkung von 100 Jahren angenommen [121].

Tabelle 6.19: Gewichtungsfaktoren CO_2- Äquivalent-Emissionen [122]

Stoff		Gewichtungsfaktor [$kg_{CO2-Äq}$/kg]
Kohlenstoffdioxid	CO_2	1
Methan	CH_4	25
Lachgas	N_2O	298
Perfluormethan	CF_4	7 390
Perfluorethan	C_2F_6	12 600
Schwefelhexafluorid	SF_6	22 800

Verbrauch fossiler Energieträger. Der kumulierte fossile Energieaufwand fasst alle Primärenergien zusammen, deren Verbrauch irreversibel ist und sich dadurch bei ihrem Einsatz der Bestand verringert. Die Summierung erfolgt anhand der durchschnittlichen massenspezifischen Heizwerte (Tabelle 6.20).

Tabelle 6.20: Heizwerte fossiler Energieträger [121]

Rohstoff	Heizwert H_u [MJ/kg; MJ/Nm^3]
Braunkohle	9,9
Steinkohle	19,1
Erdgas	38,3
Grubengas	39,3
Rohöl	45,8
Torf	9,9
Uran	560 000,0

Emissionen mit versauernder Wirkung. Unter SO_2-Äquivalent-Emissionen (Tabelle 6.21) werden Stoffe zusammengefasst, die bei einem Einbringen in den Boden oder das Wasser zu einer Senkung des ph-Wertes beitragen können und dadurch die Ökosysteme schädigen können. Derartige Stoffe werden relativ zu den Emissionen der Referenzsubstanz SO_2 zusammengefasst [3].

Tabelle 6.21: Gewichtungsfaktoren SO_2-Äquivalent-Emissionen [120]

Stoff		Gewichtungsfaktor [$kg_{SO2-Äq}$/kg]
Schwefeldioxide	SO_x als SO_2	1,00
Stickoxide	NO_x als NO_2	0,70
Ammoniak	NH_3	1,88
Chlorwasserstoff	HCl	0,88
Fluorwasserstoff	HF	1,60
Schwefelwasserstoff	H_2S	1,88

Emissionen mit eutrophierender Wirkung. Das Überangebot von Nährstoffen infolge eines übernatürlichen Nährstoffeintrags in Böden und Gewässer kann das ökologische Gleichgewicht verschieben und die Biodiversität einschränken. Als Indikator für diesen Effekt werden die entsprechenden Emissionen unter Berücksichtigung entsprechender Gewichtungsfaktoren (Tabelle 6.22) als PO_4-Äquivalente zusammengefasst [3].

Tabelle 6.22: Gewichtungsfaktor PO_4- Äquivalentemissionen [120]

Stoff		Gewichtungsfaktor [$kg_{PO4-Äqu}$/kg]
Phosphat	PO_4^{3-}	1
Stickoxide	NO_x als NO_2	0,13
Ammoniak	NH_3	0,35

6.4.2 Ergebnisse

Die Ergebnisse der Auswertung werden im Folgenden zunächst für die Referenzanlagen zur ausschließlichen Stromerzeugung und anschließend für die KWK-Anlagen diskutiert. Dabei wird zwischen Emissionen unterschieden, die bei der Erschließung der Lagerstätte, beim Bau der übertägigen Systemelemente und beim Betrieb und Rückbau der Anlagen entstehen. Es werden sowohl die Ergebnisse der Nettostrom- als auch der Bruttostrombetrachung dargestellt. Eine genaue Zusammenstellung der Ergebnisse ist im Anhang D Tabelle D5 bis Tabelle D 14 zu finden.

6.4.2.1 Ausschließliche Stromerzeugung

Die untersuchten Umwelteinflüsse über den gesamten Lebenszyklus der definierten Referenzanlagen zur ausschließlichen Stromerzeugung weisen qualitativ ein ähnliches Verhalten auf. In Abb. 6.20 sind exemplarisch die CO_2-Äquivalent-Emissionen für eine Netto- und Bruttostrombetrachtung dargestellt. Am stärksten macht sich demnach bei der Nettobetrachtung der untertägige Bau und bei der Bruttobetrachtung der Betrieb der Anlage bei den CO_2-, SO_2- und PO_4-Äquivalent-Emissionen und den fossilen Energieaufwendungen bemerkbar. Die CO_2-Äquivalent-Emissionen betragen z. B. im Oberrheingraben netto insgesamt 12,4 kt, wovon 9,7 kt (d. h. 78 %) beim Bau der Unter-Tage-Komponenten entstehen. Bei einer Bruttostrombetrachtung ergeben sich hier CO_2-Äquivalent-Emissionen in Höhe von 158 kt; dabei werden 93 % der Gesamtemissionen durch den Bezug von Strom aus dem deutschen Stromnetz verursacht.

Im norddeutschen Becken wird am tiefsten gebohrt; daher sind die Emissionen bzw. fossilen Energieaufwendungen beim Bau unter Tage gegenüber den anderen Gebieten größer. Der übertägige Anlagenteil ist jedoch im norddeutschen Becken aufgrund der geringen Leistung am kleinsten dimensioniert; dadurch entstehen für diesen Teil geringere Emissionen und fossile Energieaufwendungen als in den anderen Gebieten. Die bei der Bruttobetrachtung beim Betrieb der Anlage verursachten Emissionen und Energieaufwendungen sind proportional zum Pumpaufwand der Förderpumpe; daher ergeben sich im Molassebecken höhere und im norddeutschen Becken geringere Emissionen und Energieaufwendungen als im Oberrheingraben.

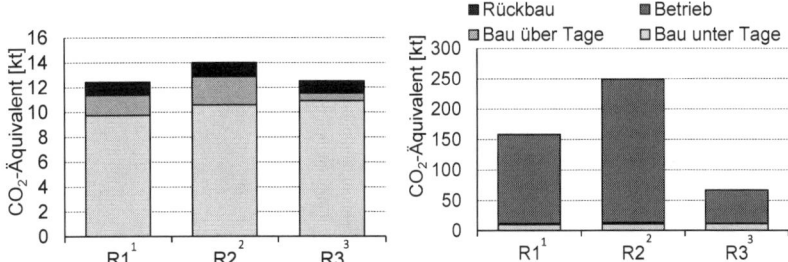

Abb. 6.20: Absolute CO_2-Äquivalent Emissionen (Nettobetrachtung links; Bruttobetrachtung rechts) über den gesamten Lebenszyklus der Anlagen zur ausschließlichen Strombereitstellung ([1]ausschließlich Strom, Oberrheingraben; [2]ausschließlich Strom, süddeutsches Molassebecken; [3]ausschließlich Strom, norddeutsches Becken)

Die spezifischen CO_2-Äquivalent-Emissionen für die Netto- und Bruttobetrachtung der Anlagen zur ausschließlichen Stromerzeugung zeigt Abb. 6.21. Mit steigender elektrischer Leistung der geothermischen Anlage sinken die spezifischen Aufwendungen und Emissionen für deren Bau. Daher ergeben sich bei der Nettobetrachtung im norddeutschen Becken die höchsten Emissionen gegenüber den anderen Gebieten. Die Anlage im Oberrheingraben erzeugt hingegen zum einen die geringsten absoluten Emissionen und Energieaufwendungen und stellt zum anderen die größte Nettostrommenge bereit, daher ergeben sich hier bei der Nettobetrachtung die geringsten Emissionen. Bei der Bruttobetrachtung hat der Anlagenbetrieb und die erzeugte Bruttostrommenge den größten Einfluss auf die spezifischen Emissionen; d. h. je höher der Pumpstromaufwand und je niedriger die produzierte Bruttostrommenge, desto höher die spezifischen Emissionen. Dem entsprechend ergeben sich im Molassebecken wegen der hohen Förderraten und im norddeutschen Becken wegen der geringen erzeugten Bruttostrommenge höhere Emissionen als im Oberrheingraben.

Die CO_2- Äquivalentemissionen bei einer Nettobetrachtung betragen beispielsweise im Oberrheingraben 29 t/GWh. Davon werden 23 t/GWh beim Bau unter Tage, 4 t/GWh beim Bau über Tage, 3 t/GWh beim Betrieb und 70 kg/GWh beim Rückbau der Referenzanlage ausgestoßen. Bei einer Bruttostromerzeugung werden insgesamt 237 t/GWh ausgestoßen; davon werden 220 t/GWh beim Betrieb, 14 t/GWh beim Bau unter Tage, 3 t/GWh beim Bau über Tage und 40 kg/GWh beim Rückbau der Anlage erzeugt.

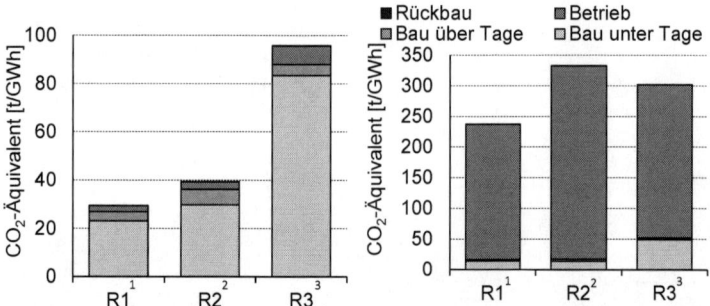

Abb. 6.21: Spezifische CO_2-Äquivalent Emissionen (Nettobetrachtung links; Bruttobetrachtung rechts) über den gesamten Lebenszyklus der Anlagen zur ausschließlichen Strombereitstellung ([1]ausschließlich Strom, Oberrheingraben; [2]ausschließlich Strom, süddeutsches Molassebecken; [3]ausschließlich Strom, norddeutsches Becken)

6.4.2.2 KWK – Wärmesenken in der Anlagenumgebung

Für die Anlagen zur Bereitstellung von Fernwärme werden, gegenüber der ausschließlichen Stromerzeugung, für Bau, Betrieb und Rückbau der Wärmeversorgungskomponenten zusätzliche Emissionen freigesetzt und Energie benötigt. Bei der Nettobetrachtung entstehen die stärksten Effekte durch den Betrieb der erdgasbetriebenen Spitzenlastabdeckung, deren Dimensionierung sich aus dem definierten geothermischen Deckungsgrad (Kapitel 3.3.1) ergibt. Bei der Bruttostrombetrachtung summieren sich beim Betrieb der Anlage die Emissionen und Energieaufwendungen durch den Strombezug aus dem deutschen Stromnetz auf, wodurch der Anlagenbetrieb einen noch größeren Anteil der Gesamteffekte ausmacht.

Die bei einer geothermischen Wärmeversorgung, durch die Substitution der konventionellen Wärmeversorgung, vereitelten Umwelteffekte werden durch Wärmegutschriften berücksichtigt (vgl. Kapitel 3.3.4.1). Sind die sich ergebenden Wärmegutschriften gegenüber den geothermisch erzeugten Umwelteffekten höher, so ergeben sich negative Emissionen; d. h. es werden unter Berücksichtigung der Substitutionsgutschriften bei der geothermischen Anlage keine Emissionen und Energieaufwendungen erzeugt sondern eingespart.

In Abb. 6.22 sind exemplarisch die spezifischen CO_2-Äquivalent-Emissionen der untersuchten Anlagen für eine Netto-(links) und Bruttobetrachtung (rechts) zusammengefasst. Bei der Nettobetrachtung werden beispielsweise im Oberrheingraben die CO_2-Äquivalent-Emissionen in Höhe von 77 t/GWh durch die Substitutionsgutschriften auf -86 t/GWh reduziert. Der größte Anteil der Emissionen (45 t/GWh, d. h. 59 %) wird durch den Betrieb der Anlage freigesetzt, gefolgt vom untertägigen Bau (23 t/GWh, d. h. 30 %). Die Emissionen durch den über Tage Bau und Rückbau der Anlage betragen 9 t/GWh (d. h. 11 %). Bei der Bruttobetrachtung werden im Oberrheingraben die CO_2-Äquivalent-Emissionen durch die Substitutionsgutschriften von 272 t/GWh auf 170 t/GWh reduziert. Auch hier erzeugt der Betrieb der Anlagen den größten Teil der Emissionen (252 t/GWh (93 %)). Weiterhin werden beim Bau 20 t/GWh und beim Rückbau der Anlage 1 t/GWh freigesetzt (vgl. Abb. 6.22).

Die ermittelten fossilen Energieaufwendungen, SO_2- und PO_4-Äquivalentemissionen weisen qualitativ ein ähnliches Verhalten auf (vgl. Anhang D Tabelle D 8). Gegenüber der ausschließlichen Stromerzeugung können die Umwelteffekte in allen untersuchten Wirkkategorien reduziert werden.

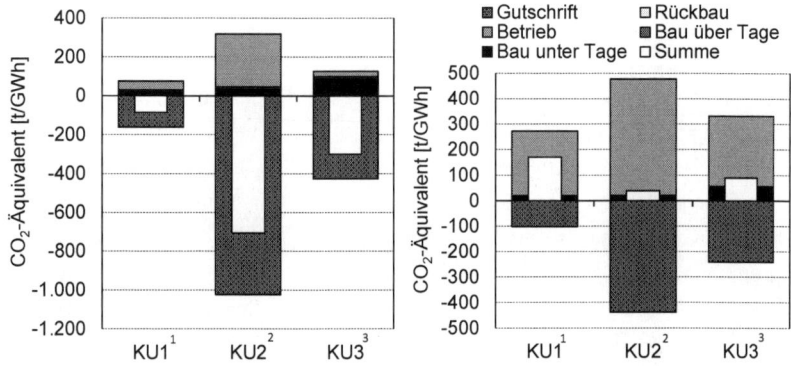

Abb. 6.22: Spezifische CO_2-Äquivalent-Emissionen (Nettobetrachtung links; Bruttobetrachtung rechts) über den gesamten Lebenszyklus der Anlagen zur kombinierten Strom- und Fernwärmebereitstellung ([1]Strom- und Fernwärmebereitstellung Oberrheingraben; [2]Strom- und Fernwärmebereitstellung süddeutsches Molassebecken; [3]Strom- und Fernwärmebereitstellung norddeutsches Becken)

6.4.2.3 KWK – Wärmesenken an der Anlage

Die Referenzanlagen zur Etablierung von Wärmesenken an der Anlage unterscheiden sich bei der ökologischen Betrachtung insbesondere durch die Berücksichtigung der Niedertemperaturwärmenutzung bei den Umwelteinflüssen (vgl. Kapitel 6.4.1). Die Ergebnisse der ökologischen Analyse werden im Folgenden zusammengefasst.

Trocknung mit geothermischer Restwärme. Die durch den Bau, Betrieb und Rückbau der Trocknungskomponenten gegenüber der ausschließlichen Stromerzeugung zusätzlich entstehenden Emissionen und Energieaufwendungen werden unter Berücksichtigung der Substitutionsgutschriften durch die Wärmenutzung zur Trocknung bei Netto- und Bruttobetrachtung für alle untersuchten Anlagen kompensiert.

Abb. 6.23 zeigt exemplarisch den kumulierten fossilen Energieaufwand links für eine Netto- und rechts für eine Bruttobetrachtung. Aufgrund der geringen im Lebensweg eingesetzten fossilen Energie ergeben sich mit Ausnahme von 2 Anlagen bei allen untersuchten Anlagenkonfigurationen Emissionseinsparungen (Emissonen im negativen Bereich). Die Ausnahmen bilden die Bruttobetrachtung der Energieholztrocknung im Oberrheingraben und im Molassebecken; gegenüber der Klärschlammtrocknung muss hier, bei relativ hohen fossilen Energieaufwendungen zur Deckung des elektrischen Eigenbedarfs aus dem deutschen Energienetz, verhältnissmäßig wenig Wasser verdunstet werden. Die Anlagen zur Klärschlammtrocknung hingegen generieren bei Erreichen der logistischen Grenze (Kapitel 6.1.2 bzw. 3.3.1) im Oberrheingraben und süddeutschen Molassebecken aufgrund der höheren abzutrennenden Wasseranteile höhere Substitutionsgutschriften als die Anlagen zur Energieholztrocknung. Im norddeutschen Becken werden zwar absolut weniger Gutschriften erzeugt, jedoch werden diese auf eine geringere produzierte Netto- bzw. Bruttostrommenge bezogen; dadurch ergeben sich für diese Anlagen spezifisch höhere Energieeinsparungen gegenüber dem Molassebecken und dem Oberrheingraben. Für die untersuchten Emission wird qualitativ ein ähnliches Verhalten beobachtet (Vgl. Anhang D Tabelle D 10).

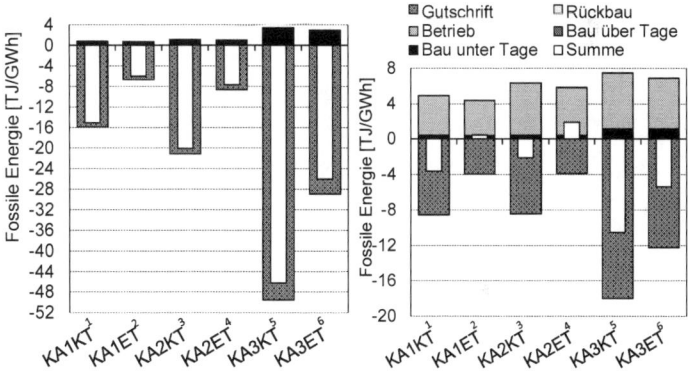

Abb. 6.23: Spezifische kumulierte fossile Energieaufwendungen (Nettobetrachtung links; Bruttobetrachtung rechts) über den gesamten Lebenszyklus der Anlagen zur kombinierten Strom- und Wärmebereitstellung zur Trocknung ([1]Oberrheingraben Klärschlammtrocknung; [2]Ober-rheingraben Energieholztrocknung;[3]Molassebecken Klärschlammtrocknung; [4]Molassebecken Energieholztrocknung; [5]norddeutsches Becken Klärschlammtrocknung; [6]norddeutsches Becken Energieholztrocknung)

Trocknung mit geothermischer Restwärme und anschließender Verbrennung. Durch die weiterführende Nutzung der getrockneten Güter zur Verbrennung im System ergeben sich bei diesen KWK-Anlagen keine Substitutionsgutschriften und gegenüber der Trocknung entstehen weitere Umwelteffekte durch die Berücksichtigung der Verbrennungskomponenten. Durch die Nutzung der Verbrennungsenergie und die daraus, gegenüber der ausschließlichen Stromerzeugung, resultierenden höheren produzierten Nettostrommengen werden bei allen untersuchten Referenzanlagen, die spezifischen Effekte gegenüber der ausschließlichen Stromerzeugung reduziert.

Die untersuchten Emissionen (vgl. Anhang Tabelle D 12) zeigen qualitativ das gleiche Verhalten wie die in Abb. 6.24 dargestellten spezifischen kumulierten fossilen Energieaufwendungen. Der untertägige Bau der Anlagen erfordert je Anlage einen absoluten komulierten fossilen Energieaufwand zwischen 267 und 343 TJ. Bei der Nettobetrachtung der spezifischen Energieaufwendungen (Abb. 6.24 links) zeigt sich, wie sensibel dieser auf die produzierten elektrischen Energiemengen reagiert; es ergeben sich beispielsweise im Oberrheingraben bei der Energieholzverbrennung für den untertägigen Bau der Anlage 152 GJ/GWh während im norddeutschen Becken bei der Klärschlammverbrennung 1 131 GJ/GWh verbraucht werden. Bei der Bruttostrombetrachtung werden wiederum die spezifischen Energieaufwendungen durch den elektrischen Eigenbedarf der Anlagen bestimmt. Hier ergeben sich beispielsweise trotz der geringen produzierten Strommengen im norddeutschen Becken bei der Energieholznutzung geringere spezifische Energieaufwendungen als im Molassebecken, wo sich die Anlagen durch einen hohen Eigenbedarf auszeichnen.

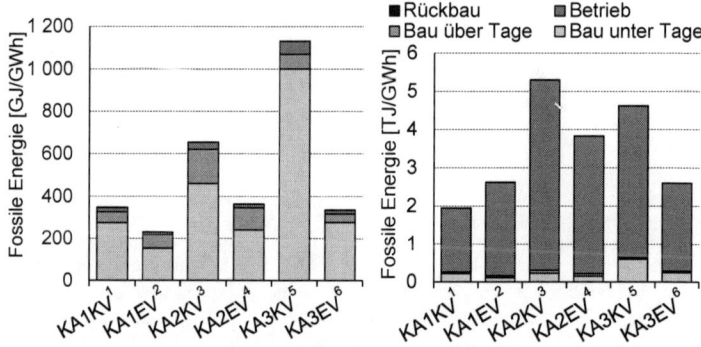

Abb. 6.24: Spezifische kumulierte Energieaufwendungen der KWK-Anlagen (Nettobetrachtung links; Bruttobetrachtung rechts) zur Trocknung mit anschließender Verbrennung ([1]Strombereitstellung/ Klärschlammtrocknung/-verbrennung Oberrheingraben; [2]Strombereitstellung/ Energieholztrocknung/-verbrennung Oberrheingraben; [3]Strombereitstellung/ Klärschlammtrocknung/-verbrennung Molassebecken; [4]Strombereitstellung/ Energieholztrocknung/-verbrennung Molassebecken; [5]Strombereitstellung/ Klärschlammtrocknung/-verbrennung norddeutsches Becken; [6]Strombereitstellung/ Energieholztrocknung/-verbrennung norddeutsches Becken)

6.4.2.4 Kombinierte Konzepte

Bei der Kombination der Kopplungskonzepte erfolgt sowohl eine Steigerung der Stromproduktion durch die Einkopplung von Verbrennungsenergie als auch die

Erzeugung von Wärmegutschriften durch die fernwärmetechnische Nutzbarmachung der Niedertemperaturwärme. Zudem werden Emissionen und kumulierte fossile Energieaufwendungen reduziert, da die bisher mit fossilen Energien bereitgestellte Spitzenlast (vgl. Kapitel 6.1.3.2) durch die Biomasseverbrennung der getrockneten Güter ersetzt wird.

In Abb. 6.25 sind exemplarisch die absoluten und spezifischen CO_2-Äquivalentemissionen einer Nettobetrachtung zusammengefasst. Die weiteren untersuchten Umwelteffekte zeigen qualitativ ein ähnliches Verhalten und bei der Bruttobetrachtung (vgl. Anhang Tabelle D 13) ist, wie in den vorangegangenen Kapiteln, ein dominierender Einfluss des elektrischen Eigenbedarfs auf die Ergebnisse zu beobachten. Die höchsten Wärmegutschriften werden wie bei den Referenzanlagen zur Fernwärmebereitstellung (vgl. Kapitel 6.4.2.2), aufgrund der höheren Volllaststunden zur Industriewärmebereitstellung im süddeutschen Molassebecken, erzeugt. Weiterhin ergeben sich innerhalb eines Gebietes für beide Trocknungsgüter nahezu gleiche absolute CO_2-Äquivalent-Emissionen; Die speziefischen Emissionen unterscheiden sich in diesem Fall innerhalb eines geothermiehöffigen Gebietes nahezu ausschließlich durch durch die verschiedenen Energieinhalte der Trocknungsgüter.

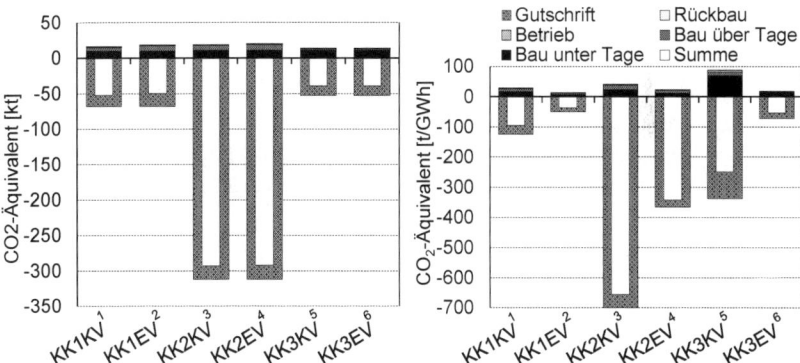

Abb. 6.25: Absolute (links) und spezifische (rechts) CO_2-Äquivalentemissionen (netto) über den gesamten Lebenszyklus für die kombinierten KWK-Konzepte ([1]Stromerzeugung/ Trocknung/ Verbrennung Klärschlamm, Oberrheingraben; [2] Stromerzeugung/ Trocknung/ Verbrennung Energieholz, Oberrheingraben; [3]Stromerzeugung/ Trocknung/ Verbrennung Klärschlamm, Molassebecken; [4] Stromerzeugung/ Trocknung/ Verbrennung Energieholz, Molassebecken; [5] Stromerzeugung/Trocknung/Verbrennung Klärschlamm, norddeutsches Becken; [6]Stromerzeugung/ Trocknung/ Verbrennung Energieholz, norddeutsches Becken)

7 Schlussbetrachtung

Unter durchschnittlichen deutschen geologischen Gegebenheiten fällt bei einer hydrothermalen Erdwärmenutzung zur Stromerzeugung ca. dreiviertel der nutzbaren Energie als Niedertemperaturwärme an. In Hinblick auf eine möglichst technisch, ökonomisch und ökologisch effiziente Geothermienutzung muss es daher das Ziel sein, diese bisher weitgehend ungenutzten Niedertemperaturwärmemengen weitergehend nutzbar zu machen [21].

Das Ziel dieser Arbeit ist es daher Niedertemperaturnachfragepotenziale zu identifizieren und anhand von konkreten Fallbeispielen technisch, ökonomisch und ökologisch zu bewerten. Die in der Potenzialerhebung und der Bewertung dieser Potenziale gewonnenen Ergebnisse werden nachfolgend zusammengefasst und diskutiert.

7.1 Wärmenachfrage und Nachfragepotenziale

Die Ergebnisse der Potenzialerhebung werden getrennt nach Wärmesenken in der Umgebung potenzieller Anlagenstandorte und Wärmesenken an der Anlage zusammengefasst.

7.1.1 Wärmesenken in der Anlagenumgebung

Die ermittelten Nachfragepotenziale in der Umgebung potenzieller Anlagenstandorte lassen sich wie folgt zusammenfassen (Abb. 7.1), (vgl. auch [53]) :

Im norddeutschen Becken, im Oberrheingraben und im Molassebecken ist in den Gemeinden mit mehr als 20 000 Einwohnern eine Niedertemperaturwärmenachfrage der Haushalte, des GHD-Sektors und der Industrie von 241, 19 bzw. 81 TWh/a gegeben. Dieses Potenzial beinhaltet die gesamte nachgefragte Wärme (d. h. Raumwärme, Warmwasser, Prozesswärme) unterhalb von 120 °C [54].

- Unter Berücksichtigung von Aspekten, die eine geothermische Erschließbarkeit begrenzen (z. B. Siedlungsstruktur), reduziert sich dieses Wärmenachfragepotenzial merklich. In den untersuchten Gemeinden größer 20 000 Einwohner könnten demnach im Haushaltssektor insgesamt 113 TWh/a (davon 86 TWh/a in Norddeutschland, 17 TWh/a im Rheingraben und 10 TWh/a im Molassebecken) geothermisch erschlossen werden (technisches Nachfragepotenzial). Im GHD-Sektor sind 12 TWh/a und in der Industrie 81 TWh/a mittels Erdwärme erschließbar. Zusammengenommen könnten damit aus technischer Sicht 206 TWh/a (d. h. 60 % der gesamten Nachfrage) durch Geothermie versorgt werden [54].

- Ist ein Gebiet bereits durch Erdgas oder Nah- bzw. Fernwärme versorgt, ist eine Erschließung mittels geothermischer Wärme eher unwahrscheinlich. Unterstellt wird dabei, dass es aus gegenwärtiger Sicht keine ökonomischen Argumente für die Umrüstung eines Gebietes, das bereits durch ein Gasnetz erschlossen ist, auf eine geothermische Versorgung gibt und die bereits fernwärmetechnisch erschlossenen Gebiete nicht erneut erschlossen werden.Wird dies berücksichtigt, reduziert sich das geothermisch erschließbare Nachfragepotenzial in Deutschland auf 61 TWh/a [54].

- Ist ein bestimmtes Gebiet bereits durch ein Nah- oder Fernwärmenetz erschlossen, könnte dieses – wenn der Wärmeerzeuger dieses Netzes die ökonomische oder technische Lebensdauer erreicht hat – ggf. auch mittels Erdwärme versorgt werden; innerhalb der untersuchten Gemeinden ist dies bei 25 TWh/a der Fall [54].

- Das unerschlossene technische Nachfragepotenzial wird langfristig nur erschlossen, wenn dies wirtschaftlich darstellbar ist. Wird deshalb unterstellt, dass geothermische Wärme solche aus Heizöl nur dann verdrängt, wenn die Geowärme nicht teurer ist, kann ein wirtschaftliches Potenzial anhand einer Zusatzkostenrechnung errechnet werden. Dabei wird unterstellt, dass sich der Kraftwerksteil der geothermischen Anlage durch die im EEG festgelegte Vergütung refinanziert. Unter diesen Annahmen liegt das wirtschaftliche Potenzial bei 35 TWh/a im norddeutschen Becken, bei 16 TWh/a im Oberrheingraben und bei 2 TWh/a im Molassebecken und damit insgesamt bei 53 TWh/a [54].

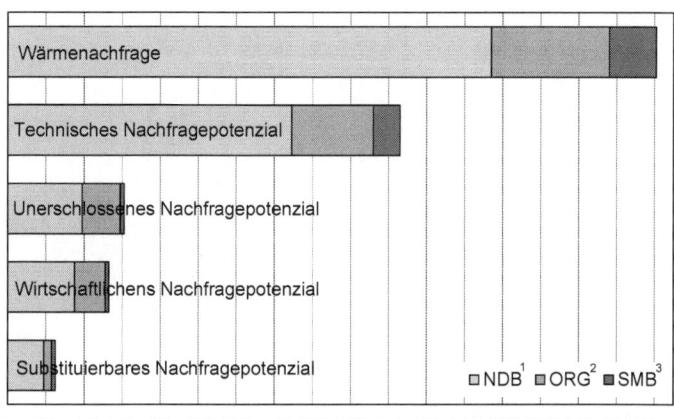

Abb. 7.1: Wärmenachfrage, technisches, unerschlossenes, wirtschaftliches und substituierbares Niedertemperaturwärmenachfragepotenziale in den geothermiehöffigen Gebieten in Gemeinden größer 20 000 Einwohner ([1]norddeutsches Becken; [2]Oberrheingraben; [3]süddeutsches Molassebecken)

7.1.2 Wärmesenken an der Anlage

Als Wärmesenken an der Anlage wird der Zielsetzung entsprechend fokussiert die Wärmenachfrage zur konvektiven Trocknung betrachtet. Diese bietet zum einen die Möglichkeit, dass die Wärmesenke ohne weiteres aus der Umgebung heraus an die potenzielle Geothermieanlage umgesiedelt werden kann und zum anderen können die getrockneten Güter durch Veränderung der Anlagenkonfiguration zur Effizienzsteigerung (vgl. Kapitel 6.1) innerhalb der Anlage genutzt werden. Die nach Kapitel 3.1.2 exemplarisch untersuchten Güter, die Mengen die jährlich in Deutschland und den geothermiehöffigen Gebieten einem Trocknungsprozess unterzogen werden und die Anfangs- bzw. Endwassergehalte vor und nach der Trocknung sind in Tabelle 7.1 dargestellt.

Tabelle 7.1: Untersuchte Güter deren Durchsatzmengen und Wassergehalte

	Durchsatz [kt$_{Fr}$/a] ORG[1]/SMB[2]/NDB[3]	Y$_1$[4] [%]	Y$_2$[5] [%]
Energieholz	8 602	40	10
Klärschlamm	3 072	70	5
Halmgut	3 132	55	14
Kartoffelerzeugnisse	395	55	14
Getreide, Hopfen, Tabak, Äpfel, Pflaumen	74	80-92	12-20

[1]Oberrheingraben; [2]süddeutsches Molassebecken; [3]norddeutsches Becken; [4]Anfangs-; [5]Endwassergehalt

Die aus den Durchsatzmengen resultierende Wärmenachfrage und das technische Nachfragepotenzial zur konvektiven Trocknung zeigt Abb. 7.2. Als Wärmenachfrage ergibt sich Insgesamt eine Wärmemenge von 7 250 GWh/a und der Anteil des technischen Nachfragepotenzials beträgt 6 250 GWh/a (vgl. Kapitel 5.2). Die ermittelten Potenziale zeigen, dass sich die Nachfragemengen in einer relevanten Größenordnung bewegen und ein energetisch relevanten Anteil des geothermischen Angebotspotenzials nutzbar machen können.

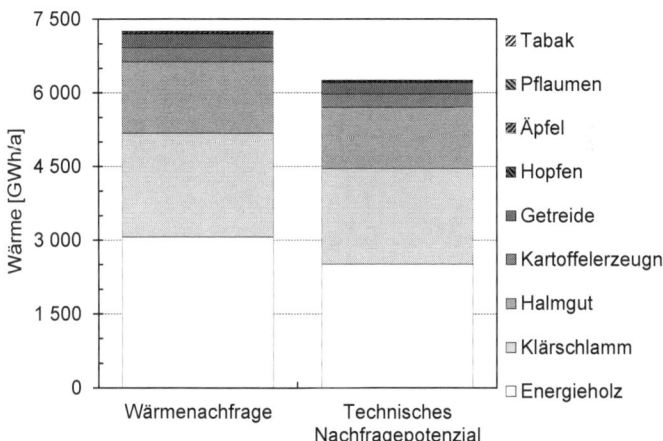

Abb. 7.2: Wärmenachfrage/technisches Nachfragepotenzial augewählter Trocknungsgüter

7.2 Bewertung der Wärmenachfragepotenziale

Die technische, ökonomische und ökologische Bewertung der Wärmenachfragepotenziale wird anhand von konkreten Fallbeispielen durchgeführt. Die Ergebnisse der Analysen für die in Kapitel 6.1 definierten Referenzanlagen werden nachfolgend zusammengefasst.

7.2.1 Technische Analyse

In der technischen Analyse (Kapitel 6.2) werden für die untersuchten Referenzanlagen verschiedene Kenngrößen ermittelt. Im Folgenden werden die elektrische Energie, die Nutzenergie, die elektrischen Nutzungsgade und die Systemnutzungsgrade (Definition vgl. Kapitel 3.3.2) (netto/brutto) der Anlagen zusammengefasst.

Bei den bereitgestellten elektrischen netto Energien und elektrischen Nutzungsgraden (Abb. 7.3) sind gegenüber der ausschließlichen Stromerzeugung in allen geothermiehöffigen Gebieten leichte Einbußen bei den Anlagen zur Restwärmenutzung für Trocknungszwecke und zur Fernwärmebereitstellung (Kapitel 6.1.3.2) zu beobachten. Werden die getrockneten Güter energetisch durch Verbrennung innerhalb der Anlage nutzbar gemacht (vgl. Kapitel 6.1.3.3), kann die Stromproduktion netto und brutto bis über 100 % gegenüber einer ausschließlichen geothermischen Stromerzeugung gesteigert werden. Im norddeutschen Becken werden bei den untersuchten Randbedingungen die geringsten elektrischen Energiemengen bereitgestellt. Im süddeutschen Molassebecken kann trotz der geringeren Fördertemperaturen gegenüber dem Oberrheingraben aufgrund der höheren Förderrate eine ähnliche Bruttostrommenge bereitgestellt werden. Es kommt jedoch im süddeutschen Molassebecken gegenüber dem Oberrheingraben zu größeren brutto/netto Differenzen, da aufgrund der hohen Förderraten der Pumpstromaufwand wesentlich höher als im Oberrheingraben ist.

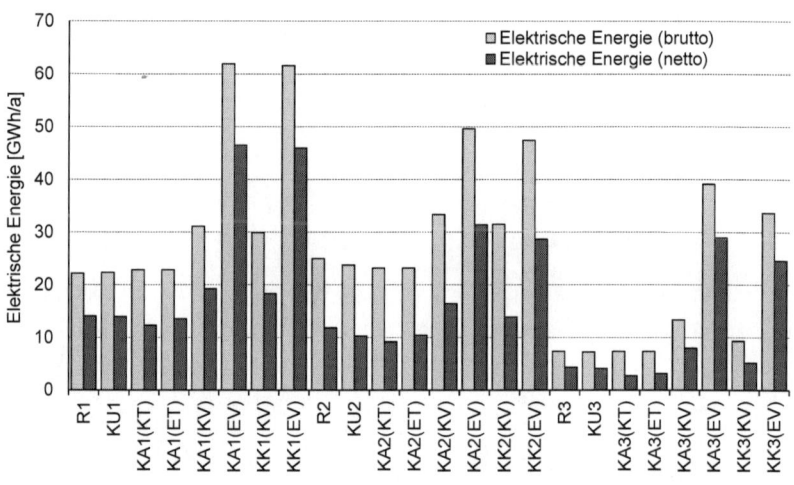

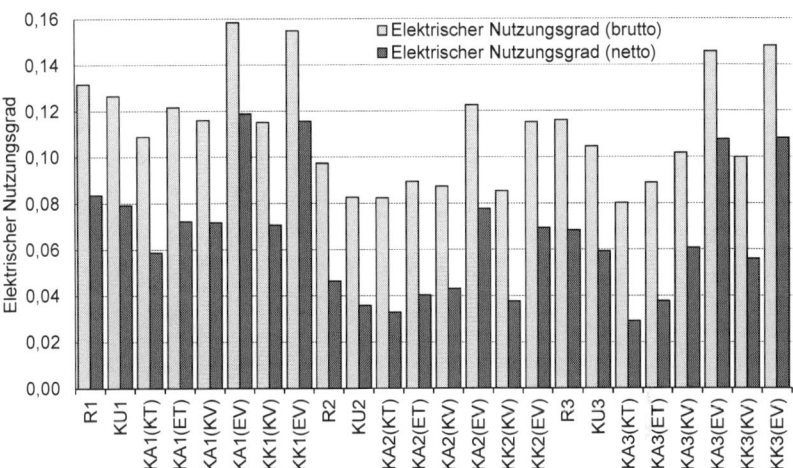

Abb. 7.3: Zusammenfassung elektrische Energie (oben) und elektrische Nutzungsgrade (unten) (netto/brutto) der Referenzanlagen (R=Konzept zur Strombereitstellung; KA=Konzepte zur Etablierung einer Wärmesenke an der Anlage; KU=Konzepte zur fernwärmetechnischen Versorgung der Wärmesenken in der Anlagenumgebung; KK=Kombination der Konzepte (K)=Klärschlamm; (E)=Energieholz; (T)=reine Trocknungsdienstleistung; (V)=Kombinierte Trocknung und Verbrennung mit Nutzung der Verbrennungswärme im Kraftwerksprozess und Spitzenlastbereitstellung; 1=Oberrheingraben; 2=süddeutsches Molassebecken; 3=norddeutsches Becken)

Die bereitgestellten Nutzenergien und Systemnutzungsgrade der Referenzanlagen sind in Abb. 7.4 und Abb. 7.5 dargestellt. Gegenüber der ausschließlichen Stromerzeugung werden diese durch die Nutzbarmachung der im Thermalwasser nach der Stromerzeugung enthaltenen geothermischen Restwärme in allen Fällen gesteigert. Im Oberrheingraben und süddeutschen Molassebecken werden die Durchsatzmengen durch die – für einen geregelten An- und Abtransport der Güter – definierte Grenze von 60 000 t/a (vlg. Kapitel 6.1.2) bestimmt. Bei den KWK-Anlagen zur Trocknung (KA1-3(KT/ET)) wird beim Erreichen dieser logistischen Grenze die Nutzenergie durch den zu verdunstenden Wasseranteil bestimmt; daher wird bei der Klärschlammtrocknung gegenüber der Energieholztrocknung in diesen Gebieten mehr Nutzwärme bereitgestellt. Im norddeutschen Becken wird bei der Kärschlammtrockung und bei der Kombination der Konzepte vor dem Erreichen der logistischen Grenze die im Thermalwasser maximal zur Verfügung stehende Restwärmemenge erreicht.

Bei der energetischen Nutzung der getrockneten Güter (KA1-3(KV/EV)) fallen die Ergebnisse genau gegenläufig zu dem im Molassebecken und Oberrheingraben bei der Trockung beschriebenem Verhalten aus. Aufgrund der geringeren Heizwerte von Klärschlamm gegenüber Energieholz und der geringeren Wassergehalte im Energieholz wird bei dessen Verbrennung mehr Energie als bei der Klärschlammverbrennung bereitgestellt, wodurch bei den Anlagen zur Energieholznutzung mehr Nutzenergie in das Thermalwasser eingekoppelt wird.

Bei der Kombination der Kopplungskonzepte (KK1-3(KV/EV)) wird durch die zusätzliche Fernwärmebereitstellung gegenüber den Anlagen zur Trocknung mit anschließender Verbrennung die bereitgestellte Nutzenergie nochmals erhöht.

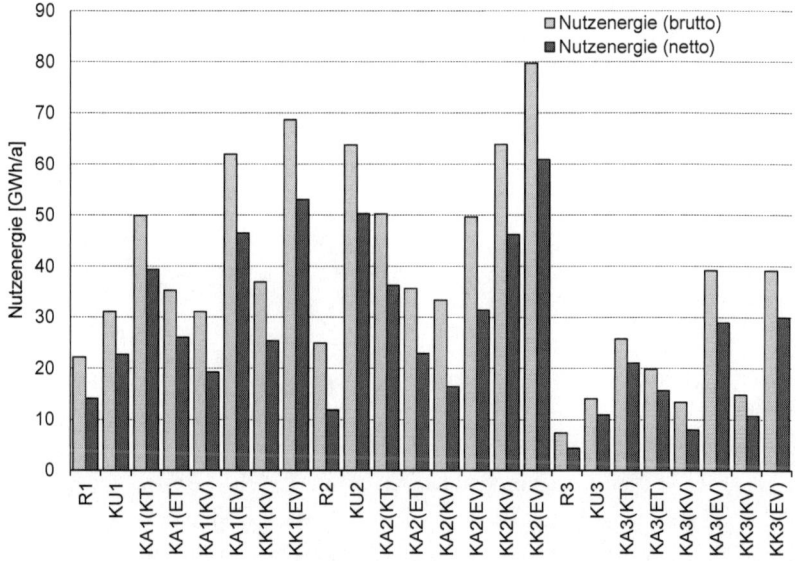

Abb. 7.4: Zusammenfassung Nutzenergie (netto/brutto) der untersuchten Referenzanlagen (R=Konzept zur Strombereitstellung; KA=Konzepte zur Etablierung einer Wärmesenke an der Anlage; KU=Konzepte zur fernwärmetechnischen Versorgung der Wärmesenken in der Anlagenumgebung; KK=Kombination der Konzepte (K)=Klärschlamm; (E)=Energieholz; (T)=reine Trocknungsdienstleistung; (V)=Kombinierte Trocknung und Verbrennung mit Nutzung der Verbrennungswärme im Kraftwerksprozess und Spitzenlastbereitstellung; 1=Oberrheingraben; 2=süddeutsches Molassebecken; 3=norddeutsches Becken)

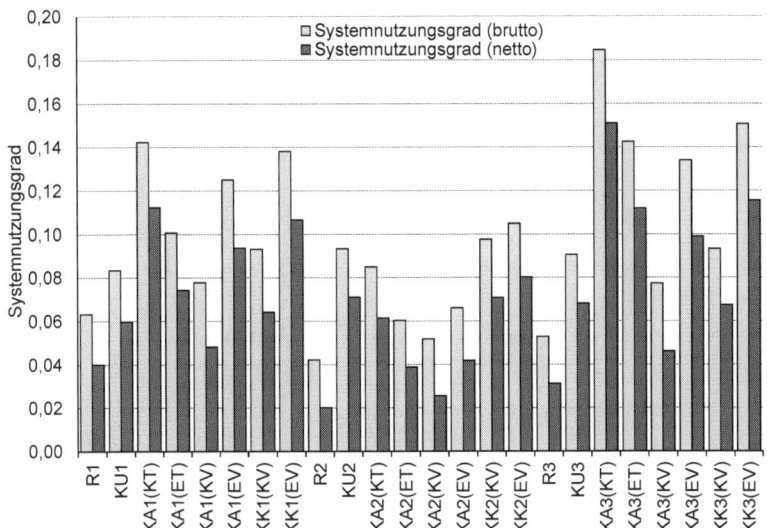

Abb. 7.5: Zusammenfassung Systemnutzungsgrade (netto/brutto) der untersuchten Referenzanlagen (R=Konzept zur Strombereitstellung; KA=Konzepte zur Etablierung einer Wärmesenke an der Anlage; KU=Konzepte zur fernwärmetechnischen Versorgung der Wärmesenken in der Anlagenumgebung; KK=Kombination der Konzepte (K)=Klärschlamm; (E)=Energieholz; (T)=reine Trocknungsdienstleistung; (V)=Kombinierte Trocknung und Verbrennung mit Nutzung der Verbrennungswärme im Kraftwerksprozess und Spitzenlastbereitstellung; 1=Oberrheingraben; 2=süddeutsches Molassebecken; 3=norddeutsches Becken)

7.2.2 Ökonomische Analyse

Für die untersuchten Anlagen werden zusätzlich die sich ergebenden Stromgestehungskosten berechnet. Generell können durch eine weitergehende Wärmenutzung gegenüber der ausschließlichen Stromerzeugung in jedem Gebiet, mit Ausnahme der Fernwärmebereitstellung und Klärschlammtrocknung im norddeutschen Becken (KU3 bzw. KA3(KT)), bei allen untersuchten Referenzanlagen die Stromgestehungskosten reduziert werden (Abb. 7.6).

Die Stromgestehungskosten werden nach einer Netto- und Bruttostrombetrachtung berechnet. Bei der Berechung der Nettostromgestehungskosten wird der elektrische Eigenbedarf der Anlage durch geothermische Energie gedeckt, während bei der Berechnung der Bruttostromgestehungskosten der elektrische Eigenbedarf der Anlage auf dem Strommarkt eingekauft wird. Im Oberrheingraben ergeben sich maximale Stromgestehungskosten von 0,34 €/kWh$_{netto}$ (0,24 €/kWh$_{brutto}$) bei der Referenzanlage zur ausschließlichen Stromerzeugung. Durch die Berücksichtigung der Entsorgungserlöse für Klärschlamm (vgl. Kapitel 6.3.1.1) werden in diesem Gebiet minimale Stromgestehungskosten von 0,13 €/kWh$_{netto}$ (0,10 €/kWh$_{brutto}$) bei der Trocknung mit anschließender Verbrennung erreicht.

Im süddeutschen Molassebecken ergeben sich aufgrund der höheren Förderraten (vgl. Kapitel 6.1.1) und des daraus resultierenden höheren Pumpstromaufwands gegenüber dem Oberrheingraben bei den Stromgestehungskosten höhere brutto/netto Differenzen. Bei der ausschließlichen Stromerzeugung betragen die Stromgestehungskosten 0,40 €/kWh$_{netto}$ (0,22 €/kWh$_{brutto}$). Das Minimum der Stromgestehungskosten im Molassebecken wird bei der Kombination der Kopplungskonzepte unter Verwendung von Klärschlamm (KK2(KV)) erreicht (0,09 €/kWh$_{netto}$ bzw. 0,07 €/kWh$_{brutto}$).

Im norddeutschen Becken werden die höchsten Stromgestehungskosten durch die Referenzanlage zur Klärschlammtrocknung (KA3(KT)) erreicht 1,06 €/kWh$_{netto}$ (0,42 €/kWh$_{brutto}$). Die geringsten Stromgestehungskosten werden, durch die Anlage zur Trocknung und anschließender Verbrennung von Energieholzprodukten (KA3(EV)) erzielt (0,27 €/kWh$_{netto}$ bzw. 0,23 €/kWh$_{brutto}$).

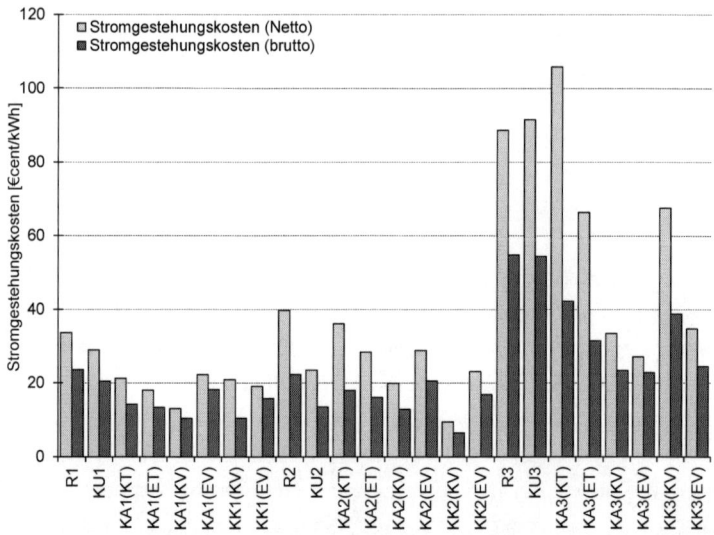

Abb. 7.6: Zusammenfassung Stromgestehungskosten (netto/brutto) der Referenzanlagen (R=Konzept zur Strombereitstellung; KA=Konzepte zur Etablierung einer Wärmesenke an der Anlage; KU=Konzepte zur fernwärmetechnischen Versorgung der Wärmesenken in der Anlagenumgebung; KK=Kombination der Konzepte (K)=Klärschlamm; (E)=Energieholz; (T)=reine Trocknungsdienstleistung; (V)=Kombinierte Trocknung und Verbrennung mit Nutzung der Verbrennungswärme im Kraftwerksprozess und Spitzenlastbereitstellung; 1=Oberrheingraben; 2=süddeutsches Molassebecken; 3=norddeutsches Becken)

7.2.3 Ökologische Analyse

Die Ergebnisse der Netto- und Bruttobetrachtung der ökologischen Analyse sind, da sich für die SO_2- und PO_4-Äquivalentemissionen ein ähnliches Verhalten ergibt (vgl. Anhang D), exemplarisch anhand der CO_2-Äquivalent-Emissionen und den kumulierten fossilen Energieaufwendungen in Abb. 7.7 zusammengefasst. Die Nutzwärme der Anlagen zur Fernwärmebereitstellung (KU1-3 und KK1-3(KV/EV)) und Trocknung (KA1-3(KT/ET)) wird in der ökologischen Analyse nach dem Gutschriftenverfahren (vgl. Kapitel 3.3.4) berücksichtigt. Dabei werden die bei einer geothermische Wärmeversorgung, durch die Substitution der konventionellen Wärmeversorgung, vereitelten Umwelteffekte durch Wärmegutschriften berücksichtigt (vgl. Kapitel 3.3.4.1). Sind die sich ergebenden Wärmegutschriften gegenüber den geothermisch erzeugten Umwelteffekten höher, so ergeben sich negative Emissionen; d. h. es werden unter Berücksichtigung der Substitutionsgutschriften bei der geothermischen Anlage keine Emissionen und Energieaufwendungen erzeugt sondern eingespart.

Die stärkste Reduktion der untersuchten Umwelteffekte gegenüber der ausschließlichen Stromerzeugung (R1-3) erfolgt durch Nutzung der geothermischen Restwärme zur Bereitstellung einer Trocknungsdienstleistung (KA1-3(KT/ET)), gefolgt von den kombinierten Konzepten (KK1-3(KV/EV)) und den KWK-Anlagen zur fernwärmetechnischen Versorgung   (KU1-3).

Die Anlagen zur kombinierten Trocknung und Verbrennung von Klärschlamm (KA1-3(KV)) und Energieholz (KA1-3(EV)) stellen nur Strom als Nutzenergie bereit. Die sich dabei spezifisch ergebenden Emissionen und Energieaufwendungen für den gesamten Lebenszyklus liegen bei allen untersuchten Referenzfällen unter denen der ausschließlichen Stromerzeugung. Aufgrund des geringeren Heizwertes und des höheren Wassergehaltes von Klärschlamm sind bei den untersuchten Anlagen die spezifischen Emissionen und Energieaufwendungen höher als bei der Energieholzverbrennung.

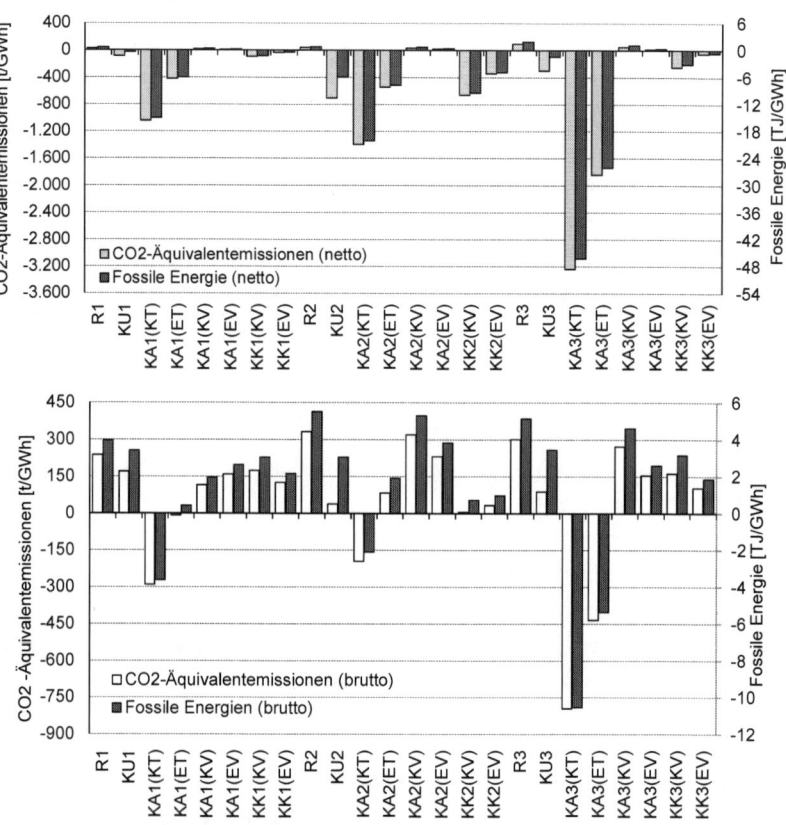

Abb. 7.7: Zusammenfassung spezifischer kumulierter Energieaufwand und spezifische CO₂-Äquivalentemissionen (netto oben; brutto unten) der Referenzanlagen (R=Konzept zur Strombereitstellung; KA=Konzepte zur Etablierung einer Wärmesenke an der Anlage; KU=Konzepte zur fernwärmetechnischen Versorgung der Wärmesenken in der Anlagenumgebung; KK=Kombination der Konzepte (K)=Klärschlamm; (E)=Energieholz; (T)=reine Trocknungsdienstleistung; (V)=Kombinierte Trocknung und Verbrennung mit Nutzung der Verbrennungswärme im Kraftwerksprozess und Spitzenlastbereitstellung; 1=Oberrheingraben; 2=süddeutsches Molassebecken; 3=norddeutsches Becken)

Bei der Bruttostrombetrachtung wird der Eigenbedarf der Anlage aus dem deutschen Stromnetz bezogen. Die dabei zu berücksichtigenden Emissionen und Energieaufwendungen (Abb. 7.7 unten) tragen maßgeblich zu den spezifischen Gesamteffekten bei. Die CO₂-Äquivalent-Emissionen zur ausschließlichen Stromerzeugung betragen beispielsweise im Oberrheingraben bei der Nettobetrachtung 29 t/GWh, durch die Berücksichtigung der Emissionen die aus dem deutschen Strommix für den elektrischen Eigenbedarf ausgestoßen werden erhöhen sich diese um das achtfache auf 237 t/GWh. Der elektrische Eigenbedarf der Anlagen ist stark abhängig von der Thermalwasserförderrate, daher ergeben sich im Molassebecken bei den Anlagen ohne Gutschriften wesentlich höhere Emissionen und Energieaufwendungen als im Oberrheingraben.

8 Literaturverzeichnis

[1]   BMU: Beschlüsse und Massnahmen. URL: www.bmu.de/energiewende/beschluesse_und_ massnahmen/ (Stand: 20.01.2012)

[2]   GtV Bundesverband Geothermie: Liste der tiefen Geothermieprojekte in Deutschland 2012. URL: http://www.geothermie.de/ (Stand: 04.09.2012)

[3]   Kaltschmitt, M.; et all: Erneuerbare Energien. Springer Verlag Heidelberg voraussichtlich 2014. 5. Auflage

[4]   Blatter, M.: Geographie der erneuerbaren Energien. Energie-Atlas Verlag Bremgarten 2011. 2. Auflage

[5]   Benett, J.; et all.: Astronomie – Die kosmische Perspektive. Pearson Studium Berlin 2010. 5. Auflage

[6]   Bührke, T., Wengenmayr, R.: Erneuerbare Energien – Konzepte für die Energiewende. Wiley-VCH Verlag Weinheim 2011. 3. Auflage

[7]   Prinz, H.; Strauß, R.: Ingenieurgeologie. Spektrum Akademischer Verlag Heidelberg 2011. 5.Auflage

[8]   Gerhard, M.; Rüschen, T.; Sandhövel, A. (Hrsg.): Finanzierung Erneuerbarer Energien. Frankfurt School Verlag Frankfurt 2012. 1. Auflage

[9]   Statistisches Bundesamt: Gemeinden nach Bundesländern und Flächenklassengröße. URL: https://www.destatis.de/ (Stand: 11.09.2012)

[10]   Janczik, S.; Kaltschmitt, M.: Statusreport 2012: Nutzung der Tiefen Geothermie. Erdöl, Erdgas, Kohle. Jahrgang 128. Heft 7/8. Seite 296 – 300. Urban Verlag Hamburg/Wien GmbH

[11]   Siebertz, T; Huenges, E.: Technisch-wirtschaftliche Aufschlussalternativen hydrothermaler Ressourcen. Geothermie Report 98-1. URL: http://edoc.gfz-potsdam.de (Stand:01.10.2013)

[12]   Kabus, F.; Lenz, G.; et all.: Möglichkeiten einer Stromerzeugung aus hydrothermaler Geothermie in Mecklenburg-Vorpommern. Studie GTN Land Mecklenburg Vorpommern 2003

[13]   Crastan, V.: Elektrische Energieversorgung – Energie- und Elektrizitätswirtschaft, Kraftwerkstechnik, alternative Stromversorgung, Dynamik, Regelung und Stabilität, Betriebsplanung und –führung. Springerverlag Berlin Heidelberg 2009. 2. Auflage

[14]   Strauß, K.: Kraftwerkstechnik zur Nutzung fossiler, regenerativer und nuklearer Energiequellen. Springer Verlag Berlin Heidelberg 1998. 4. Auflage

[15]   Vetter, C.: Parameterstudie zur Simulation von Niedertemperatur-Kreisprozessen. Dissertation. Karlsruher Institut für Technologie (KIT). Karlsruhe 2011

[16]   Köhler, S.: Analyse und Prozessvergleich binärer Kraftwerke. Dissertation. Technische Universität Berlin. Berlin 2005

[17]   Baum, K.: Umweltschutz in der Praxis. Oldenbourg Verlag München 1995. 3. Auflage

[18]   Kock, N.; Kaltschmitt, M.: Wärmenutzung bei geothermischen KWK-Anlagen – Technische Optionen und deren Bewertung. 4. VDI-Fachtagung Geothermische Technologien. Joachimsthal/Brandenburg 2012

[19]   Köhler, S.: Systemkonzepte zur Bereitstellung von Strom und Wärme. 4. VDI-Fachtagung Geothermische Technologien. Joachimsthal/Brandenburg 2012

[20]   Heberle, F., et all.: Kosteneffiziente ORC-Hybridkraftwerke. Konferenzbeitrag Der Geothermiekongress Karlsruhe 2010

[21]   Kock, N.; Kaltschmitt, M.: Effizientere Ressourcenausnutzung geothermischer Anlagen –
        Technische Möglichkeiten und deren Bewertung. Zeitschrift für Energiewirtschaft.
        Band 35, Heft 4 Seite 275-286, Springer 2011

[22]   Christen, S.: Praxiswissen der chemischen Verfahrenstechnik – Handbuch für Chemiker und
        Verfahrensingenieure. Springer Heidelberg 2005. 1. Auflage

[23]   Bettendahl, U.; et all.: Apparate Technik Bau Anwendung. Vulkan-Verlag Essen 1997. 2.
        Auflage

[24]   Klein, K.: Die Terminolgie der Malzbereitung zur Bierherstellung. Grin Verlag 2007. 1. Auf-
        lage

[25]   Konstantin, P.: Praxisbuch Energiewirtschaft – Energieumwandlung, -transport und –
        beschaffung im liberalisierten Markt. Springer Verlag Berlin Heidelberg 2007. 1. Auflage

[26]   Schramek, E.: Taschenbuch für Heizung und Klima Technik. Oldenbourg Industrieverlag
        München 2008. 73. Auflage

[27]   Statistische Landesämter: Datenreihen der Volkszählung 1987. URL: www.statisik-nord.de/
        (Stand 15.01.2011)

[28]   Statistische Landesämter: Datenreihen der Volkszählung 1995. URL: www.statisik-nord.de/.
        (Stand 15.01.2011)

[29]   Eikmeier, B. ; Pfaffenberger, W.; et all.: Wirtschaftliche Rahmendaten, Räumlich verteilter
        Energiebedarf, Digitale Wärmekarte. In: Bremer Energie Institut (BEI) (Hrsg.): Pluralistische
        Wärmeversorgung Band 1. Arbeitsgemeinschaft für Wärme und Heizkraftwirtschaft (AGFW),
        März 2004

[30]   Statistische Ämter des Bundes und der Länder: Regionaldatenbank Deutschland: 035-21-4
        Wohngebäude- und Wohnungsbestand – Stichtag 31.12. - Kreise und krfr. Städte. URL:
        http://www.regional-statistik.de/. Version: 2010. –(Stand 31. Dezember 2010)

[31]   Landesbetrieb für Statistik und Kommunikationstechnologie Niedersachsen
        (LSKN): LSKN-Online: M8031021 Gebäude- und Wohnungsfortschreibung (Bestand). URL:
        www1.nls.niedersachsen.de/statistik/. Version: 2010. –(Stand 31. Dezember 2010)

[32]   Statistisches Landesamt Bremen: Bremen Infosystem: 035-21 Wohngebäude- und Wohnungs-
        bestand nach Anzahl der Räume sowie Wohnfläche (ab 1967). URL:
        http://www.statistikbremen. de/. Version: 2010. –(Stand 15. Oktober 2010)

[33]   Landesbetrieb für Information und Technik Nordrhein-Westfalen (IT.NRW): Landesdaten-
        bank NRW: 31231-04iz Wohngebäude, Wohnungen und Wohnfläche nach Anzahl der Woh-
        nungen - Gemeinden - Stichtag. URL: http://www. landesdatenbank.nrw.de/. Version: 2010. –
        (Stand 21. Oktober 2010)

[34]   Hessisches Statistisches Landesamt, Wiesbaden: Statistik Hessen TF I 1 Bestand an Wohnge-
        bäuden und Wohnungen in Hessen. URL: http://www.hsl.de/. Version: 2010. –(Stand 30. Juli
        2009)

[35]   Statistischen Landesamt Baden-Württemberg: Struktur- und Regionaldatenbank: Bestand an
        Wohngebäuden und Wohnungen (ohne Wohnheime) seit 1986 (jährlich) nach Gebäudetypen.
        URL: http://www.statistik.badenwuerttemberg. de/. Version: 2010. – (Stand 31. Dezember
        2010)

[36]   Timm, U.: Wohnsituation in Deutschland 2006 - Ergebnisse der Mikrozensus Zusatzerhebung.
        Statistisches Bundesamt, Wiesbaden (Hrsg.) 2006

[37]   Knippel, M.: Kostenoptimale Raumwärmeversorgung bei unterschiedlichen technischen Sze-
        narien. Universität Duisburg-Essen. Dissertation 2004

[38]   Statistisches Bundesamt: Mikrozensus-Zusatzerhebung 2006. Bauen und Wohnen Fachserie 5 / Heft 1 (2008). Tabelle WS-07

[39]   Statistische Ämter des Bundes und der Länder: Beschäftigte am Arbeitsort nach Geschlecht, Nationalität und Wirtschaftszweigen. URL: http://www.regionalstatistik. de/. Stand 15. Januar 2011

[40]   Statistische Ämter des Bundes und der Länder: Energieverbrauch der Betriebe des Verarbeitenden Gewerbes, sowie Bergbaus und der Gewinnung von Steinen und Erden. URL: http://www.regionalstatistik. de/. Stand 15. Januar 2013

[41]   Bundesamt für Statistik: Beschäftigte und Umsatz der Betriebe im Verarbeitenden Gewerbe. URL: http://www.destatis. de/. Stand 15. Januar 2013

[42]   Lutsch, Werner ; Witterhold, Franz-Georg: Ergebnisse und Schlussfolgerungen. In: Pluralistische Wärmeversorgung. Arbeitsgemeinschaft für Wärme und Heizkraftwirtschaft (AGFW), Januar 2005

[43]   Straub, F.: Nutzung von Abwärme aus einem Dampf- Heizkraftwerk zur energieoptimierten Trocknung von Grüngut. Dissertation. TU- München 2002

[44]   Christen, D.: Praxisbuch der chemischen Verfahrenstechnik. Springer Verlag Heidelberg 2010. 1. Auflage

[45]   Schmitz, G.: h1+x Diagramm. Vorlesungsunterlagen Thermodynamik I. Institut für Thermofluiddynamik. Technische Universität Hamburg Harburg 2011

[46]   Jany, P.; et all.: Thermodynamik für Ingenieure. Vieweg Teubner Verlag Wiesbaden 2011. 8. Auflage

[47]   Gehrmann, D.: Trocknungstechnik in der Lebensmittelindustrie. B. Behr`s Verlag GmbH & Co. KG Hamburg 2009. 1. Auflage

[48]   AGFW: Erschließungsstrategien. Persönliche Mitteilung. Vom 25.10.2011

[49]   Neuffler, H.; Witterhold, F.; et al: Pluralstische Wärmeversorgung. URL: http://www.agfw.de/ forschung-und-innovation/veroeffentlichungen/. (Stand: 27.02.2012)

[50]   Google Maps: Kartenmaterial. URL: http://maps.google.de/. Version: 2010. (Stand 31. Dezember 2010)

[51]   AGFW: Fernwärmenetzausbau. Persönliche Mitteilung. AGFW. Vom 25.10.2011

[52]   Arbeitsgemeinschaft für Fernwärme: Hauptbericht 2010. URL: http://agfw.de (Stand: 01.02.2012)

[53]   Länderarbeitskreis Energiebilanzen: Energie Bilanzen der der Bundesländer. URL: http://www.lakenergiebilanzen.de. (Stand: 04.03.2012)

[54]   Kock, N.; Kaltschmitt, M.: Geothermisch erschließbare Niedertemperaturwärmesenken in Deutschland – Identifikation und Quantifizierung, Zeitschrift für Energiewirtschaft. ZEFE-D-12-00001R1 Band 2012, Heft 36 Seite 191-203, Springer 2012

[55]   Schulz, R.; Hochi, J.; et all: Ökologische und ökonomische Optimierung des Wärmemarktes unter besonderer Berücksichtigung des Endenergiebedarfs und von Biogas/Bioerdgas. Geschäftsstelle des Biogasrat e.V. Berlin 2012

[56]   Lutsch, W.; Witterhold, F.: Perspektiven der Fernwärme und der KWK. AGFW Frankfurt am Main 2005

[57]   Miller Energiesparsysteme: Mindesttemperatur Legionellenvermeidung. URL: http://www.miller-energiesparsysteme.de/uploads/media/Legionellenschutz_12_07.pdf. (Stand: 01.12.2012)

[58]   Aspen tech: Aspen Plus 7.3.2 Conseptual design of chemical processes. URL: http://www.aspentech.com/products/aspen-plus.aspx (Stand: 10.10.2012)

[59]   Aspen physical property system: Physical property methods and models 11.1 URL: http://www.aspentech.com/products/aspen-process-manual.aspx (Stand 10.10.2012)

[60]   Drescher, U.; Brüggemann, D.: Fluid selection for the Organic Rankine Cycle (ORC) in biomass power and heat plants. Applied Thermal Engineering Band: 2007. Heft 27. Seite 223–228.

[61]   Gebäudeausrüstung V.D.I.G.T.: VDI-Richtlinien VDI 2067 Blatt 1: Betriebstechnische und Wirtschaftliche Grundlagen. VDI Verlag 1991.

[62]   CEPCI: Chemical Plant Cost Index. URL: http://www.nt.ntnu.no/users//magnehi/cepci_2011_py.pdf. (Stand: 01.04.2013)

[63]   Chemical Engineering Magazine: Chemical engineering plant cost index. URL: www.che.com. (Stand: 10.04.2012)

[64]   International Organisation for Standartisation: ISO 14040:2006 Environmental management – Life cycle assessment – Principles and Framework. URL: http://www.iso.org/iso/catalogue _detail?csnumber =37456. (Stand: 09.10.2012)

[65]   International Organisation for Standartisation: ISO 14041:2006 Environmental management – Life cycle assessment – Goal and scope definition and inventory analysis. URL: http://www.iso.org/iso/catalogue_ detail.htm?csnumber =23152. (Stand: 08.10.2012)

[66]   International Organisation for Standartisation: ISO 14042:2000 Environmental management – Life cycle assessment – Life cycle Impact assessment. URL: http://www.iso.org/iso/catalogue _ detail.htm?csnumber=23153. (Stand: 08.10.2012)

[67]   Deutsches Institut für Normung e.V.: ISO 14040 Umweltmanagement – Produkt-Ökobilanz – Prinzipien und allgemeine Anforderungen. Berlin 1997

[68]   International Organisation for Standartisation: ISO 14044:2006 Environmental management – Life cycle assessment – Requirements and Guidlines. URL: http://www.iso.org/iso/catalogue_ detail? csnumber=38498 (Stand: 08.10.2012)

[68]   Swiss Centre for Life Cycle Inventories: Online Datenbank Ecoinvent. Unter: http://www.ecoinvent.org/database/. Stand: 23.10.2012

[69]   Seker, Y.: Erstellung produktorientierter Ökobilanzen. Studienarbeit. Grin Verlag für akademische Texte München 2009

[70]   Mauch, W.; Conrradini, R.: Allokationsmethoden für spezifische CO2-Emissionen von Strom und Wärme aus KWK Anlagen. Zeitschrift für Energiewirtschaftliche Tagesfragen. 55. Jahrgang. Heft 9. S. 12- 14. 2010

[71]   ifu hamburg: Software für Ökobilanzen (LCA) Energiemanagement und Ökoeffizienz. URL: http://www.umberto.de/de/ (Stand:09.10.2012)

[72]   ISO 14042 2000/Europäisches Komitee für Normung: EN ISO 14042, Deutsche Fassung: Umweltmanagement, Ökobilanz, Wirkungsabschätzung, Brüssel 2000

[73]   Schuchmann, H.; et all.: Lebensmittelverfahrenstechnik – Rohstoffe, Prozesse, Produkte. Wiley-Vch Verlag Weinheim 2005. 1. Auflage

[74]   Statistischen Bundesamt: Feldfrüchte - Anbauflächen, Hektarerträge und Erntemengen. URL: http://www.destatis.de/, (Stand: 16.05.2011)

[75]   Kaltschmitt, M.; et all.: Energie aus Biomasse – Grundlagen Techniken und Verfahren. Springer Berlin 2009. 2. Auflage

[76]   Statistischen Bundesamt: Landwirtschaftliche Bodennutzung und pflanzliche Erzeugnisse. URL: http://www.destatis.de/ (Stand: 16.09.2012)

[77]   Kroll, K.; Kast, W.: Trocknungstechnik – Trocknen und Trockner in der Produktion. Springer Verlag Berlin Heidelberg 1989. 1. Auflage

[78]   Bundesverband der obst-, gemüse- und kartoffelverarbeitenden Industrie e.V.: Obstverarbeitung 2009. URL: http://www.bogk.org/ (Stand: 24.01.2011)

[79]   Bundesministerium für Ernährung, Landwirtschaft und Verbraucherschutz: Tabakernte. URL: http://www.bmelv.de. (Stand: 10.01.2012)

[80]   Statistisches Bundesamt: Ernte bei Feldfrüchten. URL: www.destatis.de. (Stand: 15.01.2012)

[81]   Deutscher Energieholz- und Pellet-Verband. URL: www.depv.de. (Stand 15.01.2012)

[82]   Statistisches Bundesamt: Klärschlammentsorgung aus der biologischen Abwasserbehandlung. URL: http://www.destatis.de/, (Stand: 04.01.2011)

[83]   Infas geodaten: Gemeindelayer Deutschland. URL: http://www.infas-geodaten.de/ (Stand: 25.10.2010)

[84]   Bundesverband Geothermie: Liste der Tiefen Geothermieprojekte in Deutschland 2012. URL: http://www.geothermie.de/wissenswelt/geothermie/in-deutschland.html. (Stand: 10.10.2012)

[85]   Schäfer, N.: Fernwärmeversorgung – Hausanlagentechnik in Theorie und Praxis. Springer Verlag Berlin 2001. 1. Auflage

[86]   Panos, K.: Praxisbuch Energiewirtschaft. Springer Verlag 2007. 1. Auflage

[87]   Hahne, E.: Technische Thermodynamik – Einführung und Anwendung. Oldenbourg Verlag München 2004. 4.Auflage

[88]   Drescher, U.: Optimierungspotenzial des Organic Rankine Cycle für biomassebefeuerte und geothermische Wärmequellen. Dissertation 2008. Logos Verlag Berlin GmbH

[89]   GEA Heat Exchangers: Aircooled Heat Exchanger Calculator. URL: http://www.gea-energy technology.com/opencms/opencms/gas/en/calculators/AFC_Calculator.html. (Stand: 01.01.2013)

[90]   Straub, F.: Nutzung von Abwärme aus einem Dampf-Heizkraftwerk zur energieoptimierten Trocknung von Grüngut. Dissertation. Technische Universität München 2002

[91]   Eltrop, L.; et all.: Leitfaden Bioenergie – Planung, Betrieb und Wirtschaftlichkeit von Bioenergieanlagen. Bundesministerium für Ernährung, Landwirtschaft und Verbraucherschutz 2007. 4. Auflage

[92]   Koppe, P.; Stozek, A.: Kommunales Abwasser – Seine Inhaltsstoffe nach Herkunft, Zusammensetzung und Reaktionen im Reinigungsprozess einschließlich Klärschlämme. Vulkan Verlag München 1999. 4. Auflage

[93]   Wiesloch classen apparatebau GmbH: Thermalöl Standardanlagen. URL: http://apparatebau-wiesloch.com/index.php?id=87 (Stand: 02.04.2012)

[94]   Bundesministerium für Umwelt und Reaktorsicherheit: Einheitliche Randbedingungen. Persönliche Mitteilung Frau Viertl.

[95]   Industrystock: Hersteller und Produktverzeichnis. URL: www.Industrystock.com (Stand: 15.03.2012)

[96]   10. Kassler Siedlungswasserwirtschafliches Symposium: Abwärmenutzung von Biogasanlagen zur Klärschlammtrocknung – Technik und Wirtschaftlichkeit. URL: http://www.upress.uni-kassel.de/online/frei/978-3-89958-161-4.volltext.frei.pdf (Stand 15.04.2012)

[97]   Sägewerk Schweiger: Preise Hackschnitzel feucht. URL: http://www.saegewerk-schwaiger.de/ (Stand: 10.10.2012)

[98]   Emscher Genossenschaft Lippe: Klärschlammengen und Entsorgungskosten im Vergleich. Fachtagung Klärschlamm. URL: http://www.bmu.de/files/pdfs/allgemein/application/pdf/vortrag _10.pdf (Stand: 07.12.2006)

[99]   Energy Systems & Solutions GmbH: Konzeption zur thermischen Entsorgung von Klär-schlamm. URL: http://www.wirbelschichtverbrennung.de/pdf_d/Konzeption%20zur%20 Klaerschlammentsorgung %20SWSF.pdf (Stand: 22.09.2012)

[100]   Arbeitsgemeinschaft für Fernwärme: Mitgliedsunternehmen AGFW. URL: http://www. agfw.de/mitglieder/mitgliedsunternehmen/ (Stand:10.05.2012)

[101]   IDEAS: Gleichung zur Berechnung der Bohrkosten. Persönliche Mitteilung Axel Sperber 2011

[102]   Institut für Energetik und Umwelt GmbH: Kosten für Grundstück. Persönliche Mitteilung. Stand 20.12.2011

[103]   Spliethoff,H.: Wirtschaftlichkeit und Risikoabschätzung geothermischer Strom- und Wärme-projekte. TU-München. Lehrstuhl für Energiesysteme 2010

[104]   Kaltschmitt, K.; Frick, S.; Huenges, E.: Ökonomische Analyse einer geothermischen Stromer-zeugung in Deutschland. VGB Power Tech. Heft 1. Seite: 67-76. 2007

[105]   Peters, S.; et all: Plant Design and Economics for Chemical Engineers. Mc Graw Hill Verlag. Singapore 2004. 5. Auflage

[106]   VDI Wärmeatlas. Springer Verlag Heidelberg 2006. 10. Auflage

[107]   Konstantin, P.: Praxisbuch Energiewirtschaft: Energiewandlung, -transport und -beschaffung im liberalisierten Markt. Springer Berlin 2007. 1. Auflage

[108]   EWU Engineering GmbH (Hrsg.): Kennziffernkatalog – Investitionsvorbereitung in der Ener-giewirtschaft. Berlin 1999

[109]   Stela Trocknungsanlagen: Angebot. 2011

[110]   European Energy Exchange: Spotmarkt Strom. URL: www.eex.com. (Stand 13.02.2011)

[111]   European Energy Exchange: Spotmarkt Erdgas. URL: www.eex.com. (Stand 13.02.2011)

[112]   Weinberg, J.: Dokumentation deutscher Strommix. Strommix 2010 ab Mittelspannungsnetz. Persönliche Mitteilung 11.04.2013. (Stand 24.05.2011)

[113]   Rogge, S.: Geothermische Stromerzeugung in Deutschland Ökonomie, Ökologie und Potenzi-ale. Technische Universität Berlin. Dissertation. 2003.

[114]   Frick, S.; Kaltschmitt, M.; et all.: Life cycle assessment of geothermal binary power plants using enhanced low-temperature reservoirs. Energy. Band 35. Heft 5. Seite: 2281-2294. Pots-dam 2010

[115]   Frick, S.; et all: Umwelteffekte einer geothermischen Stromerzeugung Analyse und Bewer-tung der klein- und großräumigen Umwelteffekte einer geothermischen Stromerzeugung. Institut für Energetik und Umwelt Leipzig. Endbericht 2007

[116]   Isoplus Fernwärmetechnik GmbH: Planungshandbuch Rohre. URL: http://www.isoplus.ch/ download /de/Fernwaermesysteme/Planungshandbuch/Rohre.pdf (Stand: 02.10.2011)

[117]   ELA Verfahrenstechnik GmbH: Bandtrockner. URL: www.ela-vt.de (Stand: 02.12.2011)

[118]   Ingenieurbüro Kraaz: Handbuch J-Bandtrockner. URL: http://www.michael-kraaz.de (Stand: 02.09.2012)

[119]   Almar Biomasse Heizkessel: Produktinformationen Kesselanlagen. URL http://www.caldaie-biomassa.com/de/home.php (Stand 10.10.2012)

[120] Frick, S.; et all: Umwelteffekte einer geothermischen Stromerzeugung Analyse und Bewer-
       tung der klein- und großräumigen Umwelteffekte einer geothermischen Stromerzeugung.
       Institut für Energetik und Umwelt Leipzig. Endbericht 2007

[121] Köpffer, W.; Grahl, B.: Ökobilanz (LCA). Wiley-VCH Verlag 20091. Auflage

[122] Solomon, S.; Qin, D; et all.: Technical Summary. Climate Change 2007. The Physical Science
       Basis. Contribution of Working Group I to the Fourth Assessment Report of the Intergovern-
       mental Panel on Climate Change. Cambridge University Press 2007

Anhang

Anhang A: Potenzialanalyse

Tabelle A.1: Auszug Dateneingabe Einfamilienhäuser (EFH) und Reihen/Doppelhäuser (RDH) digitalisierte Volkszählung 1979 für Schleswig-Holstein

Stadt / Gemeinde	EFH							RDH						
	-1900	1901-1918	1919-1948	1949-1957	1958-1968	1969-1978	1979+	-1900	1901-1918	1919-1948	1949-1957	1958-1968	1969-1978	1979+
Flensburg, Stadt	369	206	1 274	884	1 743	1 416	1 182	339	204	491	439	369	230	196
Kiel	288	580	4 886	2 726	3 343	2 171	2 558	250	440	1 785	1 210	963	658	480
Lübeck, Hansestadt	2 349	1 204	4 710	3 367	5 338	2 380	1 497	2 135	1 359	2 639	1 115	1 746	860	385
Neumünster, Stadt	213	429	2 008	1 826	2 971	1 953	1 317	171	464	863	605	550	425	295
Heide, Stadt	480	328	601	697	995	482	329	248	225	283	246	261	132	117
Geesthacht, Stadt	175	222	558	393	789	828	554	112	183	282	155	314	252	166
Husum, Stadt	625	361	650	690	685	384	287	221	168	242	166	154	108	77
Elmshorn, Stadt	285	304	715	611	1 195	911	763	287	438	526	304	381	259	243
Pinneberg, Stadt	171	171	678	540	1 131	1 171	640	131	187	379	204	275	253	155
Quickborn, Stadt	113	110	334	268	795	1 033	697	75	104	162	88	167	193	146
Wedel, Stadt	79	93	393	675	1 068	607	644	67	112	242	281	285	144	172
Eckernförde, Stadt	254	89	517	296	594	582	377	153	72	304	132	207	165	127
Rendsburg, Stadt	294	197	532	527	744	481	298	212	190	375	280	311	163	120
Schleswig, Stadt	550	215	511	495	620	527	327	370	180	268	179	188	153	95
Henstedt-Ulzburg	127	107	209	227	708	1 720	865	47	50	70	57	119	272	154
Norderstedt, Stadt	142	175	951	1 048	2 859	2 438	2 157	66	102	399	328	602	484	481
Itzehoe, Stadt	529	336	643	627	894	873	557	362	290	319	274	310	249	162
Ahrensburg, Stadt	104	152	668	653	1 193	714	960	76	137	350	287	420	207	243
Bad Oldesloe, Stadt	182	133	344	496	597	457	407	144	129	194	235	227	142	111
Reinbek, Stadt	111	78	481	587	1 063	996	662	69	60	213	219	318	244	142

Tabelle A 2: Auszug Dateneingabe Mehrfamilienhäuser (MFH) digitalisierte Volkszählung 1979 für Schleswig- Holstein

| Stadt / Gemeinde | Wohneinheiten | | | | | | | | | | | | | |
| | MFH 3-6WE | | | | | | | MFH 7+WE | | | | | | |
	-1900	1901-1918	1919-1948	1949-1957	1958-1968	1969-1978	1979+	-1900	1901-1918	1919-1948	1949-1957	1958-1968	1969-1978	1979+
Flensburg, Stadt	1 286	2 296	1 095	1 492	2 886	1 695	793	2 468	4 406	2 100	2 863	5 538	3 251	1 521
Kiel, Stadt	1 194	4 785	3 239	4 044	4 910	2 511	1 119	4 116	16 505	11 170	13 948	16 934	8 662	3 860
Lübeck, Hansestadt	2 892	3 648	3 346	5 077	8 558	3 702	1 104	4 312	5 438	4 988	7 569	12 758	5 518	1 646
Neumünster, Stadt	653	1 001	1 296	2 058	1 826	1 841	739	858	1 316	1 704	2 706	2 400	2 420	971
Heide, Stadt	195	210	202	458	849	478	199	108	116	112	253	469	264	110
Geesthacht, Stadt	71	122	161	232	651	558	185	134	233	307	441	1 238	1 061	352
Husum, Stadt	195	241	308	460	857	606	231	141	174	222	332	619	438	167
Elmshorn, Stadt	157	252	265	520	1 525	922	404	318	508	535	1 049	3 078	1 861	816
Pinneberg, Stadt	69	104	185	338	1 062	873	249	189	283	505	922	2 900	2 382	681
Quickborn, Stadt	22	32	43	80	356	367	130	45	66	90	166	736	758	268
Wedel, Stadt	39	69	130	514	1 221	550	306	93	165	312	1 229	2 919	1 316	731
Eckernförde, Stadt	261	136	438	409	1 014	741	282	207	108	348	325	806	588	224
Rendsburg, Stadt	383	383	571	923	1 610	775	283	376	376	560	905	1 579	761	278
Schleswig, Stadt	509	371	482	598	1 181	792	292	397	290	376	467	921	618	228
Henstedt-Ulzburg	13	17	23	44	273	656	134	19	25	34	64	398	958	196
Norderstedt, Stadt	27	54	198	382	2 080	1 757	633	60	120	441	851	4 634	3 913	1 409
Itzehoe, Stadt	566	505	601	966	1 656	1 163	325	327	292	348	558	957	672	188
Ahrensburg, Stadt	39	75	136	252	1 010	526	423	58	113	204	379	1 517	789	635
Bad Oldesloe, Stadt	81	79	84	229	604	401	214	157	154	163	445	1 174	780	415
Reinbek, Stadt	42	40	99	230	913	743	295	50	47	118	273	1 085	884	351

Tabelle A 3: Hochrechnung der Volkszählung für Einfamilienhäuser (EFH) Stand 2010 Auszug Schleswig- Holstein

Stadt / Gemeinde	Wohneinheiten EFH										Gesamt
	-1900	1901-1918	1919-1948	1949-1957	1958-1968	1969-1978	1979-1987	1988-1995	1996-2000	2001-2010	
Flensburg, Stadt	355	199	1 228	852	1 680	1 365	1 139	596	674	1 272	9 359
Kiel, Stadt	278	559	4 709	2 627	3 222	2 093	2 465	1 773	597	2 102	20 426
Lübeck, Hansestadt	2 264	1 161	4 539	3 245	5 145	2 294	1 443	1 696	1 146	2 631	25 565
Neumünster, Stadt	206	413	1 935	1 760	2 863	1 883	1 270	892	616	1 171	13 008
Heide, Stadt	463	316	580	672	959	465	317	402	323	370	4 865
Geesthacht, Stadt	169	214	538	379	761	798	534	521	351	549	4 812
Husum, Stadt	603	348	626	665	660	370	277	449	311	446	4 753
Elmshorn, Stadt	275	293	689	589	1 152	878	735	702	455	920	6 690
Pinneberg, Stadt	164	165	653	520	1 090	1 129	617	660	428	866	6 293
Quickborn, Stadt	109	106	322	259	766	995	672	492	319	644	4 683
Wedel, Stadt	76	90	379	651	1 029	585	621	522	339	685	4 976
Eckernförde, Stadt	245	86	498	286	572	561	363	367	299	393	3 669
Rendsburg, Stadt	284	190	513	508	717	464	287	417	339	447	4 165
Schleswig, Stadt	530	207	493	477	598	508	315	480	398	539	4 545
Henstedt-Ulzburg	122	103	201	218	683	1 657	833	591	423	762	5 596
Norderstedt, Stadt	137	168	916	1 010	2 756	2 350	2 079	1 458	1 044	1 880	13 797
Itzehoe, Stadt	510	324	620	604	862	842	537	405	414	549	5 666
Ahrensburg, Stadt	100	146	644	630	1 150	688	926	566	399	942	6 191
Bad Oldesloe, Stadt	176	128	332	479	576	440	392	333	235	555	3 646
Reinbek, Stadt	107	76	463	565	1 024	960	638	507	357	843	5 540

Tabelle A 4: Hochrechnung der Volkszählung für Reihen/Doppelhäuser (RDH) Stand 2010 Auszug Schleswig- Holstein

Stadt / Gemeinde	Wohneinheiten RDH										
	-1900	1901-1918	1919-1948	1949-1957	1958-1968	1969-1978	1979-1987	1988-1995	1996-2000	2001-2010	Gesamt
Flensburg, Stadt	327	197	474	423	356	221	189	208	126	151	2 670
Kiel, Stadt	241	424	1 721	1 166	928	635	463	353	244	227	6 402
Lübeck, Hansestadt	2 058	1 310	2 543	1 075	1 683	829	371	705	303	246	11 124
Neumünster, Stadt	165	447	832	583	530	409	285	304	210	223	3 989
Heide, Stadt	239	217	273	237	252	127	113	259	177	124	2 017
Geesthacht, Stadt	108	176	272	149	302	243	160	201	128	130	1 870
Husum, Stadt	213	162	233	160	149	104	74	360	222	224	1 902
Elmshorn, Stadt	276	422	507	293	368	249	234	317	216	206	3 090
Pinneberg, Stadt	126	180	366	197	265	244	149	206	141	134	2 008
Quickborn, Stadt	72	101	156	85	161	186	141	122	83	79	1 186
Wedel, Stadt	64	108	233	271	275	139	166	170	116	110	1 653
Eckernförde, Stadt	147	69	293	127	200	159	123	131	100	92	1 440
Rendsburg, Stadt	204	183	361	270	299	157	116	186	142	130	2 049
Schleswig, Stadt	356	174	258	173	181	147	91	176	118	98	1 772
Henstedt-Ulzburg	45	48	67	55	115	262	148	135	116	122	1 113
Norderstedt, Stadt	64	98	385	316	580	466	464	433	373	390	3 569
Itzehoe, Stadt	349	280	307	264	298	240	156	233	179	148	2 455
Ahrensburg, Stadt	73	132	337	277	405	199	235	297	153	206	2 313
Bad Oldesloe, Stadt	139	124	187	227	218	137	107	204	105	141	1 590
Reinbek, Stadt	67	58	206	211	306	236	137	218	113	151	1 703

Tabelle A 5: Hochrechnung der Volkszählung für Mehrfamilienhäuser (MFH 3-6) Stand 2010 Auszug Schleswig- Holstein

Stadt / Gemeinde	Wohneinheiten MFH 3-6WE										
	-1900	1901-1918	1919-1948	1949-1957	1958-1968	1969-1978	1979-1987	1988-1995	1996-2000	2001-2010	Gesamt
Flensburg, Stadt	1 240	2 213	1 055	1 438	2 782	1 633	764	716	334	495	12 671
Kiel, Stadt	1 150	4 612	3 122	3 898	4 732	2 421	1 079	1 254	978	521	23 768
Lübeck, Hansestadt	2 788	3 516	3 225	4 894	8 249	3 568	1 064	2 108	1 441	672	31 524
Neumünster, Stadt	629	965	1 249	1 984	1 760	1 774	712	1 064	630	174	10 942
Heide, Stadt	188	202	195	442	818	461	192	914	354	214	3 980
Geesthacht, Stadt	68	118	156	223	627	538	179	378	300	232	2 819
Husum, Stadt	188	232	297	443	826	584	223	1 144	459	564	4 960
Elmshorn, Stadt	152	242	255	501	1 470	889	390	658	405	296	5 258
Pinneberg, Stadt	67	100	178	325	1 024	841	240	468	288	210	3 743
Quickborn, Stadt	21	31	42	77	343	354	125	168	103	75	1 339
Wedel, Stadt	38	67	126	496	1 177	530	295	460	284	207	3 679
Eckernförde, Stadt	251	131	422	394	977	714	272	630	365	168	4 326
Rendsburg, Stadt	370	369	550	889	1 551	747	273	947	549	253	6 498
Schleswig, Stadt	491	358	464	576	1 138	763	281	1 044	501	276	5 893
Henstedt-Ulzburg	12	17	22	42	263	633	130	277	162	149	1 706
Norderstedt, Stadt	26	52	191	368	2 005	1 693	610	1 223	714	659	7 540
Itzehoe, Stadt	546	487	580	931	1 596	1 121	313	1 249	568	265	7 656
Ahrensburg, Stadt	37	73	131	243	974	507	407	414	317	282	3 386
Bad Oldesloe, Stadt	78	76	81	221	582	387	206	284	218	194	2 327
Reinbek, Stadt	40	38	96	222	880	716	285	397	304	271	3 250

Tabelle A 6: Hochrechnung der Volkszählung für Mehrfamilienhäuser (MFH) 7+ Stand 2010 Auszug Schleswig- Holstein

Stadt / Gemeinde	Wohneinheiten MFH 7+WE										
	-1900	1901-1918	1919-1948	1949-1957	1958-1968	1969-1978	1979-1987	1988-1995	1996-2000	2001-2010	Gesamt
Flensburg, Stadt	2 379	4 246	2 024	2 759	5 338	3 134	1 466	1 374	641	950	24 312
Kiel, Stadt	3 967	15 908	10 766	13 443	16 322	8 349	3 721	4 326	3 373	1 798	81 974
Lübeck, Hansestadt	4 156	5 241	4 808	7 295	12 297	5 319	1 587	3 143	2 148	1 002	46 995
Neumünster, Stadt	827	1 268	1 642	2 608	2 313	2 333	936	1 399	828	229	14 384
Heide, Stadt	104	112	108	244	452	255	106	505	195	118	2 199
Geesthacht, Stadt	129	224	296	425	1 193	1 022	340	719	570	442	5 361
Husum, Stadt	136	168	214	320	596	422	161	826	331	407	3 582
Elmshorn, Stadt	306	489	516	1 011	2 967	1 794	786	1 328	818	596	10 612
Pinneberg, Stadt	183	273	487	888	2 795	2 296	656	1 279	788	574	10 218
Quickborn, Stadt	44	64	87	160	709	731	258	346	213	155	2 766
Wedel, Stadt	90	159	301	1 185	2 814	1 268	705	1 100	678	494	8 793
Eckernförde, Stadt	200	104	335	313	777	567	216	501	290	134	3 437
Rendsburg, Stadt	363	362	540	872	1 522	733	267	929	538	248	6 375
Schleswig, Stadt	383	279	362	450	888	596	220	814	391	215	4 598
Henstedt-Ulzburg	18	25	32	62	384	923	189	404	236	218	2 490
Norderstedt, Stadt	58	115	425	820	4 466	3 771	1 358	2 724	1 590	1 468	16 796
Itzehoe, Stadt	316	282	335	538	922	648	181	722	328	153	4 425
Ahrensburg, Stadt	56	109	197	365	1 462	761	612	621	476	424	5 083
Bad Oldesloe, Stadt	151	148	157	429	1 131	752	400	553	423	377	4 523
Reinbek, Stadt	48	45	114	264	1 046	852	339	472	362	322	3 863

Tabelle A 7: Gebäude-/Siedlungstypen-Verteilung exemplarisch für Stadtkategorie I

| | ST | | Verteilung Wohneinheiten auf Siedlungstypen (ST) in % | | | | | | |
		-1918	1919-1948	1949-1957	1958-1968	1969-1978	1979-1983	1984-1995	1996-2000
WE[1] in EFH[2]	1	0,05	0,03	0,02	0,02	0,02	0,02	0,02	0,02
	2	0,60	0,55	0,45	0,45	0,45	0,45	0,45	0,45
	3	0,03	0,03	0,03	0,03	0,03	0,03	0,03	0,03
	4	0,14	0,20	0,32	0,32	0,32	0,32	0,32	0,32
	5	0,03	0,03	0,03	0,03	0,03	0,03	0,03	0,03
	6	0,00	0,00	0,00	0,00	0,00	0,00	0,00	0,00
	7	0,10	0,11	0,10	0,10	0,10	0,10	0,10	0,10
	8	0,00	0,00	0,00	0,00	0,00	0,00	0,00	0,00
	9	0,05	0,05	0,05	0,05	0,05	0,05	0,05	0,05
WE in RDH[3]	1	0,00	0,00	0,00	0,00	0,00	0,00	0,00	0,00
	2	0,00	0,00	0,00	0,00	0,00	0,00	0,00	0,00
	3	0,00	0,00	0,00	0,00	0,00	0,00	0,00	0,00
	4	0,60	0,60	0,60	0,60	0,60	0,60	0,60	0,60
	5	0,00	0,00	0,00	0,00	0,00	0,00	0,00	0,00
	6	0,00	0,00	0,00	0,00	0,00	0,00	0,00	0,00
	7	0,30	0,30	0,30	0,30	0,30	0,30	0,30	0,30
	8	0,00	0,00	0,00	0,00	0,00	0,00	0,00	0,00
	9	0,10	0,10	0,10	0,10	0,10	0,10	0,10	0,10
WE in MFH[4] 3-6WE	1	0,00	0,00	0,00	0,00	0,00	0,00	0,00	0,00
	2	0,02	0,02	0,02	0,02	0,02	0,02	0,02	0,02
	3	0,02	0,02	0,02	0,02	0,02	0,02	0,02	0,05
	4	0,05	0,08	0,10	0,10	0,10	0,10	0,10	0,10
	5	0,03	0,03	0,10	0,15	0,15	0,15	0,10	0,07
	6	0,00	0,00	0,00	0,00	0,00	0,00	0,00	0,00
	7	0,78	0,75	0,68	0,63	0,66	0,68	0,73	0,73
	8	0,00	0,00	0,00	0,00	0,00	0,00	0,00	0,00
	9	0,10	0,10	0,08	0,08	0,05	0,03	0,03	0,03
WE in MFH 7+WE	1	0,00	0,00	0,00	0,00	0,00	0,00	0,00	0,00
	2	0,00	0,00	0,00	0,00	0,00	0,00	0,00	0,00
	3	0,00	0,00	0,00	0,00	0,00	0,00	0,00	0,00
	4	0,00	0,00	0,00	0,00	0,00	0,00	0,00	0,00
	5	0,00	0,00	0,05	0,10	0,15	0,15	0,15	0,15
	6	0,00	0,00	0,00	0,00	0,00	0,00	0,00	0,00
	7	0,85	0,85	0,85	0,90	0,85	0,85	0,85	0,85
	8	0,00	0,00	0,00	0,00	0,00	0,00	0,00	0,00
	9	0,15	0,15	0,10	0,00	0,00	0,00	0,00	0,00

[1]Wohneinheiten; [2]Einfamilienhäuser; [3]Reihen/Doppelhäuser;
[4]Mehrfamilienhäuser

Tabelle A 8: Gebäude-/Siedlungstypen-Verteilung exemplarisch für Stadtkategorie II

	ST	1901-1918	1919-1948	1949-1957	1958-1968	1969-1978	1979-1983	1984-1995	1996-2000
WE¹ in EFH²	1	0,00	0,00	0,00	0,00	0,00	0,00	0,00	0,00
	2	0,35	0,49	0,46	0,45	0,45	0,49	0,34	0,34
	3	0,03	0,03	0,03	0,03	0,03	0,03	0,03	0,03
	4	0,20	0,22	0,28	0,34	0,40	0,37	0,45	0,45
	5	0,02	0,03	0,04	0,03	0,02	0,02	0,02	0,02
	6	0,04	0,01	0,02	0,03	0,01	0,03	0,08	0,08
	7	0,25	0,10	0,12	0,10	0,07	0,06	0,08	0,08
	8	0,00	0,00	0,00	0,00	0,00	0,00	0,00	0,00
	9	0,11	0,12	0,05	0,02	0,02	0,00	0,00	0,00
WE in RDH³	1	0,00	0,00	0,00	0,00	0,00	0,00	0,00	0,00
	2	0,00	0,00	0,00	0,00	0,00	0,00	0,00	0,00
	3	0,00	0,00	0,00	0,00	0,00	0,00	0,00	0,00
	4	0,26	0,60	0,36	0,37	0,70	0,51	0,08	0,08
	5	0,00	0,00	0,00	0,00	0,00	0,00	0,00	0,00
	6	0,00	0,00	0,00	0,00	0,29	0,40	0,91	0,91
	7	0,73	0,39	0,63	0,62	0,00	0,08	0,00	0,00
	8	0,00	0,00	0,00	0,00	0,00	0,00	0,00	0,00
	9	0,01	0,01	0,01	0,01	0,01	0,01	0,01	0,01
WE in MFH⁴ 3-6WE	1	0,00	0,00	0,00	0,00	0,00	0,00	0,00	0,00
	2	0,02	0,02	0,02	0,02	0,03	0,05	0,04	0,04
	3	0,00	0,00	0,00	0,00	0,00	0,00	0,00	0,00
	4	0,02	0,05	0,05	0,06	0,13	0,13	0,10	0,10
	5	0,04	0,10	0,12	0,08	0,16	0,15	0,16	0,16
	6	0,04	0,03	0,04	0,12	0,17	0,06	0,12	0,12
	7	0,72	0,55	0,68	0,67	0,46	0,60	0,57	0,57
	8	0,00	0,00	0,00	0,00	0,00	0,00	0,00	0,00
	9	0,16	0,25	0,09	0,05	0,05	0,01	0,01	0,01
WE in MFH 7+WE	1	0,00	0,00	0,00	0,00	0,00	0,00	0,00	0,00
	2	0,01	0,01	0,01	0,01	0,02	0,02	0,02	0,02
	3	0,00	0,00	0,00	0,00	0,00	0,00	0,00	0,00
	4	0,01	0,01	0,01	0,01	0,04	0,04	0,04	0,04
	5	0,13	0,13	0,13	0,05	0,13	0,07	0,07	0,07
	6	0,05	0,05	0,05	0,13	0,43	0,34	0,33	0,33
	7	0,62	0,62	0,62	0,62	0,30	0,49	0,50	0,50
	8	0,00	0,00	0,00	0,00	0,00	0,00	0,00	0,00
	9	0,18	0,18	0,18	0,18	0,08	0,04	0,04	0,04

¹Wohneinheiten; ²Einfamilienhäuser; ³Reihen/Doppelhäuser;
⁴Mehrfamilienhäuser

Tabelle A 9: Kleinverbraucher-/Siedlungstypen-Verteilung exemplarisch für Stadtkategorie I und VII

Verteilung der Kleinverbraucherwärmenachfrage auf Siedlungstypen (ST) in Stadtkategorie I und VII in %

ST	1	2	3	4	5	6	7	8	9	10	11	12
1	0,80	0,01	0,01	0,06	0,05	0,05	0,06	0,20	0,07	0,05	0,00	0,02
2	0,00	0,12	0,12	0,07	0,14	0,10	0,09	0,00	0,04	0,20	0,15	0,13
3	0,00	0,15	0,15	0,05	0,07	0,05	0,07	0,05	0,05	0,10	0,10	0,07
4	0,00	0,00	0,00	0,02	0,02	0,02	0,02	0,00	0,02	0,02	0,00	0,01
5	0,00	0,00	0,00	0,11	0,04	0,04	0,15	0,00	0,20	0,05	0,30	0,14
6	0,00	0,00	0,00	0,02	0,01	0,01	0,02	0,00	0,02	0,02	0,02	0,02
7	0,00	0,10	0,10	0,23	0,23	0,15	0,32	0,40	0,30	0,35	0,25	0,37
8	0,00	0,00	0,00	0,00	0,00	0,00	0,00	0,00	0,00	0,00	0,00	0,00
9	0,00	0,02	0,02	0,19	0,12	0,08	0,26	0,15	0,30	0,18	0,18	0,23
10	0,20	0,60	0,60	0,25	0,32	0,50	0,01	0,20	0,00	0,03	0,00	0,01

Tabelle A 10: Kleinverbraucher-/Siedlungstypen-Verteilung exemplarisch für Stadtkategorie II

Verteilung der Kleinverbraucherwärmenachfrage auf Siedlungstypen (ST) in Stadtkategorie II in %

ST	1	2	3	4	5	6	7	8	9	10	11	12
1	0,75	0,01	0,01	0,06	0,05	0,05	0,06	0,20	0,07	0,05	0,00	0,02
2	0,00	0,15	0,15	0,07	0,14	0,10	0,09	0,00	0,04	0,20	0,15	0,13
3	0,00	0,15	0,15	0,05	0,07	0,05	0,07	0,05	0,05	0,10	0,10	0,07
4	0,00	0,00	0,00	0,02	0,02	0,02	0,02	0,00	0,02	0,02	0,00	0,01
5	0,00	0,00	0,00	0,11	0,04	0,04	0,15	0,00	0,20	0,05	0,30	0,14
6	0,00	0,00	0,00	0,02	0,01	0,01	0,02	0,00	0,02	0,02	0,02	0,02
7	0,00	0,17	0,17	0,25	0,26	0,20	0,32	0,40	0,30	0,35	0,25	0,37
8	0,00	0,00	0,00	0,00	0,00	0,00	0,00	0,00	0,00	0,00	0,00	0,00
9	0,00	0,02	0,02	0,22	0,15	0,13	0,26	0,20	0,30	0,18	0,18	0,23
10	0,25	0,50	0,50	0,20	0,26	0,40	0,01	0,15	0,00	0,03	0,00	0,01

Tabelle A 11: Energieverwendung der Betriebe des verarbeitenden Gewerbes Auszug Schleswig- Holstein

Kreise und kreisfreie Städte	insgesamt	Energieverbrauch nach Energieträgern						
		Kohle	Heizöl	Erdgas	Erneuerbare Energien	Strom	Fernwärme	Sonstige Energieträger
	Tsd. MJ	Tsd. MJ	Tsd. MJ	Tsd. MJ	Tsd. MJ	Tsd. MJ	Tsd. MJ	Tsd. MJ
Flensburg, Kreisfreie Stadt	1 349 040	130 728	89 762	580 371	0	435 052	100 250	12 877
Kiel, Landeshauptstadt, Kreisfreie Stadt	1 144 404	0	133 580	187 041	4 928	507 557	256 498	54 700
Lübeck, Hansestadt, Kreisfreie Stadt	1 674 160	6 015	80 127	852 204	0	687 217	29 320	19 277
Neumünster, Kreisfreie Stadt	699 841	0	63 928	206 886	2 358	351 791	74 878	0
Dithmarschen, Landkreis	26 485 388	1 294 484	10 131 801	6 929 893	1 936	3 236 036	742 300	4 148 938
Herzogtum Lauenburg, Landkreis	1 278 642	85 112	177 306	259 704	24 575	419 900	39 252	272 792
Nordfriesland, Landkreis	413 660	0	71 296	59 896	3 896	235 331	0	43 241
Ostholstein, Landkreis	1 183 750	93 564	46 899	628 609	27 015	373 911	13 752	0
Pinneberg, Landkreis	4 907 060	0	134 092	3 256 156	12 733	1 337 457	25 287	141 336
Plön, Landkreis	302 589	0	27 713	117 993	0	152 869	609	3 405
Rendsburg-Eckernförde, Landkreis	1 274 681	22 560	138 856	520 687	6 514	500 819	12 937	72 308
Schleswig-Flensburg, Landkreis	1 308 864	12 696	166 144	584 754	50 101	408 500	45 978	40 691
Segeberg, Landkreis	2 857 961	58 670	167 468	1 321 423	16 940	1 071 776	33 643	188 041
Steinburg, Landkreis	36 058 916	2 471 972	19 347 878	1 298 286	713 756	2 886 624	1 417 510	7 922 891
Stormarn, Landkreis	2 107 549	0	110 847	883 463	4 951	945 925	107 409	54 954

Tabelle A 12: Beschäftigte und Umsatz der Betriebe im verarbeitenden Gewerbe nach Industriesektoren Auszug Schleswig Holstein

Industriesektor	Anzahl der Beschäftigten
Gewinn von Steinen und Erden, sonstiger Bergbau	0
Ernährung und Tabak	20 527
Papiergewerbe	10 270
Grundstoffchemie	6 207
Sonstige chemische Industrie	5 459
Gummi-und Kunststoffwaren	6 323
Glas und Keramik	4 186
Verarbeitung von Steinen	0
Metallerzeugung	1 297
Nicht-Eisenmetalle, Gießereien	0
Metallbearbeitung	9 622
Maschinenbau	25 767
Fahrzeugbau	9 271
Sonstige	20 642

Tabelle A 13: Verteilung Wärmebedarf auf Temperaturniveaus je Industriesektor

Industriesektor	HT[1]	MT[2]	NT[3]
Gewinn von Steinen und Erden, sonstiger Bergbau	0%	44%	56%
Ernährung und Tabak	0%	45%	55%
Papiergewerbe	17%	57%	26%
Grundstoffchemie	49%	28%	23%
Sonstige chemische Industrie	49%	29%	22%
Gummi-und Kunststoffwaren	2%	37%	61%
Glas und Keramik	86%	10%	5%
Verarbeitung von Steinen	89%	4%	7%
Metallerzeugung	93%	5%	2%
Nicht-Eisenmetalle, Gießereien	70%	12%	18%
Metallbearbeitung	21%	34%	45%
Maschinenbau	10%	24%	67%
Fahrzeugbau	11%	28%	61%
Sonstige	17%	35%	48%

[1]Hochtemperaturbereich; [2]Mitteltemperaturbereich; [3]Niedertemperaturbereich

Tabelle A 14: Auszug Unternehmerliste Fernwärmenetze Stand 31. 12. 2011

Unternehmenssitz Unternehmensname	Bundesland	Anschußleistung MW	Nutzbare Wärmeabgabe TJ/a
Aachen RWTH - Technische Hochschule	NW	128,5	865,0
Aachen Stadtwerke Aachen AG	NW	301,8	1 186,1
Achim Stadtwerke Achim AG	NI	12,8	70,0
Ainring Gemeindewerke Ainring	BY	20,0	88,7
Altenburg Energie- und Wasserversorgung Altenburg GmbH	TH	35,4	227,6
Amberg Stadtwerke Amberg Versorgungs GmbH	BY	22,5	51,0
Annaberg-Buchholz Stadtwerke Annaberg-Buchholz Energie AG	SN	42,7	113,7
Ansbach Stadtwerke Ansbach GmbH	BY	45,0	195,0
Arnstadt Stadtwerke Arnstadt GmbH	TH	24,0	139,6
Augsburg erdgas schwaben gmbh	BY	33,9	164,0
Augsburg Stadtwerke Augsburg Energie GmbH	BY	392,7	1 864,7
Augsburg Wärmeversorgung Schwaben GmbH	BY	9,0	55,0
Bad Elster FHW eins energie in sachsen GmbH & Co KG	SN	13,0	71,8
Bad Lauterberg Stadtwerke Bad Lauterberg im Harz GmbH	NI	9,0	73,2
Bad Säckingen Stadtwerke Bad Säckingen GmbH	BW	22,6	112,0
Bad Salzuflen Stadtwerke Bad Salzuflen GmbH	NW	41,2	150,9
Barth Stadtwerke Barth GmbH	MV	10,9	35,8
Baunatal Stadtwerke Baunatal	HE	20,5	106,2
...		...	...

Tabelle A 15: Ergebnisse Wärmenachfrage der untersuchten Sektoren in der Anlagenumgebung

Wärmenachfrage	NDB[1]	ORG[2]	SMB[3]	Summe
Raumwärme	165	31	18	214
Brauchwasser	21	4	2	27
Haushalte	186	35	20	241
GHD	14	3	2	19
Industrie	54	24	3	81
Summe	254	62	25	341

[1]norddeutsches Becken; [2]Oberrheingraben; [3]süddeutsches Molassebecken

Tabelle A 16: Ergebnisse Nachfragepotenziale der untersuchten Sektoren in der Anlagenumgebung

Nachfragepotenziale	NDB[1]	ORG[2]	SMB[3]	Summe
Haushalte	86	17	10	113
Raumwärme	76	15	9	100
Brauchwasser	10	2	1	13
Industrie	54	24	3	81
GHD	9	2	1	12
Technisches Nachfragepotenzial	149	43	14	206
Fernwärmetechnisch erschlossen	-19	-4	-2	-25
Durch Gasnetz erschlossen	-91	-19	-10	-120
Noch unerschlossenes Potenzial	39	20	2	61
Wirtschaftliches Potenzial	35	16	2	53
Substituierbares Nachfragepotenzial	19	4	2	25

[1]norddeutsches Becken; [2]Oberrheingraben; [3]süddeutsches Molassebecken

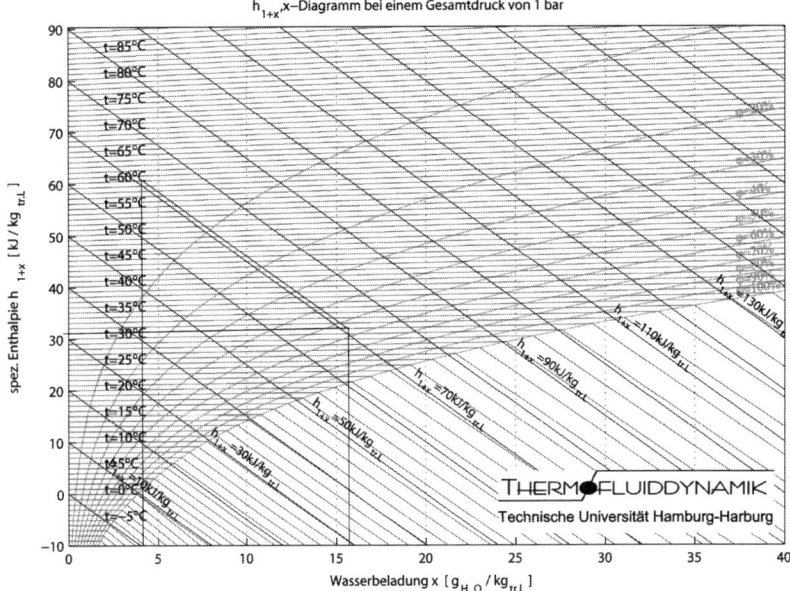

Abb A 1: Einstufiger Trocknungsprozess im H_{1+x}-Diagramm

Anhang B: Technische Analyse

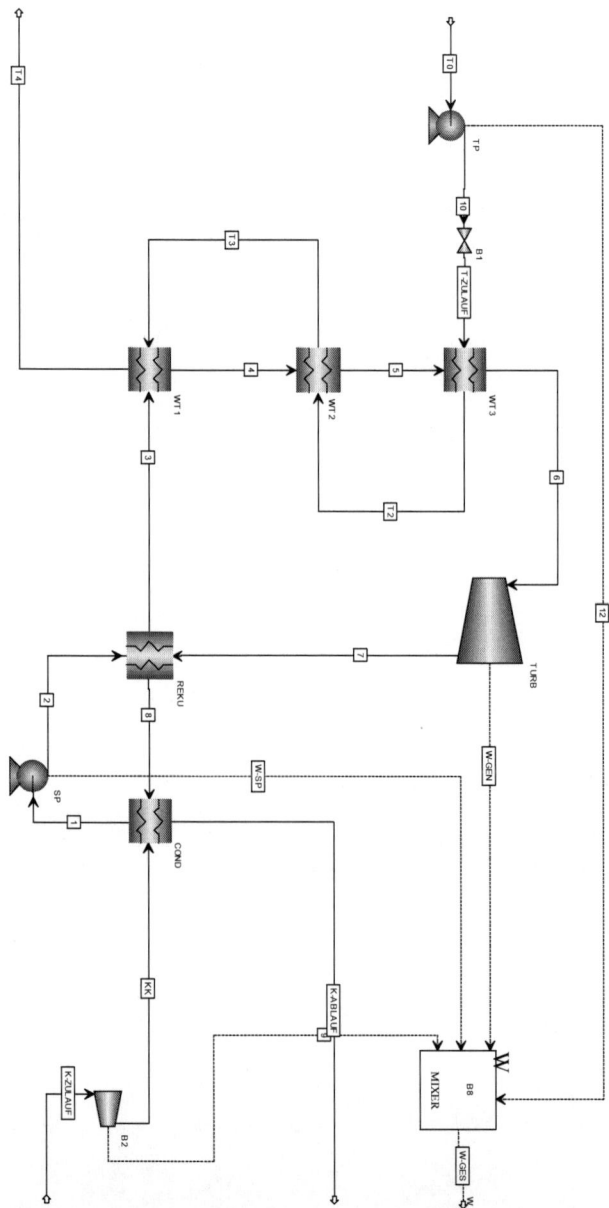

Abb. B 1: Prozessschaltbild Betriebszustand Referenzanlage R1-R3

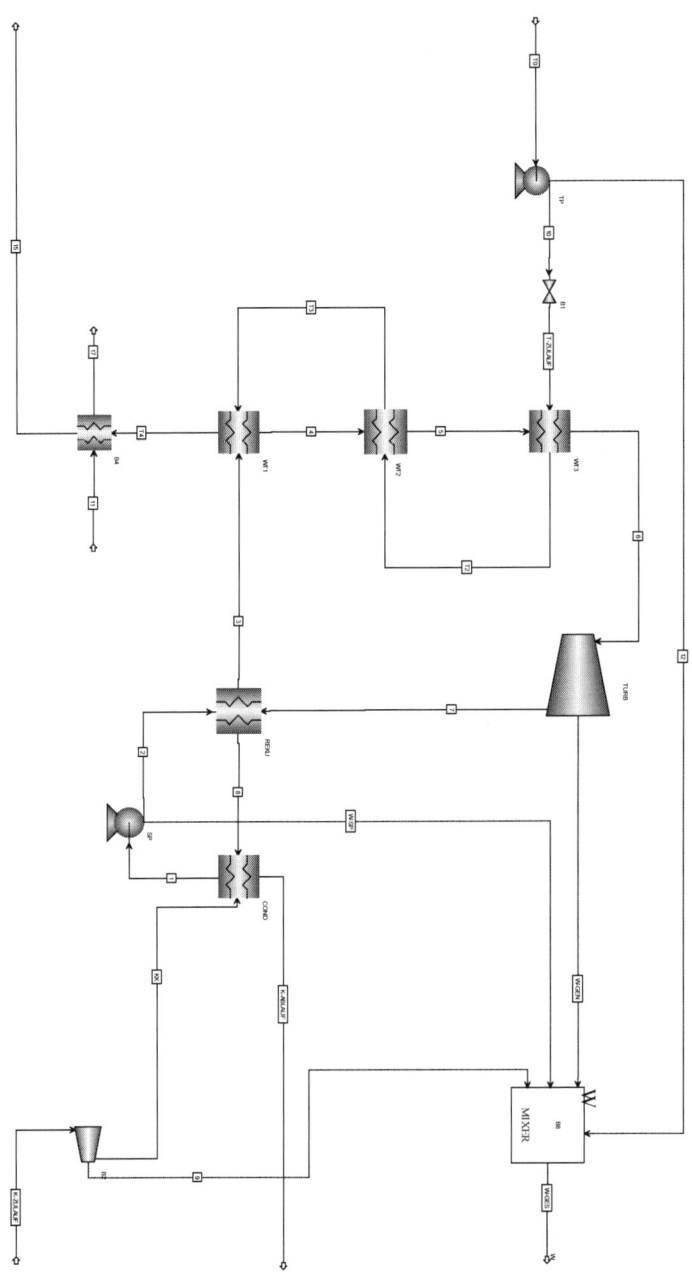

Abb. B 2: Prozessschaltbild Kopplungsbetrieb KA1-3(K/ET)

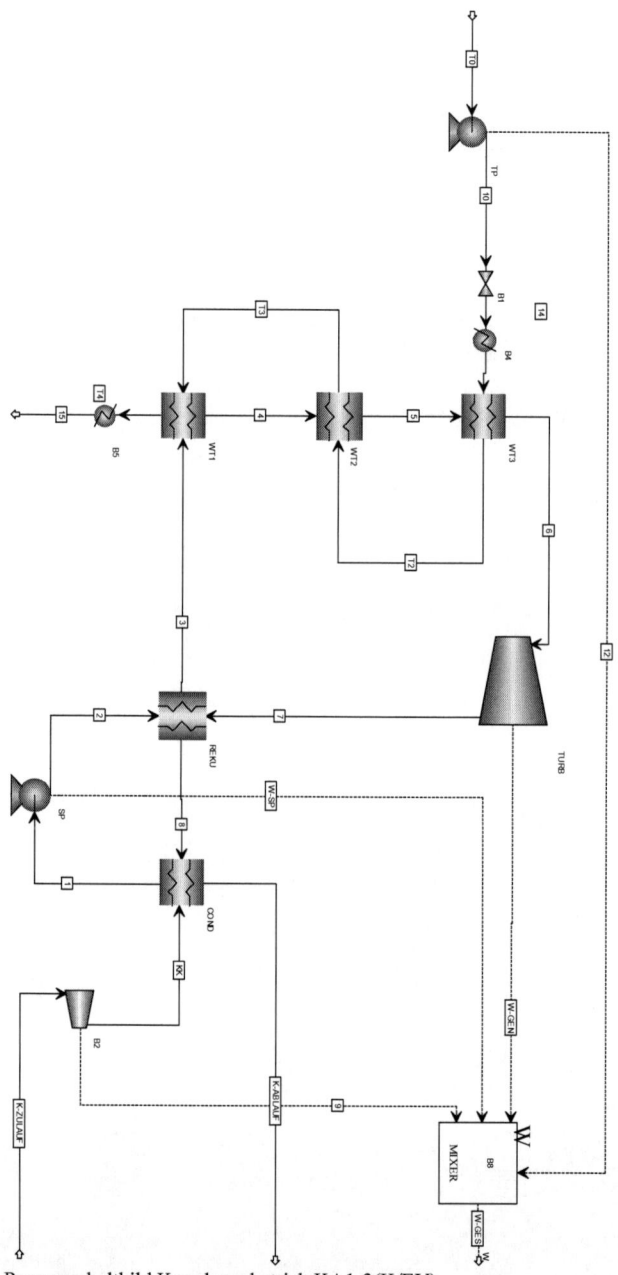

Abb. B 3: Prozessschaltbild Kopplungsbetrieb KA1-3(K/EV)

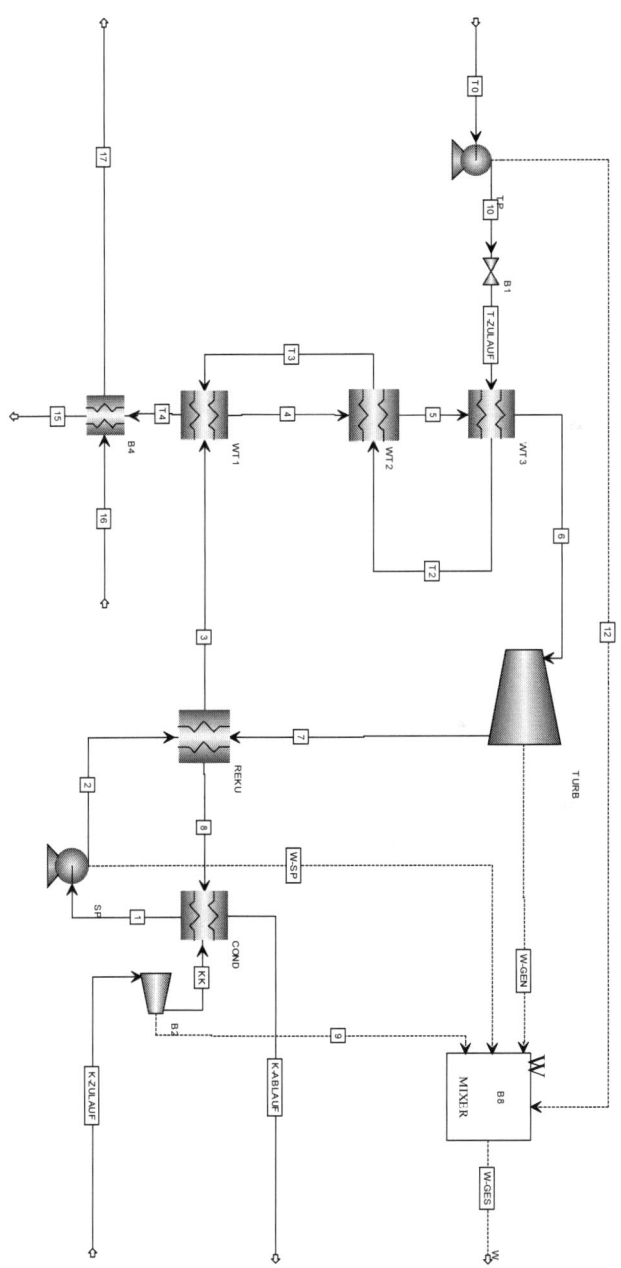

Abb. B 4: Prozessschaltbild Kopplungsbetrieb KU1-3

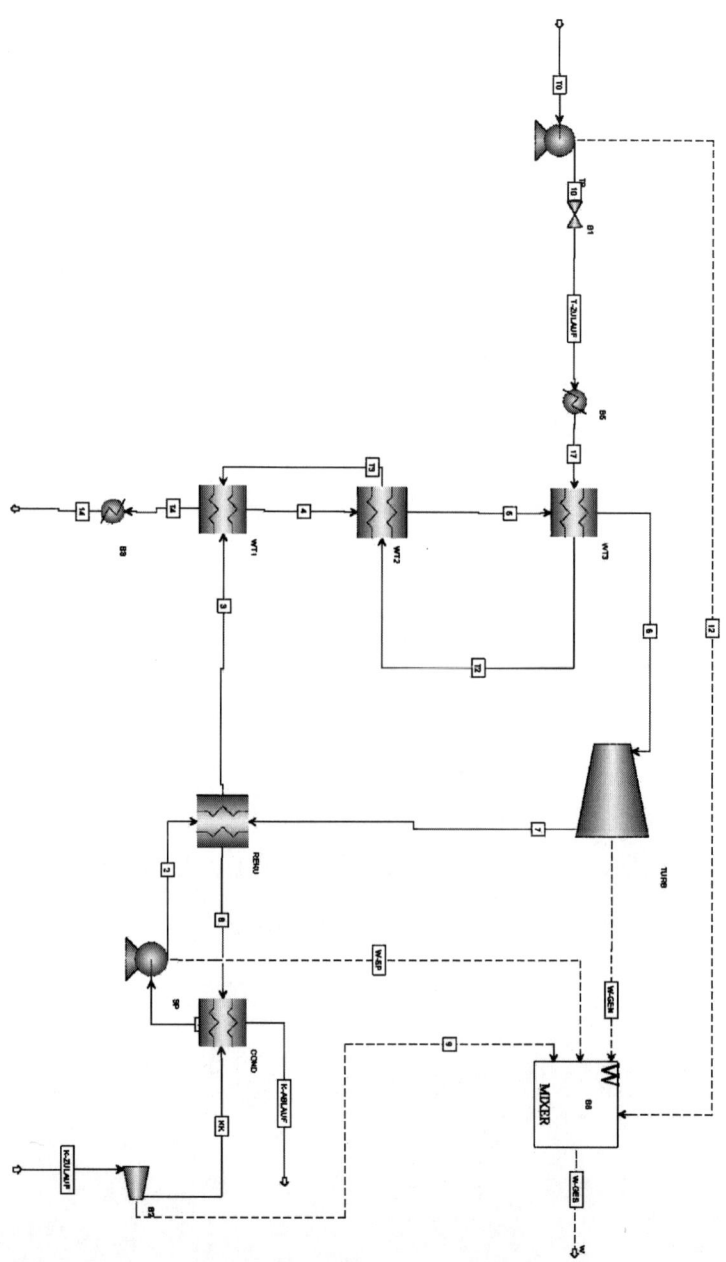

Abb. B 5: Prozessschaltbild Kopplungsbetrieb KK1-3(K/EV)

Tabelle B 1: Prozessdaten Kraftwersbetrieb R1

Ströme	Von	Nach	Temperatur °C	Druck bar	Massenstrom kg/s	Dampfgehalt -
1	COND	SP	33	4,4	58	0,0
10	TP	B1	161	55,0	70	0,0
2	SP	REKU	35	23,0	58	0,0
3	REKU	WT1	42	23,0	58	0,0
4	WT1	WT2	108	23,0	58	0,0
5	WT2	WT3	108	23,0	58	0,7
6	WT3	TURB	108	23,0	58	1,0
7	TURB	REKU	51	4,4	58	1,0
8	REKU	COND	41	4,4	58	1,0
K-ABLAUF	COND		24	0	2 238	1,0
K-ZULAUF		B2	15	1	2 238	1,0
KK	B2	COND	15	1	2 238	1,0
T-ZULAUF	B1	WT3	161	15	70	0,0
T0		TP	160	15	70	0,0
T2	WT3	WT2	138	15	70	0,0
T3	WT2	WT1	113	15	70	0,0
T4	WT1		73	15	70	0,0

Wärmeübertrager Kennzeichnung	Leistung kW	MITA °C
WT1	11 603	5
WT2	7 597	5
WT3	3 256	31
REKU	1 066	6
COND	19 530	10

Weitere Komponenten Kennzeichnung	Leistung kW	Wirkungsgrad isentrop -	mechanisch -
TURB	2 957	0,85	0,95
TP	-433	0,80	0,95
SP	-263	0,80	0,95
B2	-384	0,80	0,95

Tabelle B 2: Prozessdaten Kraftwersbetrieb R2

Ströme	Von	Nach	Temperatur °C	Druck Bar	Massenstrom kg/s	Dampfgehalt -
1	COND	SP	30	3,6	278	0,0
10	TP	B1	131	55	150	0,0
2	SP	REKU	31	13,2	278	0,0
3	REKU	WT1	38	13,2	278	0,0
4	WT1	WT2	79	13,2	278	0,0
5	WT2	WT3	79	13,2	278	0,3
6	WT3	TURB	79	13,2	278	1,0
7	TURB	REKU	51	3,6	278	1,0
8	REKU	COND	41	3,6	278	1,0
K-ABLAUF	COND		20	0	3 622	1,0
K-ZULAUF		B2	12	1,01	3 622	1,0
KK	B2	COND	12	1,01	3 622	1,0
T-ZULAUF	B1	WT3	131	15	150	0,0
T0		TP	130	15	150	0,0
T2	WT3	WT2	94	15	150	0,0
T3	WT2	WT1	84	15	150	0,0
T4	WT1		61	15	150	0,0

Wärmeübertrager Kennzeichnung	Leistung kW	MITA °C
WT1	14 214	5
WT2	5 979	5
WT3	13 950	15
REKU	2 328	10
COND	30 867	10

Weitere Komponenten Kennzeichnung	Leistung kW	Wirkungsgrad isentrop -	mechanisch -
TURB	3 326	0,85	0,95
TP	-892	0,80	0,95
SP	-238	0,80	0,95
B2	-616	0,80	0,95

Tabelle B 3: Prozessdaten Kraftwersbetrieb R3

Ströme	Von	Nach	Temperatur °C	Druck Bar	Massenstrom kg/s	Dampfgehalt -
1	COND	SP	33	4,4	23	0,0
10	TP	B1	151	55	30	0,0
2	SP	REKU	34	17,2	23	0,0
3	REKU	WT1	42	17,2	23	0,0
4	WT1	WT2	92	17,2	23	0,0
5	WT2	WT3	92	17,2	23	0,7
6	WT3	TURB	92	17,2	23	1,0
7	TURB	REKU	49	4,4	23	1,0
8	REKU	COND	39	4,4	23	1,0
K-ABLAUF	COND		23	1,01	870	1,0
K-ZULAUF		B2	15	1,01	870	1,0
KK	B2	COND	15	1,01	870	1,0
T-ZULAUF	B1	WT3	151	15	30	0,0
T0		TP	150	15	30	0,0
T2	WT3	WT2	126	15	30	0,0
T3	WT2	WT1	97	15	30	0,0
T4	WT1		71	15	30	0,0

Wärmeübertrager Kennzeichnung	Leistung kW	MITA °C
WT1	3 314	5
WT2	3 618	5
WT3	1 551	15
REKU	413	10
COND	7 515	10

Weitere Komponenten Kennzeichnung	Leistung kW	Wirkungsgrad isentrop -	mechanisch -
TURB	983	0,85	0,95
TP	-183	0,80	0,95
SP	-71	0,80	0,95
B2	-149	0,80	0,95

Tabelle B 4: Prozessdaten KWK-Betrieb reine Trocknung KA1(KT)

Ströme	Von	Nach	Temperatur	Druck	Massenstrom	Dampfgehalt
-	-	-	°C	bar	kg/s	-
1	COND	SP	33	4,4	58	0
10	TP	B1	161	55,0	70	0
2	SP	REKU	35	24,6	58	0
3	REKU	WT1	42	24,6	58	0
4	WT1	WT2	112	24,6	58	0
5	WT2	WT3	112	24,6	58	0,7
6	WT3	TURB	112	24,6	58	1
7	TURB	REKU	51	4,4	58	1
8	REKU	COND	41	4,4	58	1
K-ABLAUF	COND		24	0,0	2 227	1
K-ZULAUF		B2	15	1,0	2 227	1
KK	B2	COND	15	1,0	2 227	1
T-ZULAUF	B1	WT3	161	15,0	70	0
T0		TP	160	15,0	70	0
T2	WT3	WT2	139	15,0	70	0
T3	WT2	WT1	115	15,0	70	0
T4	WT1	B4	73	15,0	70	0

Wärmeübertrager		Leistung	MITA
Beschreibung	Kennzeichnung	kW	°C
Vorwärmer	WT1	12 368	5
Teilverdampfer	WT2	7 061	5
Verdampfer	WT3	3 026	27
Auskopplung Wärme	B4	5 543	10
Rekuperator	REKU	1 062	10
Kondensator	COND	19 457	10

Weitere Komponenten			Wirkungsgrad	
Beschreibung	Kennzeichnung	Leistung	isentrop	mechanisch
	-	kW	-	-
Turbine	TURB	3 044	0,85	0,95
Förderpumpe	TP	433	0,80	0,95
Speisepumpe	SP	285	0,80	0,95
Ventilator Luftkühlung	B2	383	0,80	0,95
Ventilator Bandtrockner	-	299	-	0,95

Prozessdaten Trocknung		
Parameter	Einheit	Wert
Enthalpie Verdunstung	kJ/kg	1623
Enthalpie Erwärmung	kJ/kg	871
Bedarfsenthalpie	kJ/kg	2 494
Druckverlust Bandtrockner	Pa	1 500
Anfangsfeuchte Trocknerluft	g/kg	4
Endfeuchtegehalt Trocknerluft	g/kg	16
zu verdunstende Wassermenge	kg/s	1,35
Wasseraufnahme Luft (0,5)	kg/kg	0,012
Luftmenge	kg/s	120
Wirkungsgrad Ventilatorsystem	-	0,65

Tabelle B 5: Prozessdaten KWK-Betrieb reine Trocknung KA1(ET)

Ströme	Von	Nach	Temperatur	Druck	Massenstrom	Dampfgehalt
-	-	-	°C	bar	kg/s	-
1	COND	SP	33	4,4	58	0
10	TP	B1	161	55,0	70	0
2	SP	REKU	35	24,6	58	0
3	REKU	WT1	42	24,6	58	0
4	WT1	WT2	112	24,6	58	0
5	WT2	WT3	112	24,6	58	0,7
6	WT3	TURB	112	24,6	58	1
7	TURB	REKU	51	4,4	58	1
8	REKU	COND	41	4,4	58	1
K-ABLAUF	COND		24	0,0	2 227	1
K-ZULAUF		B2	15	1,0	2 227	1
KK	B2	COND	15	1,0	2 227	1
T-ZULAUF	B1	WT3	161	15,0	70	0
T0		TP	160	15,0	70	0
T2	WT3	WT2	139	15,0	70	0
T3	WT2	WT1	115	15,0	70	0
T4	WT1	B4	73	15,0	70	0

Wärmeübertrager		Leistung	MITA
Beschreibung	Kennzeichnung	kW	°C
Vorwärmer	WT1	12 368	5
Teilverdampfer	WT2	7 061	5
Verdampfer	WT3	3 026	27
Auskopplung Wärmeversorgung	B4	2 558	10
Rekuperator	REKU	1 062	10
Kondensator	COND	19 457	10

Weitere Komponenten			Wirkungsgrad	
	Kennzeichnung	Leistung	isentrop	mechanisch
Beschreibung	-	kW	-	-
Turbine	TURB	3 044	0,85	0,95
Förderpumpe	TP	433	0,80	0,95
Speisepumpe	SP	285	0,80	0,95
Ventilator Luftkühlung	B2	383	0,80	0,95
Ventilator Bandtrockner	-	138	-	0,95

Prozessdaten Trocknung		
Parameter	Einheit	Wert
Enthalpie Verdunstung	kJ/kg	749
Enthalpie Erwärmung	kJ/kg	402
Bedarfsenthalpie	kJ/kg	1 151
Druckverlust Bandtrockner	Pa	1 500
Anfangsfeuchte Trocknerluft	g/kg	4
Endfeuchtegehalt Trocknerluft	g/kg	16
zu verdunstende Wassermenge	kg/s	1,04
Wasseraufnahme Luft (0,5)	kg/kg	0,012
Luftmenge	kg/s	55,6
Wirkungsgrad Ventilatorsystem	-	0,65

Tabelle B 6: Prozessdaten KWK-Betrieb reine Trocknung KA2(KT)

Ströme	Von	Nach	Temperatur °C	Druck bar	Massenstrom kg/s	Dampfgehalt
-	-	-				-
1	COND	SP	32	3,9	264	0
10	TP	B1	131	55,0	150	0
2	SP	REKU	33	14,0	264	0
3	REKU	WT1	41	14,0	264	0
4	WT1	WT2	82	14,0	264	0
5	WT2	WT3	82	14,0	264	0,7
6	WT3	TURB	82	14,0	264	1
7	TURB	REKU	53	3,9	264	1
8	REKU	COND	43	3,9	264	1
K-ABLAUF	COND		23	0,0	2 524	1
K-ZULAUF		B2	12	1,0	2 524	1
KK	B2	COND	12	1,0	2 524	1
T-ZULAUF	B1	WT3	131	15,0	150	0
T0		TP	130	15,0	150	0
T2	WT3	WT2	107	15,0	150	0
T3	WT2	WT1	87	15,0	150	0
T4	WT1	B4	61	15,0	150	0

Wärmeübertrager Beschreibung	Kennzeichnung	Leistung kW	MITA °C
Vorwärmer	WT1	13 649	5
Teilverdampfer	WT2	12 801	5
Verdampfer	WT3	5 486	25
Auskopplung Wärme zur Trocknung	B4	5 543	10
Rekuperator	REKU	2 223	10
Kondensator	COND	28 912	10

Weitere Komponenten			Wirkungsgrad	
	Kennzeichnung -	Leistung kW	isentrop -	mechanisch
Turbine	TURB	3 088	0,85	0,95
Förderpumpe	TP	892	0,80	0,95
Speisepumpe	SP	239	0,80	0,95
Ventilator Luftkühlung	B2	429	0,80	0,95
Ventilator Bandtrockner	-	299	-	0,95

Prozessdaten Trocknung Parameter	Einheit	Wert
Enthalpie Verdunstung	kJ/kg	1 623
Enthalpie Erwärmung	kJ/kg	871
Bedarfsenthalpie	kJ/kg	2 494
Druckverlust Bandtrockner	Pa	1 500
Anfangsfeuchte Trocknerluft	g/kg	4
Endfeuchtegehalt Trocknerluft	g/kg	16
zu verdunstende Wassermenge	kg/s	2,71
Wasseraufnahme Luft (0,5)	kg/kg	0,012
Luftmenge	kg/s	120,4
Wirkungsgrad Ventilatorsystem	-	0,6

Tabelle B 7: Prozessdaten KWK-Betrieb reine Trocknung KA2(ET)

Ströme	Von	Nach	Temperatur	Druck	Massenstrom	Dampfgehalt
-	-	-	°C	bar	kg/s	-
1	COND	SP	32	3,9	264	0
10	TP	B1	131	55,0	150	0
2	SP	REKU	33	14,0	264	0
3	REKU	WT1	41	14,0	264	0
4	WT1	WT2	82	14,0	264	0
5	WT2	WT3	82	14,0	264	0,7
6	WT3	TURB	82	14,0	264	1
7	TURB	REKU	53	3,9	264	1
8	REKU	COND	43	3,9	264	1
K-ABLAUF	COND		23	0,0	2 524	1
K-ZULAUF		B2	12	1,0	2 524	1
KK	B2	COND	12	1,0	2 524	1
T-ZULAUF	B1	WT3	131	10,0	150	0
T0		TP	130	15,0	150	0
T2	WT3	WT2	107	15,0	150	0
T3	WT2	WT1	87	15,0	150	0
T4	WT1	B4	61	15,0	150	0

	Wärmeübertrager	Leistung	MITA
Beschreibung	Kennzeichnung	kW	°C
Vorwärmer	WT1	13 649	5
Teilverdampfer	WT2	12 801	5
Verdampfer	WT3	5 486	25
Auskopplung Wärme zur Trocknung	B4	2 558	10
Rekuperator	REKU	2 223	10
Kondensator	COND	28 912	10

Weitere Komponenten			Wirkungsgrad	
	Kennzeichnung	Leistung	isentrop	mechanisch
	-	kW	-	-
Turbine	TURB	3 088	0,85	0,95
Förderpumpe	TP	892	0,80	0,95
Speisepumpe	SP	239	0,80	0,95
Ventilator Luftkühlung	B2	429	0,80	0,95
Ventilator Bandtrockner	-	138	-	0,95

Prozessdaten Trocknung		
Parameter	Einheit	Wert
Enthalpie Verdunstung	kJ/kg	749
Enthalpie Erwärmung	kJ/kg	402
Bedarfsenthalpie	kJ/kg	1 151
Druckverlust Bandtrockner	Pa	1 500
Anfangsfeuchte Trocknerluft	g/kg	4
Endfeuchtegehalt Trocknerluft	g/kg	16
zu verdunstende Wassermenge	kg/s	1,25
Wasseraufnahme Luft (0,5)	kg/kg	0,012
Luftmenge	kg/s	55,6
Wirkungsgrad Ventilatorsystem	-	0,65

Tabelle B 8: Prozessdaten KWK-Betrieb reine Trocknung KA3(KT)

Ströme	Von	Nach	Temperatur	Druck	Massenstrom	Dampfgehalt
-	-	-	°C	bar	kg/s	-
1	COND	SP	33	4,4	23	0
10	TP	B1	151	55,0	30	0
2	SP	REKU	34	17,2	23	0
3	REKU	WT1	42	17,2	23	0
4	WT1	WT2	92	17,2	23	0
5	WT2	WT3	92	17,2	23	0,7
6	WT3	TURB	92	17,2	23	1
7	TURB	REKU	49	4,4	23	1
8	REKU	COND	39	4,4	23	1
K-ABLAUF	COND		24	0,0	865	1
K-ZULAUF		B2	15	1,0	865	1
KK	B2	COND	15	1,0	865	1
T-ZULAUF	B1	WT3	151	15,0	30	0
T0		TP	150	15,0	30	0
T2	WT3	WT2	126	15,0	30	0
T3	WT2	WT1	97	15,0	30	0
T4	WT1	B4	71	15,0	30	0

Wärmeübertrager		Leistung	MITA
Beschreibung	Kennzeichnung	kW	°C
Vorwärmer	WT1	3 318	5
Teilverdampfer	WT2	3 618	5
Verdampfer	WT3	1 551	33
Auskopplung Wärme zur Trocknung	B4	3 762	10
Rekuperator	REKU	413	10
Kondensator	COND	7 515	10

Weitere Komponenten			Wirkungsgrad	
	Kennzeichnung	Leistung	isentrop	mechanisch
		kW	-	-
Turbine	TURB	983	0,85	0,95
Förderpumpe	TP	183	0,80	0,95
Speisepumpe	SP	66	0,80	0,95
Ventilator Luftkühlung	B2	149	0,80	0,95
Ventilator Bandtrockner	-	228	-	0,95

Prozessdaten Trocknung		
Parameter	Einheit	Wert
Enthalpie Verdunstung	kJ/kg	1 657
Enthalpie Erwärmung	kJ/kg	871
Bedarfsenthalpie	kJ/kg	1 623
Druckverlust Bandtrockner	Pa	1 500
Anfangsfeuchte Trocknerluft	g/kg	4
Endfeuchtegehalt Trocknerluft	g/kg	17
zu verdunstende Wassermenge	kg/s	0,98
Wasseraufnahme Luft (0,5)	kg/kg	0,013
Luftmenge	kg/s	75,4
Wirkungsgrad Ventilatorsystem	-	0,65

Tabelle B 9: Prozessdaten KWK-Betrieb reine Trocknung KA3(ET)

Ströme	Von	Nach	Temperatur	Druck	Massenstrom	Dampfgehalt
-	-	-	°C	bar	kg/s	-
1	COND	SP	33	4,4	23	0
10	TP	B1	151	55,0	30	0
2	SP	REKU	34	17,2	23	0
3	REKU	WT1	42	17,2	23	0
4	WT1	WT2	92	17,2	23	0
5	WT2	WT3	92	17,2	23	0,7
6	WT3	TURB	92	17,2	23	1
7	TURB	REKU	49	4,4	23	1
8	REKU	COND	39	4,4	23	1
K-ABLAUF	COND		23	0,0	870	1
K-ZULAUF		B2	15	1,0	870	1
KK	B2	COND	15	1,0	870	1
T-ZULAUF	B1	WT3	151	15,0	30	0
T0		TP	150	15,0	30	0
T2	WT3	WT2	126	15,0	30	0
T3	WT2	WT1	97	15,0	30	0
T4	WT1	B4	71	15,0	30	0

Wärmeübertrager		Leistung	MITA
Beschreibung	Kennzeichnung	kW	°C
Vorwärmer	WT1	3 318	5
Teilverdampfer	WT2	3 618	5
Verdampfer	WT3	1 550	33
Auskopplung Wärme zur Trocknung	B4	2 558	10
Rekuperator	REKU	413	10
Kondensator	COND	7 514	10

Weitere Komponenten			Wirkungsgrad	
	Kennzeichnung	Leistung	isentrop	mechanisch
		kW	-	-
Turbine	TURB	983	0,85	0,95
Förderpumpe	TP	183	0,80	0,95
Speisepumpe	SP	66	0,80	0,95
Ventilator Luftkühlung	B2	149	0,80	0,95
Ventilator Bandtrockner	-	168	-	0,95

Prozessdaten Trocknung		
Parameter	Einheit	Wert
Enthalpie Verdunstung	kJ/kg	765
Enthalpie Erwärmung	kJ/kg	402
Bedarfsenthalpie	kJ/kg	1 151
Druckverlust Bandtrockner	Pa	1 500
Anfangsfeuchte Trocknerluft	g/kg	4
Endfeuchtegehalt Trocknerluft	g/kg	17
zu verdunstende Wassermenge	kg/s	0,67
Wasseraufnahme Luft (0,5)	kg/kg	0,013
Luftmenge	kg/s	55,6
Wirkungsgrad Ventilatorsystem	-	0,65

Tabelle B 10: Prozessdaten KWK-Betrieb Trocknung/Verbrennung KA1(KV)

Ströme	Von	Nach	Temperatur	Druck	Massenstrom	Dampfgehalt
-	-	-	°C	bar	kg/s	-
1	COND	SP	31,6	4,1	75	0,0
10	TP	B1	160,8	55,0	70	0,0
14	B4	WT3	179,0	31,0	70	0,0
2	SP	REKU	32,6	31,0	75	0,0
3	REKU	WT1	40,8	31,0	75	0,0
4	WT1	WT2	115,4	31,0	75	0,0
5	WT2	WT3	115,4	31,0	75	0,7
6	WT3	TURB	115,4	31,0	75	1,0
7	TURB	REKU	68,1	4,1	75	1,0
8	REKU	COND	58,1	4,1	75	1,0
K-ABLAUF	COND		22,6	1,0	3 330	1,0
K-ZULAUF		B2	15,0	1,0	3 330	1,0
KK	B2	COND	15,2	1,0	3 330	1,0
T-ZULAUF	B1	B4	161,4	15,0	70	0,0
T0		TP	160,0	15,0	70	0,0
T2	WT3	WT2	155,2	15,0	70	0,0
T3	WT2	WT1	120,4	15,0	70	0,0
T4	WT1	B5	74,0	15,0	70	0,0

Wärmeübertrager			Leistung	MITA
Beschreibung		Kennzeichnung	kW	°C
Vorwärmer		WT1	15 329	5,0
Teilverdampfer		WT2	10 411	5,0
Verdampfer		WT3	4 462	26,0
Auskopplung Wärmeversorgung		B5	5 543	-
Einkopplung Hochenthalpiewärme		B4	6 233	-
Rekuperator		REKU	1 436	10,0
Kondensator		COND	25 962	10,0

Weitere Komponenten				Wirkungsgrad	
		Kennzeichnung	Leistung	isentrop	mechanisch
			kW	-	-
Turbine		TURB	4 228	0,85	0,95
Förderpumpe		TP	486	0,80	0,95
Speisepumpe		SP	221	0,80	0,95
Ventilator Luftkühlung		B2	572	0,80	0,95
Ventilator Bandtrockner		-	299	-	0,95

Prozessdaten Trocknung			Prozessdaten Verbrennung		
Parameter	Einheit	Wert	Parameter	Einheit	Wert
Enthalpie Verdunstung	kJ/kg	1 623	Heizwert (Trockensub bezogen)	MJ/kg	11
Enthalpie Erwärmung	kJ/kg	871	Wirkungsgrad Thermoölkessel	-	0,85
Bedarfsenthalpie	kJ/kg	2 494	Durchsatz Trockenmasse	t/a	18 000
Druckverlust Bandtrockner	Pa	1 500			
Anfangsfeuchte Trocknerluft	g/kg	4			
Endfeuchtegehalt Trocknerluft	g/kg	16			
zu verdunstende Wassermenge	kg/s	1,44			
Wasseraufnahme Luft (0,5)	kg/kg	0,012			
Luftmenge	kg/s	120			
Wirkungsgrad Ventilatorsystem	-	0,6			

Tabelle B 11: Prozessdaten KWK-Betrieb Trocknung/Verbrennung KA1(EV)

Ströme	Von	Nach	Temperatur	Druck	Massenstrom	Dampfgehalt
-	-	-	°C	Bar	kg/s	-
1	COND	SP	34,67	2,3	119	0
10	TP	B1	160,89	63	70	0
14	B4	WT3	224,33	23	70	0
2	SP	REKU	36,71	30,5	119	0
3	REKU	WT1	45,07	30,5	119	0
4	WT1	WT2	157,58	30,5	119	0
5	WT2	WT3	157,58	30,5	119	0,7
6	WT3	TURB	157,58	30,5	119	1
7	TURB	REKU	75,15	2,3	119	1
8	REKU	COND	65,15	2,3	119	1
K-ABLAUF	COND		26,43	0	3 594	1
K-ZULAUF		B2	15	1,01	3 594	1
KK	B2	COND	15,16	1,01	3 594	1
T-ZULAUF	B1	B5	161,42	23	70	0
T0		TP	160	23	70	0
T2	WT3	WT2	209,23	23	70	0
T3	WT2	WT1	194,8	23	70	0
T4	WT1	B3	74	23	70	0

Wärmeübertrager			Leistung	MITA
Beschreibung		Kennzeichnung	kW	°C
Vorwärmer		WT1	43 119	5
Teilverdampfer		WT2	4 546	5
Verdampfer		WT3	1 948	-
Auskopplung Wärmeversorgung		B5	2 558	-
Einkopplung Hochenthalpiewärme		B4	20 400	-
Rekuperator		REKU	4 473	10
Kondensator		COND	41 649	10

Weitere Komponenten		Wirkungsgrad		
	Kennzeichnung	Leistung	isentrop	mechanisch
		kW	-	-
Turbine	TURB	8 259	0,85	0,95
Förderpumpe	TP	540	0,80	0,95
Speisepumpe	SP	767	0,80	0,95
Ventilator Luftkühlung	B2	617	0,80	0,95
Ventilator Bandtrockner	-	138	-	0,95

Prozessdaten Trocknung			Prozessdaten Verbrennung		
Parameter	Einheit	Wert	Parameter	Einheit	Wert
Enthalpie Verdunstung	kJ/kg	749	Heizwert (Trockensub bezogen)	MJ/kg	18
Enthalpie Erwärmung	kJ/kg	402	Wirkungsgrad Thermoölkessel	-	0,85
Bedarfsenthalpie	kJ/kg	1 151	Durchsatz Trockenmasse	t/a	36 000
Druckverlust Bandtrockner	Pa	1 500			
Anfangsfeuchte Trocknerluft	g/kg	4			
Endfeuchtegehalt Trocknerluft	g/kg	16			
zu verdunstende Wassermenge	kg/s	0,67			
Wasseraufnahme Luft (0,5)	kg/kg	0,012			
Luftmenge	kg/s	56			
Wirkungsgrad Ventilatorsystem	-	0,6			

Tabelle B 12: Prozessdaten KWK-Betrieb Trocknung/Verbrennung KA2(KV)

Ströme	Von	Nach	Temperatur	Druck	Massenstrom	Dampfgehalt
-	-	-	°C	bar	kg/s	-
1	COND	SP	30	3,6	318	0
10	TP	B1	131	55,0	150	0
14	B4	WT3	140	15,0	150	0
2	SP	REKU	31	16,6	318	0
3	REKU	WT1	38	16,6	318	0
4	WT1	WT2	90	16,6	318	0
5	WT2	WT3	90	16,6	318	0
6	WT3	TURB	90	16,6	318	1
7	TURB	REKU	54	3,6	318	1
8	REKU	COND	44	3,6	318	1
K-ABLAUF	COND		21	0,0	4 112	1
K-ZULAUF		B2	12	1,0	4 112	1
KK	B2	COND	12	1,0	4 112	1
T-ZULAUF	B1	B4	131	15,0	150	0
T0		TP	130	15,0	150	0
T2	WT3	WT2	121	15,0	150	0
T3	WT2	WT1	95	15,0	150	0
T4	WT1	B5	70	15,0	150	0

Wärmeübertrager		Leistung	MITA
Beschreibung	Kennzeichnung	kW	°C
Vorwärmer	WT1	20 934	5
Teilverdampfer	WT2	5 878	5
Verdampfer	WT3	13 715	-
Auskopplung Wärmeversorgung	B5	5 543	-
Einkopplung Hochenthalpiewärme	B4	6 233	-
Rekuperator	REKU	2 679	13
Kondensator	COND	36 193	10

Weitere Komponenten			Wirkungsgrad	
	Kennzeichnung	Leistung	isentrop	mechanisch
		kW	-	-
Turbine	TURB	4 451	0,85	0,95
Förderpumpe	TP	892	0,80	0,95
Speisepumpe	SP	368	0,80	0,95
Ventilator Luftkühlung	B2	699	0,80	0,95
Ventilator Bandtrockner	-	299	-	0,95

Prozessdaten Trocknung			Prozessdaten Verbrennung		
Parameter	Einheit	Wert	Parameter	Einheit	Wert
Enthalpie Verdunstung	kJ/kg	1 623	Heizwert (Trockensub bezogen)	MJ/kg	11
Enthalpie Erwärmung	kJ/kg	871	Wirkungsgrad Thermoölkessel	-	0,85
Bedarfsenthalpie	kJ/kg	2 494	Durchsatz Trockenmasse	t/s	18 000
Druckverlust Bandtrockner	Pa	1 500			
Anfangsfeuchte Trocknerluft	g/kg	4			
Endfeuchtegehalt Trocknerluft	g/kg	16			
zu verdunstende Wassermenge	kg/s	1,44			
Wasseraufnahme Luft (0,5)	kg/kg	0,012			
Luftmenge	kg/s	120			

Tabelle B 13: Prozessdaten KWK-Betrieb Trocknung/Verbrennung KA2(EV)

Ströme	Von	Nach	Temperatur	Druck	Massenstrom	Dampfgehalt
-	-	-	°C	bar	kg/s	-
1	COND	SP	30	4,0	125	0
10	TP	B1	131	55,0	150	0
14	B4	WT3	160	15,0	150	0
2	SP	REKU	31	21,2	125	0
3	REKU	WT1	39	21,2	125	0
4	WT1	WT2	103	21,2	125	0
5	WT2	WT3	103	21,2	125	0
6	WT3	TURB	103	21,2	125	1
7	TURB	REKU	48	4,0	125	1
8	REKU	COND	38	4,0	125	1
K-ABLAUF	COND		20	0,0	5 141	1
K-ZULAUF		B2	12	1,0	5 141	1
KK	B2	COND	12	1,0	5 141	1
T-ZULAUF	B1	B4	131	15,0	150	0
T0		TP	130	15,0	150	0
T2	WT3	WT2	135	15,0	150	0
T3	WT2	WT1	108	15,0	150	0
T4	WT1	B5	70	15,0	150	0

Wärmeübertrager			Leistung	MITA
Beschreibung		Kennzeichnung	kW	°C
Vorwärmer		WT1	24 057	5
Teilverdampfer		WT2	7 515	5
Verdampfer		WT3	17 535	-
Auskopplung Wärmeversorgung		B4	2 558	-
Einkopplung Hochenthalpiewärme		B5	20 400	-
Rekuperator		REKU	2 270	7
Kondensator		COND	42 641	10

Weitere Komponenten			Wirkungsgrad	
	Kennzeichnung	Leistung	isentrop	mechanisch
		kW	-	-
Turbine	TURB	6 613	0,85	0,95
Förderpumpe	TP	892	0,80	0,95
Speisepumpe	SP	520	0,80	0,95
Ventilator Luftkühlung	B2	874	0,80	0,95
Ventilator Bandtrockner	-	138	-	0,95

Prozessdaten Trocknung			Prozessdaten Verbrennung		
Parameter	Einheit	Wert	Parameter	Einheit	Wert
Enthalpie Verdunstung	kJ/kg	749	Heizwert (Trockensub bezogen)	MJ/kg	5
Enthalpie Erwärmung	kJ/kg	402	Wirkungsgrad Thermoölkessel	-	0,85
Bedarfsenthalpie	kJ/kg	1 151	Durchsatz Trockenmasse	t/s	36 000
Druckverlust Bandtrockner	Pa	1 500			
Anfangsfeuchte Trocknerluft	g/kg	4			
Endfeuchtegehalt Trocknerluft	g/kg	16			
zu verdunstende Wassermenge	kg/s	0,67			
Wasseraufnahme Luft (0,5)	kg/kg	0,012			
Luftmenge	kg/s	56			
Wirkungsgrad Ventilatorsystem	-	0,6			

Tabelle B 14: Prozessdaten KWK-Betrieb Trocknung/Verbrennung KA3(KV)

Ströme	Von	Nach	Temperatur	Druck	Massenstrom	Dampfgehalt
-	-	-	°C	bar	kg/s	-
1	COND	SP	33	3,1	23	0
10	TP	B1	151	55,0	30	0
14	B4	WT3	180	15,0	30	0
2	SP	REKU	34	18,4	23	0
3	REKU	WT1	42	18,4	23	0
4	WT1	WT2	110	18,4	23	0
5	WT2	WT3	110	18,4	23	1
6	WT3	TURB	110	18,4	23	1
7	TURB	REKU	55	3,1	23	1
8	REKU	COND	45	3,1	23	1
K-ABLAUF	COND		24	0,0	996	1
K-ZULAUF		B2	15	1,0	996	1
KK	B2	COND	15	1,0	996	1
T-ZULAUF	B1	B4	151	15,0	30	0
T0		TP	150	15,0	30	0
T2	WT3	WT2	165	15,0	30	0
T3	WT2	WT1	115	15,0	30	0
T4	WT1	B5	72	15,0	30	0

Wärmeübertrager			Leistung	MITA
Beschreibung		Kennzeichnung	kW	°C
Vorwärmer		WT1	6 038	5
Teilverdampfer		WT2	5 048	-
Verdampfer		WT3	2 164	-
Auskopplung Wärmeversorgung		B5	3 762	-
Einkopplung Hochenthalpiewärme		B4	4 231	-
Rekuperator		REKU	563	5
Kondensator		COND	11 439	10

Weitere Komponenten		Wirkungsgrad		
	Kennzeichnung	Leistung	isentrop	mechanisch
		kW	-	-
Turbine	TURB	1 782	0,85	0,95
Förderpumpe	TP	183	0,80	0,95
Speisepumpe	SP	108	0,80	0,95
Ventilator Luftkühlung	B2	222	0,80	0,95
Ventilator Bandtrockner	-	203	-	0,95

Prozessdaten Trocknung			Prozessdaten Verbrennung		
Parameter	Einheit	Wert	Parameter	Einheit	Wert
Enthalpie Verdunstung	kJ/kg	1 623	Heizwert (Trockensub bezogen)	MJ/kg	11
Enthalpie Erwärmung	kJ/kg	871	Wirkungsgrad Thermoölkessel	-	0,85
Bedarfsenthalpie	kJ/kg	2 494	Durchsatz Trockenmasse	t/a	12 218
Druckverlust Bandtrockner	Pa	1 500			
Anfangsfeuchte Trocknerluft	g/kg	4			
Endfeuchtegehalt Trocknerluft	g/kg	16			
zu verdunstende Wassermenge	kg/s	0,98			
Wasseraufnahme Luft (0,5)	kg/kg	0,012			
Luftmenge	kg/s	82			
Wirkungsgrad Ventilatorsystem	-	0,6			

Tabelle B 15: Prozessdaten KWK-Betrieb Trocknung/Verbrennung KA3(EV)

Ströme	Von	Nach	Temperatur	Druck	Massenstrom	Dampfgehalt
-	-	-	°C	bar	kg/s	-
1	COND	SP	56	2,5	59	0
10	TP	B1	151	55,0	30	0
15	B4	WT3	278	85,0	30	0
2	SP	REKU	58	33,0	59	0
3	REKU	WT1	67	33,0	59	0
4	WT1	WT2	185	33,0	59	0
5	WT2	WT3	185	33,0	59	1
6	WT3	TURB	185	33,0	59	1
7	TURB	REKU	97	2,5	59	1
8	REKU	COND	87	2,5	59	1
K-ABLAUF	COND		52	0,0	602	1
K-ZULAUF		B2	15	1,0	602	1
KK	B2	COND	15	1,0	602	1
T-ZULAUF	B1	B4	152	85,0	30	0
T0		TP	150	15,0	30	0
T2	WT3	WT2	262	85,0	30	0
T3	WT2	WT1	251	85,0	30	0
T4	WT1	B5	72	85,0	30	0

Wärmeübertrager			Leistung	MITA
Beschreibung		Kennzeichnung	kW	°C
Vorwärmer		WT1	25 123	5
Teilverdampfer		WT2	4 511	-
Verdampfer		WT3	1 933	-
Auskopplung Wärmeversorgung		B4	2 558	-
Einkopplung Hochenthalpiewärme		B5	20 400	-
Rekuperator		REKU	1 309	5
Kondensator		COND	26 460	10

Weitere Komponenten			Wirkungsgrad	
	Kennzeichnung	Leistung	isentrop	mechanisch
		kW	-	-
Turbine	TURB	5 327	0,85	0,95
Förderpumpe	TP	183	0,80	0,95
Speisepumpe	SP	525	0,80	0,95
Ventilator Luftkühlung	B2	516	0,80	0,95
Ventilator Bandtrockner	-	138	-	0,95

Prozessdaten Trocknung			Prozessdaten Verbrennung		
Parameter	Einheit	Wert	Parameter	Einheit	Wert
Enthalpie Verdunstung	kJ/kg	749	Heizwert (Trockensub bezogen)	MJ/kg	18
Enthalpie Erwärmung	kJ/kg	402	Wirkungsgrad Thermoölkessel	-	0,85
Bedarfsenthalpie	kJ/kg	1 151	Durchsatz Trockenmasse	t/a	36 000
Druckverlust Bandtrockner	Pa	1 500			
Anfangsfeuchte Trocknerluft	g/kg	4			
Endfeuchtegehalt Trocknerluft	g/kg	16			
zu verdunstende Wassermenge	kg/s	0,67			
Wasseraufnahme Luft (0,5)	kg/kg	0,012			
Luftmenge	kg/s	56			
Wirkungsgrad Ventilatorsystem	-	0,6			

Tabelle B 16: Prozessdaten KWK-Betrieb Fernwärmeversorgung KU1

Ströme	Von	Nach	Temperatur °C	Druck bar	Massenstrom kg/s	Dampfgehalt
1	COND	SP	33	4,4	57	0
10	TP	B1	161	55,0	70	0
15	B4		61	10,0	70	0
16		B4	50	10,0	44	0
17	B4		70	12,0	44	0
2	SP	REKU	35	24,6	57	0
3	REKU	WT1	42	24,6	57	0
4	WT1	WT2	112	24,6	57	0
5	WT2	WT3	112	24,6	57	0,7
6	WT3	TURB	112	24,6	57	1
7	TURB	REKU	51	4,4	57	1
8	REKU	COND	41	4,4	57	1
K-ABLAUF	COND		24	0,0	2 191	1
K-ZULAUF		B2	15	1,0	2 191	1
KK	B2	COND	15	1,0	2 191	1
T-ZULAUF	B1	WT3	161	10,0	70	0
T0		TP	160	15,0	70	0
T2	WT3	WT2	139	10,0	70	0
T3	WT2	WT1	116	10,0	70	0
T4	WT1	B4	75	10,0	70	0

Wärmeübertrager Beschreibung	Wärmeübertrager Kennzeichnung	Leistung kW	MITA °C
Vorwärmer	WT1	12 106	5
Teilverdampfer	WT2	6 911	-
Verdampfer	WT3	2 962	-
Auskopplung Wärmeversorgung	B4	4 000	5
Rekuperator	REKU	1 039	10
Kondensator	COND	19 044	10

	Weitere Komponenten Kennzeichnung	Leistung kW	Wirkungsgrad isentrop	Mechanisch
			-	-
Turbine	TURB	3 040	0,85	0,95
Förderpumpe	TP	433	0,80	0,95
Speisepumpe	SP	279	0,80	0,95
Ventilator Luftkühlung	B2	376	0,80	0,95
Pumpen Wärmenetz	-	142	0,80	0,95
Spitzenlastkessel	-	1 000	0,92	-

Tabelle B 17: Prozessdaten KWK-Betrieb Fernwärmeversorgung KU2

Ströme	Von	Nach	Temperatur °C	Druck bar	Massenstrom kg/s	Dampfgehalt -
1	COND	SP	32	3,9	263,59	0
10	TP	B1	131	55	150	0
15	B4		52,23	10	150	0
16		B4	40	10	95,82	0
17	B4		60	10	95,82	0
2	SP	REKU	33,19	14	263,59	0
3	REKU	WT1	40,68	14	263,59	0
4	WT1	WT2	81,75	14	263,59	0
5	WT2	WT3	81,75	14	263,59	0,7
6	WT3	TURB	81,75	14	263,59	1
7	TURB	REKU	53,15	3,9	263,59	1
8	REKU	COND	43,15	3,9	263,59	1
K-ABLAUF	COND		23,26	0	2 530,32	1
K-ZULAUF		B2	12	1,01	2 530,32	1
KK	B2	COND	12,16	1,01	2 530,32	1
T-ZULAUF	B1	WT3	131,28	10	150	0
T0		TP	130	15	150	0
T2	WT3	WT2	107,04	10	150	0
T3	WT2	WT1	86,74	10	150	0
T4	WT1	B4	65	10	150	0

Wärmeübertrager Beschreibung	Wärmeübertrager Kennzeichnung	Leistung kW	MITA °C
Vorwärmer	WT1	13 648	5
Teilverdampfer	WT2	12 799	-
Verdampfer	WT3	5 486	-
Auskopplung Wärmeversorgung	B4	8 000	5
Rekuperator	REKU	2 222	10
Kondensator	COND	28 908	10

	Weitere Komponenten Kennzeichnung	Leistung kW	Wirkungsgrad isentrop	mechanisch
Turbine	TURB	3 027	0,85	0,95
Förderpumpe	TP	892	0,80	0,95
Speisepumpe	SP	239	0,80	0,95
Ventilator Luftkühlung	B2	430	0,80	0,95
Pumpen Wärmenetz	-	283	0,80	0,95
Spitzenlastkessel	-	2 000	0,92	-

Tabelle B 18: Prozessdaten KWK-Betrieb Fernwärmeversorgung KU3

Ströme	Von	Nach	Temperatur °C	Druck bar	Massenstrom kg/s	Dampfgehalt
1	COND	SP	34,91	4,6	21,31	0
10	TP	B1	150,67	55	30	0
15	B4		55,84	10	30	0
16		B4	50	10	28,8	0
17	B4		70	10	28,8	0
2	SP	REKU	36,04	18,6	21,31	0
3	REKU	WT1	43,34	18,6	21,31	0
4	WT1	WT2	96,37	18,6	21,31	0
5	WT2	WT3	96,37	18,6	21,31	0,7
6	WT3	TURB	96,37	18,6	21,31	1
7	TURB	REKU	50,41	4,6	21,31	1
8	REKU	COND	40,41	4,6	21,31	1
K-ABLAUF	COND		25,25	0	676,87	1
K-ZULAUF		B2	15	1,01	676,87	1
KK	B2	COND	15,16	1,01	676,87	1
T-ZULAUF	B1	WT3	151,28	15	30	0
T0		TP	150	15	30	0
T2	WT3	WT2	127,07	15	30	0
T3	WT2	WT1	101,36	15	30	0
T4	WT1	B4	74,99	15	30	0

Wärmeübertrager Beschreibung	Wärmeübertrager Kennzeichnung	Leistung kW	MITA °C
Vorwärmer	WT1	3 319	5
Teilverdampfer	WT2	3 260	-
Verdampfer	WT3	1 397	-
Auskopplung Wärmeversorgung	B4	2 400	5
Rekuperator	REKU	391	10
Kondensator	COND	7 047	10

	Weitere Komponenten Kennzeichnung	Leistung kW	Wirkungsgrad isentrop -	mechanisch -
Turbine	TURB	926	0,85	0,95
Förderpumpe	TP	183	0,80	0,95
Speisepumpe	SP	69	0,80	0,95
Ventilator Luftkühlung	B2	116	0,80	0,95
Pumpen Wärmenetz	-	85	0,80	0,95
Spitzenlastkessel	-	600	0,92	-

Tabelle B 19: Prozessdaten KWK-Betrieb Kombination der Kopplungsvarianten KK1(KV)

Ströme	Von	Nach	Temperatur	Druck	Massenstrom	Dampfgehalt
-	-	-	°C	bar	kg/s	-
1	COND	SP	31	2,1	74	0
10	TP	B1	160	55,0	70	0
17	B5	WT3	177	15,0	70	0
2	SP	REKU	32	15,0	74	0
3	REKU	WT1	40,8	15,0	74	0
4	WT1	WT2	115	15,0	74	0
5	WT2	WT3	115	15,0	74	1
6	WT3	TURB	115	15,0	74	1
7	TURB	REKU	68	2,1	74	1
8	REKU	COND	58	2,1	74	1
K-ABLAUF	COND		22	0,0	3 259	1
K-ZULAUF		B2	15	1,0	3 259	1
KK	B2	COND	15	1,0	3 259	1
T-ZULAUF	B1	B5	160	15,0	70	0
T0		TP	160	15,0	70	0
T2	WT3	WT2	153	15,0	70	0
T3	WT2	WT1	120	15,0	70	0

Wärmeübertrager		Leistung	MITA
Beschreibung	Kennzeichnung	kW	°C
Vorwärmer	WT1	14 432	5,0
Teilverdampfer	WT2	9 802	5,0
Verdampfer	WT3	4 201	-
Auskopplung Wärmeversorgung	B4	9 363	-
Einkopplung Hochenthalpiewärme	B5	5 362	-
Rekuperator	REKU	1 352	10,0
Kondensator	COND	24 444	10,0

Weitere Komponenten			Wirkungsgrad	
	Kennzeichnung	Leistung	isentrop	mechanisch
		kW	-	-
Turbine	TURB	3 981	0,85	0,95
Förderpumpe	TP	486	0,80	0,95
Speisepumpe	SP	208	0,80	0,95
Ventilator Luftkühlung	B2	539	0,80	0,95
Ventilator Bandtrockner	-	506	-	0,95

Prozessdaten Trocknung			Prozessdaten Verbrennung		
Parameter	Einheit	Wert	Parameter	Einheit	Wert
Enthalpie Verdunstung	kJ/kg	1 623	Heizwert (Trockensub bezogen)	MJ/kg	11
Enthalpie Erwärmung	kJ/kg	871	Wirkungsgrad Thermoölkessel	-	0,85
Bedarfsenthalpie	kJ/kg	2 494	Durchsatz Trockenmasse	t/a	15 485
Druckverlust Bandtrockner	Pa	1 500			
Anfangsfeuchte Trocknerluft	g/kg	4			
Endfeuchtegehalt Trocknerluft	g/kg	16			
zu verdunstende Wassermenge	kg/s	2,44			
Wasseraufnahme Luft (0,5)	kg/kg	0,012			
Luftmenge	kg/s	203			
Wirkungsgrad Ventilatorsystem	-	0,6			

Tabelle B 20: Prozessdaten KWK-Betrieb Trocknung Kombination der Konzepte KK1(EV)

Ströme	Von	Nach	Temperatur	Druck	Massenstrom	Dampfgehalt
-	-	-	°C	bar	kg/s	-
1	COND	SP	34,67	2,3	118,03	0
10	TP	B1	160,89	55	70	0
17	B5	WT3	214,54	23	70	0
2	SP	REKU	36,71	30,5	118,03	0
3	REKU	WT1	45,07	30,5	118,03	0
4	WT1	WT2	157,58	30,5	118,03	0
5	WT2	WT3	157,58	30,5	118,03	1
6	WT3	TURB	157,58	30,5	118,03	1
7	TURB	REKU	75,15	2,3	118,03	1
8	REKU	COND	65,15	2,3	118,03	1
K-ABLAUF	COND		26,44	0	3570,88	1
K-ZULAUF		B2	15	1,01	3570,88	1
KK	B2	COND	15,16	1,01	3570,88	1
T-ZULAUF	B1	B5	161,42	23	70	0
T0		TP	160	15	70	0
T2	WT3	WT2	208,46	23	70	0
T3	WT2	WT1	194	23	70	0

Wärmeübertrager		Leistung	MITA
Beschreibung	Kennzeichnung	kW	°C
Vorwärmer	WT1	42 881	5
Teilverdampfer	WT2	4 521	5
Verdampfer	WT3	1 938	-
Auskopplung Wärmeversorgung	B4	4 796	-
Einkopplung Hochenthalpiewärme	B5	20 400	-
Rekuperator	REKU	4 473	10
Kondensator	COND	41 420	10

Weitere Komponenten			Wirkungsgrad	
	Kennzeichnung	Leistung	isentrop	mechanisch
		kW	-	-
Turbine	TURB	8 214	0,85	0,95
Förderpumpe	TP	540	0,80	0,95
Speisepumpe	SP	763	0,80	0,95
Ventilator Luftkühlung	B2	613	0,80	0,95
Ventilator Bandtrockner	-	259	-	0,95

Prozessdaten Trocknung			Prozessdaten Verbrennung		
Parameter	Einheit	Wert	Parameter	Einheit	Wert
Enthalpie Verdunstung	kJ/kg	749	Heizwert (Trockensub bezogen)	MJ/kg	18
Enthalpie Erwärmung	kJ/kg	402	Wirkungsgrad Thermoölkessel	-	0,85
Bedarfsenthalpie	kJ/kg	1 151	Durchsatz Trockenmasse	t/a	35 552
Druckverlust Bandtrockner	Pa	1 500			
Anfangsfeuchte Trocknerluft	g/kg	4			
Endfeuchtegehalt Trocknerluft	g/kg	16			
zu verdunstende Wassermenge	kg/s	1,25			
Wasseraufnahme Luft (0,5)	kg/kg	0,012			
Luftmenge	kg/s	104			
Wirkungsgrad Ventilatorsystem	-	0,6			

Tabelle B 21: Prozessdaten KWK-Betrieb Trocknung Kombination der Konzepte KK2(KV)

Ströme	Von	Nach	Temperatur	Druck	Massenstrom	Dampfgehalt
-	-	-	°C	bar	kg/s	-
1	COND	SP	30	3,6	300	0
10	TP	B1	131	55,0	150	0
14	B4	WT3	140	15,0	150	0
2	SP	REKU	31	16,6	300	0
3	REKU	WT1	38	16,6	300	0
4	WT1	WT2	90	16,6	300	0
5	WT2	WT3	90	16,6	300	0
6	WT3	TURB	90	16,6	300	1
7	TURB	REKU	54	3,6	300	1
8	REKU	COND	44	3,6	300	1
K-ABLAUF	COND		21	0,0	3 880	1
K-ZULAUF		B2	12	1,0	3 880	1
KK	B2	COND	12	1,0	3 880	1
T-ZULAUF	B1	B4	131	15,0	150	0
T0		TP	130	15,0	150	0
T2	WT3	WT2	120	15,0	150	0
T3	WT2	WT1	94	15,0	150	0

Wärmeübertrager		Leistung	MITA
Beschreibung	Kennzeichnung	kW	°C
Vorwärmer	WT1	19 760	5
Teilverdampfer	WT2	5 548	5
Verdampfer	WT3	12 946	-
Auskopplung Wärmeversorgung	B4	11 877	-
Einkopplung Hochenthalpiewärme	B5	5 074	-
Rekuperator	REKU	2 528	13
Kondensator	COND	34 163	10

Weitere Komponenten			Wirkungsgrad	
	Kennzeichnung	Leistung	isentrop	mechanisch
		kW	-	-
Turbine	TURB	4 202	0,85	0,95
Förderpumpe	TP	892	0,80	0,95
Speisepumpe	SP	348	0,80	0,95
Ventilator Luftkühlung	B2	659	0,80	0,95
Ventilator Bandtrockner	-	642	-	0,95

Prozessdaten Trocknung			Prozessdaten Verbrennung		
Parameter	Einheit	Wert	Parameter	Einheit	Wert
Enthalpie Verdunstung	kJ/kg	1 623	Heizwert (Trockensub bezogen)	MJ/kg	11
Enthalpie Erwärmung	kJ/kg	871	Wirkungsgrad Thermoölkessel	-	0,85
Bedarfsenthalpie	kJ/kg	2 494	Durchsatz Trockenmasse	t/s	14 652
Druckverlust Bandtrockner	Pa	1 500			
Anfangsfeuchte Trocknerluft	g/kg	4			
Endfeuchtegehalt Trocknerluft	g/kg	16			
zu verdunstende Wassermenge	kg/s	3,10			
Wasseraufnahme Luft (0,5)	kg/kg	0,012			
Luftmenge	kg/s	258			
Wirkungsgrad Ventilatorsystem	-	0,6			

Tabelle B 22: Prozessdaten KWK-Betrieb Trocknung Kombination der Konzepte KK2(EV)

Ströme	Von	Nach	Temperatur	Druck	Massenstrom	Dampfgehalt
-	-	-	°C	bar	kg/s	-
1	COND	SP	30	4,0	120	0
10	TP	B1	131	55,0	150	0
14	B4	WT3	158	10,0	150	0
2	SP	REKU	31	21,2	120	0
3	REKU	WT1	39	21,2	120	0
4	WT1	WT2	103	21,2	120	0
5	WT2	WT3	103	21,2	120	0
6	WT3	TURB	103	21,2	120	1
7	TURB	REKU	48	4,0	120	1
8	REKU	COND	38	4,0	120	1
K-ABLAUF	COND		20	0,0	4 876	1
K-ZULAUF		B2	12	1,0	4 876	1
KK	B2	COND	12	1,0	4 876	1
T-ZULAUF	B1	B4	131	10,0	150	0
T0		TP	130	15,0	150	0
T2	WT3	WT2	135	10,0	150	0
T3	WT2	WT1	108,27	10	150	0

Wärmeübertrager		Leistung	MITA
Beschreibung	Kennzeichnung	kW	°C
Vorwärmer	WT1	22 995	5
Teilverdampfer	WT2	7 183	5
Verdampfer	WT3	16 761	-
Auskopplung Wärmeversorgung	B4	4 796	-
Einkopplung Hochenthalpiewärme	B5	20 400	-
Rekuperator	REKU	2 170	7
Kondensator	COND	40 759	10

Weitere Komponenten			Wirkungsgrad	
	Kennzeichnung	Leistung	isentrop	mechanisch
		kW	-	-
Turbine	TURB	6 322	0,85	0,95
Förderpumpe	TP	892	0,80	0,95
Speisepumpe	SP	497	0,80	0,95
Ventilator Luftkühlung	B2	829	0,80	0,95
Ventilator Bandtrockner	-	296	-	0,95

Prozessdaten Trocknung			Prozessdaten Verbrennung		
Parameter	Einheit	Wert	Parameter	Einheit	Wert
Enthalpie Verdunstung	kJ/kg	749	Heizwert (Trockensub bezogen)	MJ/kg	5
Enthalpie Erwärmung	kJ/kg	402	Wirkungsgrad Thermoölkessel	-	0,85
Bedarfsenthalpie	kJ/kg	1 151	Durchsatz Trockenmasse	t/s	36 000
Druckverlust Bandtrockner	Pa	1 500			
Anfangsfeuchte Trocknerluft	g/kg	4			
Endfeuchtegehalt Trocknerluft	g/kg	16			
zu verdunstende Wassermenge	kg/s	1,43			
Wasseraufnahme Luft (0,5)	kg/kg	0,012			
Luftmenge	kg/s	119			
Wirkungsgrad Ventilatorsystem	-	0,6			

Tabelle B 23: Prozessdaten KWK-Betrieb Trocknung Kombination der Konzepte KK3(KV)

Ströme	Von	Nach	Temperatur	Druck	Massenstrom	Dampfgehalt
-	-	-	°C	bar	kg/s	-
1	COND	SP	33	3,1	22,54	0
10	TP	B1	151	55,0	30	0
15	B4	WT3	165	15	30	0
2	SP	REKU	34	18,4	22,54	0
3	REKU	WT1	42	18,4	22,54	0
4	WT1	WT2	110	18,4	22,54	0
5	WT2	WT3	110	18,4	22,54	1
6	WT3	TURB	110	18,4	22,54	1
7	TURB	REKU	55	3,1	22,54	1
8	REKU	COND	45	3,1	22,54	1
K-ABLAUF	COND		24	0,0	960,51	1
K-ZULAUF		B2	15	1,0	960,51	1
KK	B2	COND	15	1,0	960,51	1
T-ZULAUF	B1	B4	151	15	30	0
T0		TP	150	15	30	0
T2	WT3	WT2	156,5	15	30	0
T3	WT2	WT1	114,5	15	30	0

Wärmeübertrager		Leistung	MITA
Beschreibung	Kennzeichnung	kW	°C
Vorwärmer	WT1	4 214	5
Teilverdampfer	WT2	3 524	-
Verdampfer	WT3	1 510	-
Auskopplung Wärmeversorgung	B4	3 762	-
Einkopplung Hochenthalpiewärme	B5	2 060	-
Rekuperator	REKU	393	5
Kondensator	COND	7 984	10

Weitere Komponenten			Wirkungsgrad	
	Kennzeichnung	Leistung	isentrop	mechanisch
		kW	-	-
Turbine	TURB	1 270	0,85	0,95
Förderpumpe	TP	183	0,80	0,95
Speisepumpe	SP	76	0,80	0,95
Ventilator Luftkühlung	B2	155	0,80	0,95
Ventilator Bandtrockner	-	203	-	0,95

Prozessdaten Trocknung			Prozessdaten Verbrennung		
Parameter	Einheit	Wert	Parameter	Einheit	Wert
Enthalpie Verdunstung	kJ/kg	1 623	Heizwert (Trockensub bezogen)	MJ/kg	11
Enthalpie Erwärmung	kJ/kg	871	Wirkungsgrad Thermoölkessel	-	0,85
Bedarfsenthalpie	kJ/kg	2 494	Durchsatz Trockenmasse	t/a	5 948
Druckverlust Bandtrockner	Pa	1 500			
Anfangsfeuchte Trocknerluft	g/kg	4			
Endfeuchtegehalt Trocknerluft	g/kg	16			
zu verdunstende Wassermenge	kg/s	0,98			
Wasseraufnahme Luft (0,5)	kg/kg	0,012			
Luftmenge	kg/s	82			
Wirkungsgrad Ventilatorsystem	-	0,6			

Tabelle B 24: Prozessdaten KWK-Betrieb Trocknung Kombination der Konzepte KK3(EV)

Ströme	Von	Nach	Temperatur	Druck	Massenstrom	Dampfgehalt
-	-	-	°C	bar	kg/s	-
1	COND	SP	56	2,5	59	0
10	TP	B1	151	95,0	30	0
15	B4	WT3	252	53,0	30	0
2	SP	REKU	58	33,0	59	0
3	REKU	WT1	67	33,0	59	0
4	WT1	WT2	147	33,0	59	0
5	WT2	WT3	147	33,0	59	1
6	WT3	TURB	147	33,0	59	1
7	TURB	REKU	52	2,5	59	1
8	REKU	COND	42	2,5	59	1
K-ABLAUF	COND		23	0,0	597	1
K-ZULAUF		B2	15	1,0	597	1
KK	B2	COND	15	1,0	597	1
T-ZULAUF	B1	B4	151	53,0	30	0
T0		TP	150	15,0	30	0
T2	WT3	WT2	243	53	30	0
T3	WT2	WT1	218	53	30	0

Wärmeübertrager		Leistung	MITA
Beschreibung	Kennzeichnung	kW	°C
Vorwärmer	WT1	21 900	5
Teilverdampfer	WT2	3 625	-
Verdampfer	WT3	1 553	-
Auskopplung Wärmeversorgung	B4	3 762	-
Einkopplung Hochenthalpiewärme	B5	15 804	-
Rekuperator	REKU	1 125	5
Kondensator	COND	22 694	10

Weitere Komponenten			Wirkungsgrad	
	Kennzeichnung	Leistung	isentrop	mechanisch
		kW	-	-
Turbine	TURB	4 579	0,85	0,95
Förderpumpe	TP	183	0,80	0,95
Speisepumpe	SP	458	0,80	0,95
Ventilator Luftkühlung	B2	441	0,80	0,95
Ventilator Bandtrockner	-	203	-	0,95

Prozessdaten Trocknung			Prozessdaten Verbrennung		
Parameter	Einheit	Wert	Parameter	Einheit	Wert
Enthalpie Verdunstung	kJ/kg	749	Heizwert (Trockensub bezogen)	MJ/kg	18
Enthalpie Erwärmung	kJ/kg	402	Wirkungsgrad Thermoölkessel	-	0,85
Bedarfsenthalpie	kJ/kg	1 151	Durchsatz Trockenmasse	t/a	27 889
Druckverlust Bandtrockner	Pa	1 500			
Anfangsfeuchte Trocknerluft	g/kg	4			
Endfeuchtegehalt Trocknerluft	g/kg	16			
zu verdunstende Wassermenge	kg/s	0,98			
Wasseraufnahme Luft (0,5)	kg/kg	0,012			
Luftmenge	kg/s	82			
Wirkungsgrad Ventilatorsystem	-	0,6			

Anhang C: Ökonomische Analyse

Tabelle C 1: Zusammensetzung Investitionen und Annuität der kapitalgebundenen Zahlungen R1

Position	I in €	n in a	B_rest in €	ΣB in €	A_ΣB in €	B_I in €	A_I in €	A_K in €
Bohrungen	14 787 365	30	2 249 587	12 537 778	922 552	4 019 302	295 747	1 218 299
Einrichten Bohrplatz	800 000	0	0	800 000	58 865	217 445	16 000	74 865
Umsetzen Bohrplatz	200 000	0	0	200 000	14 716	54 361	4 000	18 716
Bohrlochvermessung	304 960	0	0	304 960	22 439	82 890	6 099	28 539
Produktionstests	300 000	0	0	300 000	22 075	81 542	6 000	28 075
Stimulation	800 000	0	0	800 000	58 865	217 445	16 000	74 865
Slop-und Filtersysteme	561 400	11	46 585	879 490	64 714	152 592	11 228	75 942
Thermalwasserkreislauf	300 000	25	27 383	272 617	20 060	81 542	6 000	26 060
Förderpumpe	758 417	2	-1 153 773	4 536 604	333 811	206 143	15 168	348 980
Konversionsanlage (ORC)	7 255 611	15	2 207 577	9 076 816	667 888	1 972 122	145 112	813 000
Elektroanbindung	443 292	30	67 438	375 854	27 656	120 490	8 866	36 522
Gebäude	250 000	30	38 032	211 968	15 597	67 952	5 000	20 597
Aufschlag Unvorhergesehenes	5 352 209	0	0	5 352 209	393 825	1 454 765	107 044	500 869
Planung	963 398	0	0	963 398	70 888	261 858	19 268	90 156

I = Investitionen; n = Nutzungsdauer; B_{rest} = Barwert des Restwertes; $\sum B$ = Summe der Barwerte; $A_{\sum B}$ = Annuität Summe der Barwerte; B_I = Barwert Investitionen; A_I = Annuität Investitionen; A_K = Annuität kapitalgebundene Kosten

Tabelle C 2: Zusammensetzung Investitionen und Annuität der kapitalgebundenen Zahlungen R2

Position	I in €	n in a	B_rest in €	∑B in €	A_∑B in €	B_I in €	A_I in €	A_K in €
Bohrungen	15 568 865	30	2 368 476	13 200 389	971 308	1 057 930	77 844	1 049 152
Einrichten Bohrplatz	800 000	0	0	800 000	58 865	0	0	58 865
Umsetzen Bohrplatz	200 000	0	0	200 000	14 716	0	0	14 716
Bohrlochvermessung	311 307	0	0	311 307	22 907	0	0	22 907
Produktionstests	300 000	0	0	300 000	22 075	0	0	22 075
Stimulation	800 000	0	0	800 000	58 865	108 723	8 000	66 865
Slop-und Filtersysteme	853 575	11	70 829	1 337 212	98 394	464 015	34 143	132 537
Thermalwasserkreislauf	300 000	25	27 383	272 617	20 060	163 084	12 000	32 060
Förderpumpe	1 395 307	2	-2 122 666	8 346 268	614 133	0	0	614 133
Konversionsanlage (ORC)	7 785 754	15	2 368 878	9 740 029	716 688	1 058 109	77 858	794 546
Elektroanbindung	467 186	30	71 073	396 113	29 147	63 492	4 672	33 819
Gebäude	250 000	30	38 032	211 968	15 597	33 976	2 500	18 097
Aufschlag Unvorhergesehenes	5 806 399	0	0	5 806 399	427 245	0	0	427 245
Planung	1 045 152	0	0	1 045 152	76 904	0	0	76 904

I = Investitionen; n = Nutzungsdauer; B_Rest = Barwert des Restwertes; ∑B = Summe der Barwerte; A_∑B = Annuität Summe der Barwerte; B_I = Barwert Investitionen; A_I = Annuität Investitionen; A_K = Annuität kapitalgebundene Kosten

Tabelle C 3: Zusammensetzung Investitionen und Annuität der kapitalgebundenen Zahlungen R3

Position	I in €	n in a	B_rest in €	∑B in €	A_∑B in €	B_I in €	A_I in €	A_K in €
Bohrungen	19 565 603	30	2 976 495	16 589 108	1 220 656	1 329 515	97 828	1 318 484
Einrichten Bohrplatz	800 000	0	0	800 000	58 865	0	0	58 865
Umsetzen Bohrplatz	200 000	0	0	200 000	14 716	0	0	14 716
Bohrlochvermessung	341 102	0	0	341 102	25 099	0	0	25 099
Produktionstests	300 000	0	0	300 000	22 075	0	0	22 075
Stimulation	800 000	0	0	800 000	58 865	108 723	8 000	66 865
Slop-und Filtersysteme	212 075	11	17 598	332 237	24 447	115 287	8 483	32 930
Thermalwasserkreislauf	300 000	25	27 383	272 617	20 060	163 084	12 000	32 060
Förderpumpe	385 091	2	- 585 835	2 303 489	169 495	0	0	169 495
Konversionsanlage (ORC)	3 747 830	15	1 140 307	4 688 559	344 992	509 342	37 478	382 471
Elektroanbindung	315 419	30	47 984	267 435	19 678	42 867	3 154	22 833
Gebäude	250 000	30	38 032	211 968	15 597	33 976	2 500	18 097
Aufschlag Unvorhergesehenes	5 443 424	0	0	5 443 424	400 537	0	0	400 537
Planung	979 816	0	0	979 816	72 097	0	0	72 097

I = Investitionen; n = Nutzungsdauer; B_{rest} = Barwert des Restwertes; ∑B = Summe der Barwerte; $A_{∑B}$ = Annuität Summe der Barwerte; B_I = Barwert Investitionen; A_I = Annuität Investitionen; A_K = Annuität kapitalgebundene Kosten

Tabelle C 4: Zusammensetzung Investitionen und Annuität der kapitalgebundenen Zahlungen KA1(KT)

Position	I in €	n in a	B_{rest} in €	$\sum B$ in €	$A_{\sum B}$ in €	B_I in €	A_I in €	A_K in €
Bohrungen	14 787 365	30	2 249 587	12 537 778	922 552	1 004 826	73 937	996 488
Einrichten Bohrplatz	800 000	0	0	800 000	58 865	0	0	58 865
Umsetzen Bohrplatz	200 000	0	0	200 000	14 716	0	0	14 716
Bohrlochvermessung	304 960	0	0	304 960	22 439	0	0	22 439
Produktionstests	300 000	0	0	300 000	22 075	0	0	22 075
Stimulation	800 000	0	0	800 000	58 865	108 723	8 000	66 865
Slop-und Filtersysteme	561 383	11	46 583	879 463	64 712	305 175	22 455	87 168
Thermalwasserkreislauf	300 000	25	27 383	272 617	20 060	163 084	12 000	32 060
Förderpumpe	758 417	2	-1 153 773	4 536 604	333 811	0	0	333 811
Konversionsanlage (ORC)	7 255 611	15	2 207 577	9 076 816	667 888	986 061	72 556	740 444
Elektroanbindung	443 292	30	67 438	375 854	27 656	60 245	4 433	32 089
Gebäude	250 000	30	38 032	211 968	15 597	33 976	2 500	18 097
Aufschlag Unvorhergesehenes	5 352 205	0	0	5 352 205	393 825	0	0	393 825
Planung	1 020 607	0	0	1 020 607	75 098	277 408	20 412	95 510
Bandtrockner	1 413 151	15	429 962	1 767 861	130 082	384 104	28 263	158 345
Wärmeübertrager	439 146	15	133 614	549 375	40 424	119 363	8 783	49 207
Lager	54 708	20		54 708	4 026	14 870	1 094	5 120

I = Investitionen; n = Nutzungsdauer; B_{Rest} = Barwert des Restwertes; $\sum B$ = Summe der Barwertes; $A_{\sum B}$ = Annuität Summe der Barwerte;
B_I = Barwert Investitionen; A_I = Annuität Investitionen; A_K = Annuität kapitalgebundene Kosten

Tabelle C 5: Zusammensetzung Investitionen und Annuität der kapitalgebundenen Zahlungen KA2(KT)

Position	I in €	n in a	B_{rest} in €	ΣB in €	$A_{\Sigma B}$ in €	B_I in €	A_I in €	A_K in €
Bohrungen	15 568 865	30	2 368 476	13 200 389	971 308	1 057 930	77 844	1 049 152
Einrichten Bohrplatz	800 000	0	0	800 000	800 000	0	0	58 865
Umsetzen Bohrplatz	200 000	0	0	200 000	14 716	0	0	14 716
Bohrlochvermessung	311 307	0	0	311 307	22 907	0	0	22 907
Produktionstests	300 000	0	0	300 000	22 075	0	0	22 075
Stimulation	800 000	0	0	800 000	58 865	108 723	8 000	66 865
Slop-und Filtersysteme	798 400	11	66 251	1 250 775	92 034	434 021	31 936	123 970
Thermalwasserkreislauf	300 000	25	27 383	272 617	20 060	163 084	12 000	32 060
Förderpumpe	1 395 307	2	-2 122 666	8 346 268	614 133	0	0	614 133
Konversionsanlage (ORC)	7 785 754	15	2 368 878	9 740 029	716 688	1 058 109	77 858	794 546
Elektroanbindung	467 186	30	71 073	396 113	29 147	63 492	4 672	33 819
Gebäude	250 000	30	38 032	211 968	15 597	33 976	2 500	18 097
Aufschlag Unvorhergesehenes	5 795 364	0	0	5 795 364	426 433	0	0	426 433
Planung	1 131 302	0	0	1 131 302	83 243	307 495	22 626	105 869
Bandtrockner	1 413 151	15	429 962	1 767 861	130 082	384 104	28 263	158 345
Wärmeübertrager	1 470 040	15	447 271	1 839 030	135 319	399 567	29 401	164 720
Lager	54 708	20	0	54 708	4 026	14 870	1 094	5 120

I = Investitionen; n = Nutzungsdauer; B_{Rest} = Barwert des Restwertes; ΣB = Summe der Barwerte; $A_{\Sigma B}$ = Annuität Summe der Barwerte;
B_I = Barwert Investitionen; A_I = Annuität Investitionen; A_K = Annuität kapitalgebundene Kosten

Tabelle C 6: Zusammensetzung Investitionen und Annuität der kapitalgebundenen Zahlungen KA3(KT)

Position	I in €	n in a	B_{Rest} in €	$\sum B$ in €	$A_{\sum B}$ in €	B_I in €	A_I in €	A_K in €
Bohrungen	19 565 603	30	2 976 495	16 589 108	1 220 656	1 329 515	97 828	1 318 484
Einrichten Bohrplatz	800 000	0	0	800 000	58 865	0	0	58 865
Umsetzen Bohrplatz	200 000	0	0	200 000	14 716	0	0	14 716
Bohrlochvermessung	341 102	0	0	341 102	25 099	0	0	25 099
Produktionstests	300 000	0	0	300 000	22 075	0	0	22 075
Stimulation	800 000	0	0	800 000	58 865	108 723	8 000	66 865
Slop-und Filtersysteme	212 175	11	17 606	332 393	24 458	115 341	8 487	32 945
Thermalwasserkreislauf	300 000	25	27 383	272 617	20 060	163 084	12 000	32 060
Förderpumpe	385 091	2	- 585 835	2 303 489	169 495	0	0	169 495
Konversionsanlage (ORC)	3 747 830	15	1 140 307	4 688 559	344 992	509 342	37 478	382 471
Elektroanbindung	315 419	30	47 984	267 435	19 678	42 867	3 154	22 833
Gebäude	250 000	30	38 032	211 968	15 597	33 976	2 500	18 097
Aufschlag Unvorhergesehenes	5 443 444	0	0	5 443 444	400 538	0	0	400 538
Planung	1 019 413	0	0	1 019 413	75 010	277 083	20 388	95 398
Bandtrockner	1 036 517	15	315 369	1 296 689	95 413	281 732	20 730	116 143
Wärmeübertrager	260 836	15	79 361	326 308	24 010	70 897	5 217	29 227
Lager	22 422	20	0	22 422	1 650	6 095	448	2 098

I = Investitionen; n = Nutzungsdauer; B_{Rest} = Barwert des Restwertes; $\sum B$ = Summe der Barwerte; $A_{\sum B}$ = Annuität Summe der Barwerte; B_I = Barwert Investitionen; A_I = Annuität Investitionen; A_K = Annuität kapitalgebundene Kosten

Tabelle C 7: Zusammensetzung Investitionen und Annuität der kapitalgebundenen Zahlungen KA1(PT)

Position	I in €	n in a	B_{rest} in €	$\sum B$ in €	$A_{\sum B}$ in €	B_I in €	A_I in €	A_K in €
Bohrungen	14 787 365	30	2 249 587	12 537 778	922 552	1 004 826	73 937	996 488
Einrichten Bohrplatz	800 000	0	0	800 000	58 865	0	0	58 865
Umsetzen Bohrplatz	200 000	0	0	200 000	14 716	0	0	14 716
Bohrlochvermessung	304 960	0	0	304 960	22 439	0	0	22 439
Produktionstests	300 000	0	0	300 000	22 075	0	0	22 075
Stimulation	800 000	0	0	800 000	58 865	108 723	8 000	66 865
Slop-und Filtersysteme	561 383	11	46 583	879 463	64 712	305 175	22 455	87 168
Thermalwasserkreislauf	300 000	25	27 383	272 617	20 060	163 084	12 000	32 060
Förderpumpe	758 417	2	-1 153 773	4 536 604	333 811	0	0	333 811
Konversionsanlage (ORC)	7 255 611	15	2 207 577	9 076 816	667 888	986 061	72 556	740 444
Elektroanbindung	443 292	30	67 438	375 854	27 656	60 245	4 433	32 089
Gebäude	250 000	30	38 032	211 968	15 597	33 976	2 500	18 097
Aufschlag Unvorhergesehenes	5 352 205	0	0	5 352 205	393 825	0	0	393 825
Planung	1 007 818	0	0	1 007 818	74 157	273 931	20 156	94 313
Bandtrockner	761 298	15	231 631	952 389	70 078	206 926	15 226	85 304
Wärmeübertrager	375 756	15	114 327	470 073	34 589	102 133	7 515	42 104
Lager	343 640	20	0	343 640	25 286	93 404	6 873	32 158

I = Investitionen; n = Nutzungsdauer; B_{Rest} = Barwert des Restwertes; $\sum B$ = Summe der Barwerte; $A_{\sum B}$ = Annuität Summe der Barwerte;
B_I = Barwert Investitionen; A_I = Annuität Investitionen; A_K = Annuität kapitalgebundene Kosten

Tabelle C 8: Zusammensetzung Investitionen und Annuität der kapitalgebundenen Zahlungen KA2(PT)

Position	I in €	n in a	B_{rest} in €	$\sum B$ in €	$A_{\sum B}$ in €	B_I in €	A_I in €	A_K in €
Bohrungen	15 568 865	30	2 368 476	13 200 389	971 308	1 057 930	77 844	1 049 152
Einrichten Bohrplatz	800 000	0	0	800 000	58 865	0	0	58 865
Umsetzen Bohrplatz	200 000	0	0	200 000	14 716	0	0	14 716
Bohrlochvermessung	311 307	0	0	311 307	22 907	0	0	22 907
Produktionstests	300 000	0	0	300 000	22 075	0	0	22 075
Stimulation	800 000	0	0	800 000	58 865	108 723	8 000	66 865
Slop-und Filtersysteme	561 383	11	46 583	879 463	64 712	305 175	22 455	87 168
Thermalwasserkreislauf	300 000	25	27 383	272 617	20 060	163 084	12 000	32 060
Förderpumpe	1 395 307	2	-2 122 666	8 346 268	614 133	0	0	614 133
Konversionsanlage (ORC)	7 785 754	15	2 368 878	9 740 029	716 688	1 058 109	77 858	794 546
Elektroanbindung	467 186	30	71 073	396 113	29 147	63 492	4 672	33 819
Gebäude	250 000	30	38 032	211 968	15 597	33 976	2 500	18 097
Aufschlag Unvorhergesehenes	5 747 960	0	0	5 747 960	422 945	0	0	422 945
Planung	1 083 530	0	0	1 083 530	79 728	294 511	21 671	101 399
Bandtrockner	761 298	15	231 631	952 389	70 080	206 926	15 226	85 304
Wärmeübertrager	685 337	15	208 519	857 361	63 086	186 279	13 707	76 793
Lager	183 275	20	0	183 275	13 486	49 815	3 665	17 151

I = Investitionen; n = Nutzungsdauer; B_{Rest} = Barwert des Restwertes; $\sum B$ = Summe der Barwerte; $A_{\sum B}$ = Annuität Summe der Barwerte;
B_I = Barwert Investitionen; A_I = Annuität Investitionen; A_K = Annuität kapitalgebundene Kosten

Tabelle C 9: Zusammensetzung Investitionen und Annuität der kapitalgebundenen Zahlungen KA3(PT)

Position	I in €	n in a	B_{rest} in €	$\sum B$ in €	$A_{\sum B}$ in €	B_I in €	A_I in €	A_K in €
Bohrungen	19 565 603	30	2 976 495	16 589 108	1 220 656	1 329 515	97 828	1 318 484
Einrichten Bohrplatz	800 000	0	0	800 000	58 865	0	0	58 865
Umsetzen Bohrplatz	200 000	0	0	200 000	14 716	0	0	14 716
Bohrlochvermessung	341 102	0	0	341 102	25 099	0	0	25 099
Produktionstests	300 000	0	0	300 000	22 075	0	0	22 075
Stimulation	800 000	0	0	800 000	58 865	108 723	8 000	66 865
Slop-und Filtersysteme	317 730	11	26 365	497 757	36 626	172 722	12 709	49 335
Thermalwasserkreislauf	300 000	25	27 383	272 617	20 060	163 084	12 000	32 060
Förderpumpe	385 091	2	- 585 835	2 303 489	169 495	0	0	169 495
Konversionsanlage (ORC)	3 747 830	15	1 140 307	4 688 559	344 992	509 342	37 478	382 471
Elektroanbindung	315 419	30	47 984	267 435	19 678	42 867	3 154	22 833
Gebäude	250 000	30	38 032	211 968	15 597	33 976	2 500	18 097
Aufschlag Unvorhergesehenes	5 464 555	0	0	5 464 555	402 092	0	0	402 092
Planung	1 016 194	0	0	1 016 194	74 773	276 208	20 324	95 097
Bandtrockner	761 298	15	231 631	952 389	70 078	206 926	15 226	85 304
Wärmeübertrager	249 390	15	75 879	311 988	22 957	67 786	4 988	27 944
Lager	75 115	20	0	75 115	5 527	20 417	1 502	7 029

I = Investitionen; n = Nutzungsdauer; B_{rest} = Barwert des Restwertes; $\sum B$ = Summe der Barwerte; $A_{\sum B}$ = Annuität Summe der Barwerte; B_I = Barwert Investitionen; A_I = Annuität Investitionen; A_K = Annuität kapitalgebundene Kosten

Tabelle C 10: Zusammensetzung Investitionen und Annuität der kapitalgebundenen Zahlungen KU1

Position	I in €	n in a	B_{rest} in €	$\sum B$ in €	$A_{\sum B}$ in €	B_I in €	A_I in €	A_K in €
Bohrungen	14 787 365	30	2 249 587	12 537 778	922 552	1 004 826	73 937	996 488
Einrichten Bohrplatz	800 000	0	0	800 000	58 865	0	0	58 865
Umsetzen Bohrplatz	200 000	0	0	200 000	14 716	0	0	14 716
Bohrlochvermessung	304 960	0	0	304 960	22 439	0	0	22 439
Produktionstests	300 000	0	0	300 000	22 075	0	0	22 075
Stimulation	800 000	0	0	800 000	58 865	108 723	8 000	66 865
Slop-und Filtersysteme	561 400	11	46 585	879 490	64 714	305 184	22 456	87 170
Thermalwasserkreislauf	300 000	25	27 383	272 617	20 060	163 084	12 000	32 060
Förderpumpe	758 417	2	-1 153 773	4 536 604	333 811		0	333 811
Konversionsanlage (ORC)	7 255 611	15	2 207 577	9 076 816	667 888	986 061	72 556	740 444
Elektroanbindung	443 292	30	67 438	375 854	27 656	60 245	4 433	32 089
Gebäude	250 000	30	38 032	211 968	15 597	33 976	2 500	18 097
Aufschlag Unvorhergesehenes	5 352 209	0	0	5 352 209	393 825	0	0	393 825
Wärmeauskopplung	247 856	25	22 624	225 233	16 573		0	16 573
Planung	1 070 879	0	0	1 070 879	78 797	291 072	21 418	100 215
Antransportleitung	46 854	35	9 164	37 690	2 773	12 735	937	3 710
Netzverteilung	1 569 618	35	307 009	1 262 610	92 905	426 632	31 392	124 297
Hausübergabestationen	1 646 772	35	322 099	1 324 672	97 472	447 603	32 935	130 407
Spitzenlast	71 600	20	0	71 600	5 268	19 461	1 432	6 700

I = Investitionen; n = Nutzungsdauer; B_{Rest} = Barwert des Restwertes; $\sum B$ = Summe der Barwerte; $A_{\sum B}$ = Annuität Summe der Barwerte; A_I = Annuität Investitionen; A_K = Annuität kapitalgebundene Kosten; B_I = Barwert Investitionen

Tabelle C 11: Zusammensetzung Investitionen und Annuität der kapitalgebundenen Zahlungen KU2

Position	I in €	n in a	B_{rest} in €	$\sum B$ in €	$A_{\sum B}$ in €	B_I in €	A_I in €	A_K in €
Bohrungen	15 568 865	30	2 368 476	13 200 389	971 308	1 057 930	77 844	1 049 152
Einrichten Bohrplatz	800 000	0	0	800 000	58 865	0	0	58 865
Umsetzen Bohrplatz	200 000	0	0	200 000	14 716	0	0	14 716
Bohrlochvermessung	311 307	0	0	311 307	22 907	0	0	22 907
Produktionstests	300 000	0	0	300 000	22 075	0	0	22 075
Stimulation	800 000	0	0	800 000	58 865	108 723	8 000	66 865
Slop-und Filtersysteme	853 575	11	70 829	1 337 212	98 394	464 015	34 143	132 537
Thermalwasserkreislauf	300 000	25	27 383	272 617	20 060	163 084	12 000	32 060
Förderpumpe	1 395 307	2	-2 122 666	8 346 268	614 133	0	0	614 133
Konversionsanlage (ORC)	7 785 754	15	2 368 878	9 740 029	716 688	1 058 109	77 858	794 546
Elektroanbindung	467 186	30	71 073	396 113	29 147	63 492	4 672	33 819
Gebäude	250 000	30	38 032	211 968	15 597	33 976	2 500	18 097
Aufschlag Unvorhergesehenes	5 806 399	0	0	5 806 399	427 245	0	0	427 245
Planung	1 139 830	0	0	1 139 830	83 871	309 813	22 797	106 667
Antransportleitung	1 800 000	35	352 070	1 447 930	106 541	489 252	36 000	142 541
Netzverteilung	500 000	35	97 797	402 203	29 595	135 903	10 000	39 595
Wärmeübertrager	712 750	35	139 410	573 340	42 187	193 730	14 255	56 442
Spitzenlast	143 200	20	0	143 200	10 537	38 923	2 864	13 401

I = Investitionen; n = Nutzungsdauer; B_{Rest} = Barwert des Restwertes; $\sum B$ = Summe der Barwerte; $A_{\sum B}$ = Annuität Summe der Barwerte; A_I = Annuität Investitionen; A_K = Annuität kapitalgebundene Kosten
B_I = Barwert Investitionen

Tabelle C 12: Zusammensetzung Investitionen und Annuität der kapitalgebundenen Zahlungen KU3

Position	I in €	n in a	B_rest in €	ΣB in €	A_ΣB in €	B_I in €	A_I in €	A_K in €
Bohrungen	19 565 603	30	2 976 495	16 589 108	1 220 656	1 329 515	97 828	1 318 484
Einrichten Bohrplatz	800 000	0	0	800 000	58 865	0	0	58 865
Umsetzen Bohrplatz	200 000	0	0	200 000	14 716	0	0	14 716
Bohrlochvermessung	341 102	0	0	341 102	25 099	0	0	25 099
Produktionstests	300 000	0	0	300 000	22 075	0	0	22 075
Stimulation	800 000	0	0	800 000	58 865	108 723	8 000	66 865
Slop-und Filtersysteme	212 075	11	17 598	332 237	24 447	115 287	8 483	32 930
Thermalwasserkreislauf	300 000	25	27 383	272 617	20 060	163 084	12 000	32 060
Förderpumpe	385 091	2	- 585 835	2 303 489	169 495	0	0	169 495
Konversionsanlage (ORC)	3 747 830	15	1 140 307	4 688 559	344 992	509 342	37 478	382 471
Elektroanbindung	315 419	30	47 984	267 435	19 678	42 867	3 154	22 833
Gebäude	250 000	30	38 032	211 968	15 597	33 976	2 500	18 097
Aufschlag Unvorhergesehenes	4 241 341	0	0	4 241 341	312 085	0	0	312 085
Wärmeauskopplung	221 443	25	20 213	201 230	14 807	0	0	14 807
Planung	950 397	0	0	950 397	69 932	258 324	19 008	88 940
Antransportleitung	28 113	35	5 499	22 614	1 664	7 641	562	2 226
Netzverteilung	941 771	35	184 205	757 566	55 743	255 979	18 835	74 578
Hausübergabestationen	988 063	35	193 260	794 803	58 483	268 562	19 761	78 244
Spitzenlastkessel	42 960	20	0	42 960	3 161	11 677	859	4 020

I = Investitionen; n = Nutzungsdauer; B_{Rest} = Barwert des Restwertes; ΣB = Summe der Restwertes; $A_{\Sigma B}$ = Annuität Summe der Barwerte; B_I = Barwert Investitionen; A_I = Annuität Investitionen; A_K = Annuität kapitalgebundene Kosten

Tabelle C 13: Zusammensetzung Investitionen und Annuität der kapitalgebundenen Zahlungen KA1(KV)

Position	I in €	n in a	B_{rest} in €	$\sum B$ in €	$A_{\sum B}$ in €	B_I in €	A_I in €	A_K in €
Bohrungen	14 787 365	30	2 249 587	12 537 778	922 552	1 004 826	73 937	996 488
Einrichten Bohrplatz	800 000	0	0	800 000	58 865	0	0	58 865
Umsetzen Bohrplatz	200 000	0	0	200 000	14 716	0	0	14 716
Bohrlochvermessung	304 960	0	0	304 960	22 439	0	0	22 439
Produktionstests	300 000	0	0	300 000	22 075	0	0	22 075
Stimulation	800 000	0	0	800 000	58 865	108 723	8 000	66 865
Slop-und Filtersysteme	755 055	11	62 654	1 182 870	87 038	410 458	30 202	117 240
Thermalwasserkreislauf	300 000	25	27 383	272 617	20 060	163 084	12 000	32 060
Förderpumpe	758 417	2	-1 153 773	4 536 604	333 811	0	0	333 811
Konversionsanlage (ORC)	8 991 993	15	2 735 886	11 249 042	827 724	1 222 041	89 920	917 644
Elektroanbindung	525 651	30	79 967	445 684	32 794	71 438	5 257	38 051
Gebäude	250 000	30	38 032	211 968	15 597	33 976	2 500	18 097
Aufschlag Unvorhergesehenes	5 754 688	0	0	5 754 688	423 440	0	0	423 440
Planung	1 108 489	0	0	1 108 489	81 565	301 295	22 170	103 734
Bandtrockner	1 413 151	15	429 962	1 767 861	130 082	384 104	28 263	158 345
Wärmeübertrager	439 146	15	133 614	549 375	40 424	119 363	8 783	49 207
Lager	54 708	20	0	54 708	4 026	14 870	1 094	5 120
Thermoölkessel	514 514	15	156 545	643 661	47 362	139 848	10 290	57 652

I = Investitionen; n = Nutzungsdauer; B_{Rest} = Barwert des Restwertes; $\sum B$ = Summe der Barwerte; $A_{\sum B}$ = Annuität Summe der Barwerte; B_I = Barwert Investitionen; A_I = Annuität Investitionen; A_K = Annuität kapitalgebundene Kosten

Tabelle C 14: Zusammensetzung Investitionen und Annuität der kapitalgebundenen Zahlungen KA2(KV)

Position	I in €	n in a	B_{rest} in €	$\sum B$ in €	$A_{\sum B}$ in €	B_I in €	A_I in €	A_K in €
Bohrungen	15 568 865	30	2 368 476	13 200 389	971 308	1 057 930	77 844	1 049 152
Einrichten Bohrplatz	800 000	0	0	800 000	58 865	0	0	58 865
Umsetzen Bohrplatz	200 000	0	0	200 000	14 716	0	0	14 716
Bohrlochvermessung	311 307	0	0	311 307	22 907	0	0	22 907
Produktionstests	300 000	0	0	300 000	22 075	0	0	22 075
Stimulation	800 000	0	0	800 000	58 865	0	0	58 865
Slop-und Filtersysteme	1 013 175	11	84 073	1 587 241	116 792	108 723	8 000	124 792
Thermalwasserkreislauf	300 000	25	27 383	272 617	20 060	550 775	40 527	60 587
Förderpumpe	1 395 307	2	−2 122 666	8 346 268	614 133	163 084	12 000	626 133
Konversionsanlage (ORC)	9 272 843	15	2 821 336	11 600 388	853 577	1 260 210	92 728	946 305
Elektroanbindung	540 059	30	82 159	457 901	33 693	73 396	5 401	39 094
Gebäude	250 000	30	38 032	211 968	15 597	33 976	2 500	18 097
Aufschlag Unvorhergesehenes	6 150 311	0	0	6 150 311	452 551	329 057	24 213	476 764
Planung	1 210 628	0	0	1 210 628	89 080	0	0	89 080
Bandtrockner	1 413 151	15	429 962	1 767 861	130 082	384 104	28 263	158 345
Wärmeübertrager	1 470 040	15	447 271	1 839 030	135 319	399 567	29 401	164 720
Lager	54 708	20	0	54 708	4 026	14 870	1 094	5 120
Thermölkessel	514 514	15	156 545	643 661	47 362	139 848	10 290	57 652

I = Investitionen; n = Nutzungsdauer; B_{Rest} = Barwert des Restwertes; $\sum B$ = Summe der Barwerte; $A_{\sum B}$ = Annuität Summe der Barwerte;
B_I = Barwert Investitionen; A_I = Annuität Investitionen; A_K = Annuität kapitalgebundene Kosten

Tabelle C 15: Zusammensetzung Investitionen und Annuität der kapitalgebundenen Zahlungen KA3(KV)

Position	I in €	n in a	B_{rest} in €	$\sum B$ in €	$A_{\sum B}$ in €	B_I in €	A_I in €	A_K in €
Bohrungen	19 565 603	30	2 976 495	16 589 108	1 220 656	1 329 515	97 828	1 318 484
Einrichten Bohrplatz	800 000	0	0	800 000	58 865	0	0	58 865
Umsetzen Bohrplatz	200 000	0	0	200 000	14 716	0	0	14 716
Bohrlochvermessung	341 102	0	0	341 102	25 099	0	0	25 099
Produktionstests	300 000	0	0	300 000	22 075	0	0	22 075
Stimulation	800 000	0	0	800 000	58 865	108 723	8 000	66 865
Slop-und Filtersysteme	254 783	11	21 142	399 143	29 370	138 503	10 191	39 561
Thermalwasserkreislauf	300 000	25	27 383	272 617	20 060	163 084	12 000	32 060
Förderpumpe	385 091	2	- 585 835	2 303 489	169 495	0	0	169 495
Konversionsanlage (ORC)	4 631 423	15	1 409 147	5 793 940	426 328	629 425	46 314	472 642
Elektroanbindung	342 372	30	52 085	290 287	21 360	46 529	3 424	24 784
Gebäude	250 000	30	38 032	211 968	15 597	33 976	2 500	18 097
Aufschlag Unvorhergesehenes	5 634 075	0	0	5 634 075	414 565	0	0	414 565
Planung	1 062 286	0	0	1 062 286	78 165	288 736	21 246	99 411
Bandtrockner	1 036 517	15	315 369	1 296 689	95 413	281 732	20 730	116 143
Wärmeübertrager	260 836	15	79 361	326 308	24 010	70 897	5 217	29 227
Lager	22 422	20	0	22 422	1 650	6 095	448	2 098
Thermoölkessel	285 327	15	86 813	356 946	26 265	77 554	5 707	31 971

I = Investitionen; n = Nutzungsdauer; B_{Rest} = Barwert des Restwertes; $\sum B$ = Summe der Barwerte; $A_{\sum B}$ = Annuität Summe der Barwerte; B_I = Barwert Investitionen; A_I = Annuität Investitionen; A_K = Annuität kapitalgebundene Kosten

Tabelle C 16: Zusammensetzung Investitionen und Annuität der kapitalgebundenen Zahlungen KA1(EV)

Position	I in €	n in a	B_Rest in €	∑B in €	A_∑B in €	B_I in €	A_I in €	A_K in €
Bohrungen	14 787 365	30	2 249 587	12 537 778	922 552	1 004 826	73 937	996 488
Einrichten Bohrplatz	800 000	0	0	800 000	58 865	0	0	58 865
Umsetzen Bohrplatz	200 000	0	0	200 000	14 716	0	0	14 716
Bohrlochvermessung	304 960	0	0	304 960	22 439	0	0	22 439
Produktionstests	300 000	0	0	300 000	22 075	0	0	22 075
Stimulation	800 000	0	0	800 000	58 865	108 723	8 000	66 865
Slop-und Filtersysteme	1 240 340	11	102 923	1 943 118	142 978	674 265	49 614	192 592
Thermalwasserkreislauf	300 000	25	27 383	272 617	20 060	163 084	12 000	32 060
Förderpumpe	758 417	2	-1 153 773	4 536 604	333 811	0	0	333 811
Konversionsanlage (ORC)	13 437 490	15	4 088 463	16 810 387	1 236 938	1 826 199	134 375	1 371 313
Elektroanbindung	786 800	30	119 695	667 105	49 087	106 929	7 868	56 955
Gebäude	250 000	30	38 032	211 968	15 597	33 976	2 500	18 097
Aufschlag Unvorhergesehenes	6 793 074	0	0	6 793 074	499 846	0	0	499 846
Planung	1 300 971	0	0	1 300 971	95 728	353 612	26 019	121 747
Bandtrockner	761 298	15	231 631	952 389	70 078	206 926	15 226	85 304
Wärmeübertrager	375 756	15	114 327	470 073	34 589	102 133	7 515	42 104
Lager	343 640	20	0	343 640	25 286	93 404	6 873	32 158
Thermoölkessel	1 126 556	15	342 764	1 409 329	103 701	306 205	22 531	126 232

I = Investitionen; n = Nutzungsdauer; B_{Rest} = Barwert des Restwertes; ∑B = Summe der Barwerte; $A_{∑B}$ = Annuität Summe der Barwerte; B_I = Barwert Investitionen; A_I = Annuität Investitionen; A_K = Annuität kapitalgebundene Kosten

Tabelle C 17: Zusammensetzung Investitionen und Annuität der kapitalgebundenen Zahlungen KA2(EV)

Position	I in €	n in a	B_rest in €	ΣB in €	A_ΣB in €	B_I in €	A_I in €	A_K in €
Bohrungen	15 568 865	30	2 368 476	13 200 389	971 308	1 057 930	77 844	1 049 152
Einrichten Bohrplatz	800 000	0	0	800 000	58 865	0	0	58 865
Umsetzen Bohrplatz	200 000	0	0	200 000	14 716	0	0	14 716
Bohrlochvermessung	311 307	0	0	311 307	22 907	0	0	22 907
Produktionstests	300 000	0	0	300 000	22 075	0	0	22 075
Stimulation	800 000	0		800 000	58 865	108 723	8 000	66 865
Slop-und Filtersysteme	1 227 673	11	101 872	1 923 274	141 518	667 379	49 107	190 625
Thermalwasserkreislauf	300 000	25	27 383	272 617	20 060	163 084	12 000	32 060
Förderpumpe	1 395 307	2	-2 122 666	8 346 268	614 133	0	0	614 133
Konversionsanlage (ORC)	11 759 925	15	3 578 051	14 711 743	1 082 516	1 598 212	117 599	1 200 115
Elektroanbindung	680 164	30		576 691	42 434	92 437	6 802	49 236
Gebäude	250 000	30	38 032	211 968	15 597	33 976	2 500	18 097
Aufschlag Unvorhergesehenes	6 718 648	0	0	6 718 648	494 370	0	0	494 370
Planung	1 292 051	0	0	1 292 051	95 071	351 188	25 841	120 912
Bandtrockner	761 298	15	231 631	952 389	70 078	206 926	15 226	85 304
Wärmeübertrager	685 337	15	208 519	857 361	63 086	186 279	13 707	76 793
Lager	183 275	20	0	183 275	13 486	49 815	3 665	17 151
Thermoölkessel	1 126 556	15	342 764	1 409 329	103 701	306 205	22 531	126 232

I = Investitionen; n = Nutzungsdauer; B_rest = Barwert des Restwertes; ΣB = Summe der Barwerte; A_ΣB = Annuität Summe der Barwerte; B_I = Barwert Investitionen; A_I = Annuität Investitionen; A_K = Annuität kapitalgebundene Kosten

Tabelle C 18: Zusammensetzung Investitionen und Annuität der kapitalgebundenen Zahlungen KA3(EV)

Position	I in €	n in a	B_rest in €	ΣB in €	A_ΣB in €	B_I in €	A_I in €	A_K in €
Bohrungen	19 565 603	30	2 976 495	16 589 108	1 220 656	1 329 515	97 828	1 318 484
Einrichten Bohrplatz	800 000	0	0	800 000	58 865	0	0	58 865
Umsetzen Bohrplatz	200 000	0	0	200 000	14 716	0	0	14 716
Bohrlochvermessung	341 102	0	0	341 102	25 099	0	0	25 099
Produktionstests	300 000	0	0	300 000	22 075	0	0	22 075
Stimulation	800 000	0	0	800 000	58 865	108 723	8 000	66 865
Slop-und Filtersysteme	664 748	11	55 160	1 041 394	76 628	361 365	26 590	103 218
Thermalwasserkreislauf	300 000	25	27 383	272 617	20 060	163 084	12 000	32 060
Förderpumpe	385 091	2	- 585 835	2 303 489	169 495	0	0	169 495
Konversionsanlage (ORC)	9 118 795	15	2 774 466	11 407 672	839 396	1 239 274	91 188	930 584
Elektroanbindung	532 120	30	80 951	451 169	33 198	72 317	5 321	38 519
Gebäude	250 000	30	38 032	211 968	15 597	33 976	2 500	18 097
Aufschlag Unvorhergesehenes	6 651 492	0	0	6 651 492	489 428	489 428	0	489 428
Planung	1 261 087	0	0	1 261 087	92 793	342 772	25 222	118 015
Bandtrockner	761 298	15	231 631	952 389	70 078	206 926	15 226	85 304
Wärmeübertrager	249 390	15	75 879	311 988	22 957	67 786	4 988	27 944
Lager	75 115	20	0	75 115	5 527	20 417	1 502	7 029
Thermoölkessel	1 041 493	15	316 882	1 302 914	95 871	283 084	20 830	116 701

I = Investitionen; n = Nutzungsdauer; B_rest = Barwert des Restwertes; ΣB = Summe der Barwerte; A_ΣB = Annuität Summe der Barwerte;
B_I = Barwert Investitionen; A_I = Annuität Investitionen; A_K = Annuität kapitalgebundene Kosten

Tabelle C 19: Zusammensetzung Investitionen und Annuität der kapitalgebundenen Zahlungen KK1(KV)

Position	I in €	n in a	B_rest in €	∑B in €	A_∑B in €	B_I in €	A_I in €	A_K in €
Bohrungen	14 787 365	30	2 249 587	12 537 778	922 552	1 004 826	73 937	996 488
Einrichten Bohrplatz	800 000	0	0	800 000	58 865	0	0	58 865
Umsetzen Bohrplatz	200 000	0	0	200 000	14 716	0	0	14 716
Bohrlochvermessung	304 960	0	0	304 960	22 439	0	0	22 439
Produktionstests	300 000	0	0	300 000	22 075	0	0	22 075
Stimulation	800 000	0	0	800 000	58 865	108 723	8 000	66 865
Slop-und Filtersysteme	755 055	11	62 654	1 182 870	87 038	410 458	30 202	117 240
Thermalwasserkreislauf	300 000	25	27 383	272 617	20 060	163 084	12 000	32 060
Förderpumpe	758 417	2	-1 153 773	4 536 604	333 811	0	0	333 811
Konversionsanlage (ORC)	8 991 993	15	2 735 886	11 249 042	827 724	1 222 041	89 920	917 644
Elektroanbindung	525 651	30	79 967	445 684	32 794	71 438	5 257	38 051
Gebäude	250 000	30	38 032	211 968	15 597	33 976	2 500	18 097
Aufschlag Unvorhergesehenes	5 754 688	0	0	5 754 688	423 440	0	0	423 440
Planung	1 246 168	0	0	1 246 168	91 695	338 717	24 923	116 619
Bandtrockner	2 336 628	15	710 938	2 923 136	215 089	635 111	46 733	261 822
Wärmeübertrager	640 339	15	194 828	801 068	58 944	174 048	12 807	71 751
Lager	102 578	20	0	102 578	7 548	27 881	2 052	9 599
Thermoölkessel	514 514	15	156 545	643 661	47 362	139 848	10 290	57 652
Antransportleitung	46 854	35	9 164	37 690	2 773	12 735	937	3 710
Netzverteilung	1 569 618	35	307 009	1 262 610	92 905	426 632	31 392	124 297
Hausübergabestationen	1 646 772	35	322 099	1 324 672	97 472	447 603	32 935	130 407
Spitzenlast	153 493	15	46 701	192 020	14 129	41 720	3 070	17 199

I = Investitionen; n = Nutzungsdauer; B_Rest = Barwert des Restwertes; ∑B = Summe der Barwerte; A_∑B = Annuität Summe der Barwerte; A_K = Annuität kapitalgebundene Kosten

B_I = Barwert Investitionen; A_I = Annuität Investitionen; A_K = Annuität kapitalgebundene Kosten

Tabelle C 20: Zusammensetzung Investitionen und Annuität der kapitalgebundenen Zahlungen KK3(KV)

Position	I in €	n in a	B_rest in €	ΣB in €	A_ΣB in €	B_I in €	A_I in €	A_K in €
Bohrungen	19 565 603	30	2 976 495	16 589 108	1 220 656	1 329 515	97 828	1 318 484
Einrichten Bohrplatz	800 000	0	0	800 000	58 865	0	0	58 865
Umsetzen Bohrplatz	200 000	0	0	200 000	14 716	0	0	14 716
Bohrlochvermessung	341 102	0	0	341 102	25 099	0	0	25 099
Produktionstests	300 000	0	0	300 000	22 075	0	0	22 075
Stimulation	800 000	0	0	800 000	58 865	108 723	8 000	66 865
Slop-und Filtersysteme	245 867	11	20 402	385 175	28 342	133 656	9 835	38 176
Thermalwasserkreislauf	300 000	25	27 383	272 617	20 060	163 084	12 000	32 060
Förderpumpe	385 091	2	- 585 835	2 303 489	169 495	0	0	169 495
Konversionsanlage (ORC)	8 958 132	15	2 725 583	11 206 681	824 607	1 217 439	89 581	914 189
Elektroanbindung	523 934	30	79 706	444 228	32 687	71 204	5 239	37 926
Gebäude	250 000	30	38 032	211 968	15 597	33 976	2 500	18 097
Aufschlag Unvorhergesehenes	6 533 946	0	0	6 533 946	480 779	0	0	480 779
Planung	1 333 742	0	0	1 333 742	98 139	362 520	26 675	124 814
Bandtrockner	1 144 642	15	348 266	1 431 954	105 366	311 121	22 893	128 259
Wärmeübertrager	380 337	15	115 721	475 804	35 011	103 378	7 607	42 617
Lager	42 042	20	0	42 042	3 094	11 427	841	3 934
Thermölkessel	270 620	15	82 338	338 548	24 911	73 556	5 412	30 323
Antransportleitung	46 854	35	9 164	37 690	2 773	12 735	937	3 710
Netzverteilung	1 569 618	35	307 009	1 262 610	92 905	426 632	31 392	124 297
Hausübergabestationen	1 646 772	35	322 099	1 324 672	97 472	447 603	32 935	130 407
Spitzenlast	153 493	15	46 701	192 020	14 129	41 720	3 070	17 199

I = Investitionen; n = Nutzungsdauer; B_Rest = Barwert des Restwertes; ∑B = Summe der Barwerte; A_ΣB = Annuität Summe der Barwerte; B_I = Barwert Investitionen; A_I = Annuität Investitionen; A_K = Annuität kapitalgebundene Kosten

Tabelle C 21: Zusammensetzung Investitionen und Annuität der kapitalgebundenen Zahlungen KK1(EV)

Position	I in €	n in a	B_{rest} in €	ΣB in €	$A_{\Sigma B}$ in €	B_I in €	A_I in €	A_K in €
Bohrungen	14 787 365	30	2 249 587	12 537 778	922 552	1 004 826	73 937	996 488
Einrichten Bohrplatz	800 000	0	0	800 000	58 865	0	0	58 865
Umsetzen Bohrplatz	200 000	0	0	200 000	14 716	0	0	14 716
Bohrlochvermessung	304 960	0	0	304 960	22 439	0	0	22 439
Produktionstests	300 000	0	0	300 000	22 075	0	0	22 075
Stimulation	800 000	0	0	800 000	58 865	108 723	8 000	66 865
Slop-und Filtersysteme	1 233 508	11	102 356	1 932 415	142 190	670 551	49 340	191 531
Thermalwasserkreislauf	300 000	25	27 383	272 617	20 060	163 084	12 000	32 060
Förderpumpe	758 417	2	-1 153 773	4 536 604	333 811	0	0	333 811
Konversionsanlage (ORC)	13 437 490	15	4 088 463	16 810 387	1 236 938	1 826 199	134 375	1 371 313
Elektroanbindung	786 800	30	119 695	667 105	49 087	106 929	7 868	56 955
Gebäude	250 000	30	38 032	211 968	15 597	33 976	2 500	18 097
Aufschlag Unvorhergesehenes	6 791 708	0	0	6 791 708	499 746	0	0	499 746
Planung	1 423 317	0	0	1 423 317	104 730	386 867	28 466	133 196
Bandtrockner	1 258 797	15	382 999	1 574 764	115 874	342 149	25 176	141 050
Wärmeübertrager	547 907	15	166 705	685 435	50 436	148 925	10 958	61 394
Lager	343 640	20	0	343 640	25 286	93 404	6 873	32 158
Thermoölkessel	1 126 556	15	342 764	1 409 329	103 701	306 205	22 531	126 232
Antransportleitung	46 854	35	9 164	37 690	2 773	12 735	937	3 710
Netzverteilung	1 569 618	35	307 009	1 262 610	92 905	426 632	31 392	124 297
Hausübergabestationen	1 646 772	35	322 099	1 324 672	97 472	447 603	32 935	130 407
Spitzenlast	153 493	15	46 701	192 020	14 129	41 720	3 070	17 199

I = Investitionen; n = Nutzungsdauer; B_{Rest} = Barwert des Restwertes; ΣB = Summe der Barwerte; $A_{\Sigma B}$ = Annuität Summe der Barwerte; B_I = Barwert Investitionen; A_I = Annuität Investitionen; A_K = Annuität kapitalgebundene Kosten

Tabelle C 22: Zusammensetzung Investitionen und Annuität der kapitalgebundenen Zahlungen KK2(EV)

Position	I in €	n in a	B_rest in €	∑B in €	A_∑B in €	B_I in €	A_I in €	A_K in €
Bohrungen	15 568 865	30	2 368 476	13 200 389	971 308	1 057 930	77 844	1 049 152
Einrichten Bohrplatz	800 000	0	0	800 000	58 865	0	0	58 865
Umsetzen Bohrplatz	200 000	0	0	200 000	14 716	0	0	14 716
Bohrlochvermessung	311 307	0	0	311 307	22 907	0	0	22 907
Produktionstests	300 000	0	0	300 000	22 075	0	0	22 075
Stimulation	800 000	0	0	800 000	58 865	108 723	8 000	66 865
Slop-und Filtersysteme	1 173 498	11	97 376	1 838 403	135 273	637 929	46 940	182 213
Thermalwasserkreislauf	300 000	25	27 383	272 617	20 060	163 084	12 000	32 060
Förderpumpe	1 395 307	2	-2 122 666	8 346 268	614 133	0	0	614 133
Konversionsanlage (ORC)	11 759 925	15	3 578 051	14 711 743	1 082 516	1 598 212	117 599	1 200 115
Elektroanbindung	680 164	30	103 473	576 691	42 434	92 437	6 802	49 236
Gebäude	250 000	30	38 032	211 968	15 597	33 976	2 500	18 097
Aufschlag Unvorhergesehenes	6 707 813	0	0	6 707 813	493 573	0	0	493 573
Planung	1 465 417	0	0	1 465 417	107 828	398 310	29 308	137 136
Bandtrockner	1 400 795	15	426 203	1 752 404	128 945	380 745	28 016	156 961
Wärmeübertrager	999 321	15	304 051	1 250 157	91 989	271 622	19 986	111 975
Lager	392 731	20	0	392 731	28 898	106 747	7 855	36 752
Thermoölkessel	1 126 556	15	342 764	1 409 329	103 701	306 205	22 531	126 232
Antransportleitung	1 800 000	35	352 070	1 447 930	106 541	489 252	36 000	142 541
Netzverteilung	500 000	35	97 797	402 203	29 595	135 903	10 000	39 595
Hausübergabestationen	712 750	35	139 410	573 340	42 187	193 730	14 255	56 442
Spitzenlast	242 699	15	73 843	303 618	22 341	65 967	4 854	27 195

I = Investitionen; n = Nutzungsdauer; B_{rest} = Barwert des Restwertes; ∑B = Summe der Barwerte; $A_{∑B}$ = Annuität Summe der Barwerte; B_I = Barwert Investitionen; A_I = Annuität Investitionen; A_K = Annuität kapitalgebundene Kosten

Tabelle C 23: Zusammensetzung Investitionen und Annuität der kapitalgebundenen Zahlungen KK3(EV)

Position	I in €	n in a	B_rest in €	ΣB in €	A_ΣB in €	B_I in €	A_I in €	A_K in €
Bohrungen	19 565 603	30	2 976 495	16 589 108	1 220 656	1 329 515	97 828	1 318 484
Einrichten Bohrplatz	800 000	0	0	800 000	58 865	0	0	58 865
Umsetzen Bohrplatz	200 000	0	0	200 000	14 716	0	0	14 716
Bohrlochvermessung	341 102	0	0	341 102	25 099	0	0	25 099
Produktionstests	300 000	0	0	300 000	22 075	0	0	22 075
Stimulation	800 000	0	0	800 000	58 865	108 723	8 000	66 865
Slop-und Filtersysteme	659 825	11	54 752	1 033 683	76 060	358 689	26 393	102 453
Thermalwasserkreislauf	300 000	25	27 383	272 617	20 060	163 084	12 000	32 060
Förderpumpe	385 091	2	- 585 835	2 303 489	169 495	0	0	169 495
Konversionsanlage (ORC)	9 078 265	15	2 762 134	11 356 969	835 666	1 233 766	90 783	926 448
Elektroanbindung	530 046	30	80 635	449 410	33 068	72 035	5 300	38 369
Gebäude	250 000	30	38 032	211 968	15 597	33 976	2 500	18 097
Aufschlag Unvorhergesehenes	6 641 986	0	0	6 641 986	488 729	0	0	488 729
Planung	1 363 112	0	0	1 363 112	100 300	370 503	27 262	127 562
Bandtrockner	1 144 642	15	348 266	1 431 954	105 366	311 121	22 893	128 259
Wärmeübertrager	380 337	15	115 721	475 804	35 011	103 378	7 607	42 617
Lager	343 640	20	0	343 640	25 286	93 404	6 873	32 158
Thermoölkessel	1 034 009	15	314 606	1 293 552	95 182	281 050	20 680	115 862
Antransportleitung	36 312	35	7 102	29 210	2 149	9 870	726	2 876
Netzverteilung	1 216 454	35	237 932	978 523	72 001	330 640	24 329	96 330
Hausübergabestationen	1 276 248	35	249 627	1 026 621	75 541	346 893	25 525	101 066
Spitzenlast	153 493	15	46 701	192 020	14 129	41 720	3 070	17 199

I = Investitionen; n = Nutzungsdauer; B_{Rest} = Barwert des Restwertes; $\sum B$ = Summe der Barwerte; $A_{\sum B}$ = Annuität Summe der Barwerte; B_I = Barwert Investitionen; A_I = Annuität Investitionen; A_K = Annuität kapitalgebundene Kosten

Tabelle C 24: Entwicklung Stromgestehungskosten (brutto) aus Annuitäten der kapital-, verbrauchs-, betriebsgebundenen und sonstigen Kosten für R1

Kapitalgebundene Kosten			
Kapitalwert von Investition- und Instandhaltungskosten	€/a		-45 602 143
Annuitätsfaktor a		0,074	
Annuität der kapitalgebunden Kosten	€/a		-3 355 486
Verbrauchsgebundene Kosten			
Gesamtwärmezufuhr	kW	22 456	
Vollbenutzungsstunden	h/a	7 500	
Strompreis Versorger	€/kWh	0,06	
Strombedarf	kWh/a	8 103 395	
Annuität der verbrauchsgebundenen Kosten	€/a		- 486 204
Betriebsgebundene Kosten			
Personalkosten			
Anzahl Mitarbeiter	-	10	
spezifischer Personalaufwand	€/Pers	60 000	
jährlicher Personlaufwand			- 600 000
Wartung und Reinigung			
prozentualer Anteil zur Investition	%	1%	
jährliche Kosten Wartung und Reinigung	€/a		- 223 054
betriebsgebundene Kosten	€/a		- 823 054
betriebsgebundener Annuitätsfaktor bab	-	1	
Annuität der betriebsgebundenen Kosten	€/a		- 823 054
Sonstige Kosten			
Versicherung			
prozentualer Anteil zur Investition	%	0,75%	
jährliche Versicherungskosten	€/a		- 342 016
Verwaltung			
prozentualer Anteil zur Investition	%	0,50%	
jährliche Verwaltungskosten			- 228 011
sonstige Kosten	€/a		- 570 027
Annuitätsfaktor sonstige Kosten		1	
Annuität der sonstigen Kosten	€/a		- 570 027
Produkt			
elektrische Bruttoleistung (Generatorklemmleistung)	kW	2 957	
Bruttostromerzeugung	kWh/a	22 178 515	
Stromgestehungskosten		0,24	

Tabelle C 25: Entwicklung Stromgestehungskosten (brutto) aus Annuitäten der kapital-, verbrauchs-, betriebsgebundenen und sonstigen Kosten für R2

Kapitalgebundene Kosten			
Kapitalwert von Investition- und Instandhaltungskosten	€/a		-45 716 782
Annuitätsfaktor a		0,074	
Annuität der kapitalgebunden Kosten	€/a		-3 363 921
Verbrauchsgebundene Kosten			
Gesamtwärmezufuhr	kW	34 143	
Vollbenutzungsstunden	h/a	7 500	
Strompreis Versorger	€/kWh	0,06	
Strombedarf	kWh/a	13 087 737	
Annuität der verbrauchsgebundenen Kosten	€/a		- 785 264
Betriebsgebundene Kosten			
Personalkosten			
Anzahl Mitarbeiter	-	10	
spezifischer Personalaufwand	€/Pers	60 000	
jährlicher Personalaufwand			- 600 000
Wartung und Reinigung			
prozentualer Anteil zur Investition	%	1%	
jährliche Kosten Wartung und Reinigung	€/a		- 252 119
betriebsgebundene Kosten	€/a		- 852 119
betriebsgebundener Annuitätsfaktor bab	- ·	1	
Annuität der betriebsgebundenen Kosten	€/a		- 852 119
Sonstige Kosten			
Versicherung			
prozentualer Anteil zur Investition	%	0,75%	
jährliche Versicherungskosten	€/a		- 342 876
Verwaltung			
prozentualer Anteil zur Investition	%	0,50%	
jährliche Verwaltungskosten			- 228 584
sonstige Kosten	€/a		- 571 460
Annuitätsfaktor sonstige Kosten		1	
Annuität der sonstigen Kosten	€/a		- 571 460
Produkt			
elektrische Bruttoleistung (Generatorklemmleistung)	kW	3 326	
Bruttostromerzeugung	kWh/a	24 944 625	
Stromgestehungskosten		0,22	

Tabelle C 26: Entwicklung Stromgestehungskosten (brutto) aus Annuitäten der kapital-, verbrauchs-, betriebsgebundenen und sonstigen Kosten für R3

Kapitalgebundene Kosten			
Kapitalwert von Investition- und Instandhaltungskosten	€/a		-35 832 547
Annuitätsfaktor a		0,074	
Annuität der kapitalgebunden Kosten	€/a		-2 636 622
Verbrauchsgebundene Kosten			
Gesamtwärmezufuhr	kW	8 483	
Vollbenutzungsstunden	h/a	7 500	
Strompreis Versorger	€/kWh	0,06	
Strombedarf	kWh/a	3 021 000	
Annuität der verbrauchsgebundenen Kosten	€/a		- 181 260
Betriebsgebundene Kosten			
Personalkosten			
Anzahl Mitarbeiter	-	10	
spezifischer Personalaufwand	€/Pers	60 000	
jährlicher Personlaufwand			- 600 000
Wartung und Reinigung			
prozentualer Anteil zur Investition	%	1,00%	
jährliche Kosten Wartung und Reinigung	€/a		- 173 201
betriebsgebundene Kosten	€/a		- 773 201
betriebsgebundener Annuitätsfaktor bab	-	1	
Annuität der betriebsgebundenen Kosten	€/a		- 773 201
Sonstige Kosten			
Versicherung			
prozentualer Anteil zur Investition	%	0,75%	
jährliche Versicherungskosten	€/a		- 268 744
Verwaltung			
prozentualer Anteil zur Investition	%	0,50%	
jährliche Verwaltungskosten			- 179 163
sonstige Kosten	€/a		- 447 907
Annuitätsfaktor sonstige Kosten		1	
Annuität der sonstigen Kosten	€/a		- 447 907
Produkt			
elektrische Bruttoleistung (Generatorklemmleistung)	kW	983	
Bruttostromerzeugung	kWh/a	7 375 230	
Stromgestehungskosten		0,55	

Tabelle C 27: Entwicklung Stromgestehungskosten (brutto) aus Annuitäten der kapital-, verbrauchs-, betriebsgebundenen und sonstigen Kosten für KA1(KT)

Kapitalgebundene Kosten			
Kapitalwert von Investition- und Instandhaltungskosten	€		-42 498 649
Annuitätsfaktor a		0,074	
Annuität der kapitalgebunden Kosten	€/a		-3 127 125
Verbrauchsgebundene Kosten			
Gesamtwärmezufuhr	kW	22 455	
Vollbenutzungsstunden KW Betrieb	h/a	0	
Strompreis Versorger	€/kWh	0,06	
Strombedarf	kWh/a	0	
Vollbenutzungsstunden Betrieb Trocknung	h/a	7 500	
Strombedarf	kWh/a	10 495 005	
Annuität der verbrauchsgebundenen Kosten	€/a		- 625 700
Betriebsgebundene Kosten			
Personalkosten			
Anzahl Mitarbeiter	-	12	
spezifischer Personalaufwand	€/Pers	60 000	
Jährlicher Personalaufwand			- 720 000
Wartung und Reinigung			
Anteil der Investitionen	%	1,00%	
Jährliche Kosten Wartung und Reinigung	€/a		- 223 053
Betriebsgebundene Kosten	€/a		- 943 053
Betriebsgebundener Annuitätsfaktor bab	-	1	
Annuität der betriebsgebundenen Kosten	€/a		- 943 053
Sonstige Kosten			
Versicherung			
Prozentualer Anteil zur Investition	%	0,75%	
Jährliche Versicherungskosten	€/a		- 318 740
Verwaltung			
Prozentualer Anteil zur Investition	%	0,50%	
Jährliche Verwaltungskosten			- 212 493
Sonstige Kosten	€/a		- 531 233
Annuitätsfaktor sonstige Kosten		1	
Annuität der sonstigen Kosten	€/a		- 531 233
Hauptprodukt			
Elektrische Bruttoleistung (Betrieb Trocknung)	kW	3 044	
Bruttostromerzeugung	kWh/a	22 826 491	
Nebenprodukt			
Durchsatz Trocknungsgut	t/a	60 000	
Vergütung	€/t	33	
Erlöse Nebenprodukt			1 980 000
Spezifische Produktionskosten Hauptprodukt	€/kWh	0,23	
Spezifische Erlöse Trocknung	€/kWh	-0,09	
Spezifische Produktionskosten Hauptprodukt (zzgl Erlöse)	€/kWh	0,14	

Tabelle C 28: Entwicklung Stromgestehungskosten (brutto) aus Annuitäten der kapital-, verbrauchs-, betriebsgebundenen und sonstigen Kosten für KA2(KT)

Kapitalgebundene Kosten			
Kapitalwert von Investition- und Instandhaltungskosten	€		-50 443 102
Annuitätsfaktor a		0,074	
Annuität der kapitalgebunden Kosten	€/a		-3 711 692
Verbrauchsgebundene Kosten			
Gesamtwärmezufuhr	kW	31 936	
Vollbenutzungsstunden	h/a	0	
Strompreis Versorger	€/kWh	0,06	
Strombedarf	kWh/a	0	
Vollbenutzungsstunden Betrieb Trocknung	h/a	4 000	
Strombedarf	kWh/a	13 941 374	
Annuität der verbrauchsgebundenen Kosten	€/a		- 832 482
Betriebsgebundene Kosten			
Personalkosten			
Anzahl Mitarbeiter	-	12	
spezifischer Personalaufwand	€/Pers	60 000	
Jährlicher Personalaufwand			- 720 000
Wartung und Reinigung			
Anteil der Investitionen	%	1,00%	
Jährliche Kosten Wartung und Reinigung	€/a		- 248 661
Betriebsgebundene Kosten	€/a		- 968 661
Betriebsgebundener Annuitätsfaktor bab	-	1	
Annuität der betriebsgebundenen Kosten	€/a		- 968 661
Sonstige Kosten			
Versicherung			
Prozentualer Anteil zur Investition	%	0,75%	
Jährliche Versicherungskosten	€/a		- 378 323
Verwaltung			
Prozentualer Anteil zur Investition	%	0,50%	
Jährliche Verwaltungskosten			- 252 216
Sonstige Kosten	€/a		- 630 539
Annuitätsfaktor sonstige Kosten		1	
Annuität der sonstigen Kosten	€/a		- 630 539
Hauptprodukt			
Elektrische Bruttoleistung (Betrieb Trocknung)	kW	3 088	
Bruttostromerzeugung	kWh/a	23 163 375	
Nebenprodukt			
Durchsatz Trocknungsgut	t/a	60 000	
Vergütung	€/t	33	
Erlöse Nebenprodukt			1 980 000
Spezifische Produktionskosten Hauptprodukt	€/kWh	0,27	
Spezifische Erlöse Trocknung	€/kWh	-0,09	
Spezifische Produktionskosten Hauptprodukt (zzgl Erlöse)	€/kWh	0,18	

Tabelle C 29: Entwicklung Stromgestehungskosten (brutto) aus Annuitäten der kapital-, ver-
brauchs-, betriebsgebundenen und sonstigen Kosten für KA3(KT)

Kapitalgebundene Kosten			
Kapitalwert von Investition- und Instandhaltungskosten	€		-38 153 600
Annuitätsfaktor a		0,074	
Annuität der kapitalgebunden Kosten	€/a		-2 807 409
Verbrauchsgebundene Kosten			
Gesamtwärmezufuhr	kW	8 487	
Vollbenutzungsstunden	h/a	3 500	
Strompreis Versorger	€/kWh	0,06	
Strombedarf	kWh/a	0	
Vollbenutzungsstunden Betrieb Trocknung	h/a	4 000	
Strombedarf	kWh/a	4 697 614	
Annuität der verbrauchsgebundenen Kosten	€/a		- 281 857
Betriebsgebundene Kosten			
Personalkosten			
Anzahl Mitarbeiter	-	12	
spezifischer Personalaufwand	€/Pers	60 000	
Jährlicher Personalaufwand			- 720 000
Wartung und Reinigung			
Anteil der Investitionen	%	1,00%	
Jährliche Kosten Wartung und Reinigung	€/a		- 173 208
Betriebsgebundene Kosten	€/a		- 893 208
Betriebsgebundener Annuitätsfaktor bab	-	1	
Annuität der betriebsgebundenen Kosten	€/a		- 893 208
Sonstige Kosten			
Versicherung			
Prozentualer Anteil zur Investition	%	0,75%	
Jährliche Versicherungskosten	€/a		- 286 152
Verwaltung			
Prozentualer Anteil zur Investition	%	0,50%	
Jährliche Verwaltungskosten			- 190 768
Sonstige Kosten	€/a		- 476 920
Annuitätsfaktor sonstige Kosten		1	
Annuität der sonstigen Kosten	€/a		- 476 920
Hauptprodukt			
Elektrische Bruttoleistung (Betrieb Trocknung)	kW	983	
Bruttostromerzeugung	kWh/a	7 375 230	
Nebenprodukt			
Durchsatz Trocknungsgut	t/a	40 727	
Vergütung	€/t	33	
Erlöse Nebenprodukt			1 344 002
Spezifische Produktionskosten Hauptprodukt	€/kWh	0,60	
Spezifische Erlöse Trocknung	€/kWh	-0,18	
Spezifische Produktionskosten Hauptprodukt (zzgl Erlöse)	€/kWh	0,42	

Tabelle C 30: Entwicklung Stromgestehungskosten (brutto) aus Annuitäten der kapital-, verbrauchs-, betriebsgebundenen und sonstigen Kosten für KA1(ET)

Kapitalgebundene Kosten		
Kapitalwert von Investition- und Instandhaltungskosten	€	-41 760 667
Annuitätsfaktor a		0,074
Annuität der kapitalgebunden Kosten	€/a	-3 072 823
Verbrauchsgebundene Kosten		
Gesamtwärmezufuhr	kW	22 455
Vollbenutzungsstunden	h/a	3 500
Strompreis Versorger	€/kWh	0,06
Strombedarf	kWh/a	0
Vollbenutzungsstunden Betrieb Trocknung	h/a	4 000
Strombedarf	kWh/a	9 285 774
Annuität der verbrauchsgebundenen Kosten	€/a	- 553 146
Betriebsgebundene Kosten		
Personalkosten		
Anzahl Mitarbeiter	-	12
spezifischer Personalaufwand	€/Pers	60 000
Jährlicher Personalaufwand		- 720 000
Wartung und Reinigung		
Anteil der Investitionen	%	1,00%
Jährliche Kosten Wartung und Reinigung	€/a	- 223 053
Betriebsgebundene Kosten	€/a	- 943 053
Betriebsgebundener Annuitätsfaktor bab	-	1
Annuität der betriebsgebundenen Kosten	€/a	- 943 053
Sonstige Kosten		
Versicherung		
Prozentualer Anteil zur Investition	%	0,75%
Jährliche Versicherungskosten	€/a	- 313 205
Verwaltung		
Prozentualer Anteil zur Investition	%	0,50%
Jährliche Verwaltungskosten		- 208 803
Sonstige Kosten	€/a	- 522 008
Annuitätsfaktor sonstige Kosten		1
Annuität der sonstigen Kosten	€/a	- 522 008
Hauptprodukt		
Elektrische Bruttoleistung (Betrieb Trocknung)	kW	3 044
Bruttostromerzeugung	kWh/a	22 826 491
Nebenprodukt		
Durchsatz Trocknungsgut	t/a	60 000
Vergütung	€/t	35
Erlöse Nebenprodukt		2 100 000
Spezifische Produktionskosten Hauptprodukt	€/kWh	0,22
Spezifische Erlöse Trocknung	€/kWh	-0,09
Spezifische Produktionskosten Hauptprodukt (zzgl Erlöse)	€/kWh	0,13

Tabelle C 31: Entwicklung Stromgestehungskosten (brutto) aus Annuitäten der kapital-, verbrauchs-, betriebsgebundenen und sonstigen Kosten für KA2(ET)

Kapitalgebundene Kosten			
Kapitalwert von Investition- und Instandhaltungskosten	€		-47 810 689
Annuitätsfaktor a		0,074	
Annuität der kapitalgebunden Kosten	€/a		-3 517 994
Verbrauchsgebundene Kosten			
Gesamtwärmezufuhr	kW	22 455	
Vollbenutzungsstunden	h/a	0	
Strompreis Versorger	€/kWh	0,06	
Strombedarf	kWh/a	0	
Vollbenutzungsstunden Betrieb Trocknung	h/a	7 500	
Strombedarf	kWh/a	12 732 142	
Annuität der verbrauchsgebundenen Kosten	€/a		- 759 929
Betriebsgebundene Kosten			
Personalkosten			
Anzahl Mitarbeiter	-	12	
spezifischer Personalaufwand	€/Pers	60 000	
Jährlicher Personalaufwand			- 720 000
Wartung und Reinigung			
Anteil der Investitionen	%	1,00%	
Jährliche Kosten Wartung und Reinigung	€/a		- 233 809
Betriebsgebundene Kosten	€/a		- 953 809
Betriebsgebundener Annuitätsfaktor bab	-	1	
Annuität der betriebsgebundenen Kosten	€/a		- 953 809
Sonstige Kosten			
Versicherung			
Prozentualer Anteil zur Investition	%	0,75%	
Jährliche Versicherungskosten	€/a		- 358 580
Verwaltung			
Prozentualer Anteil zur Investition	%	0,50%	
Jährliche Verwaltungskosten			- 239 053
Sonstige Kosten	€/a		- 597 634
Annuitätsfaktor sonstige Kosten		1	
Annuität der sonstigen Kosten	€/a		- 597 634
Hauptprodukt			
Elektrische Bruttoleistung (Betrieb Trocknung)	kW	3 088	
Bruttostromerzeugung	kWh/a	23 163 375	
Nebenprodukt			
Durchsatz Trocknungsgut	t/a	60 000	
Vergütung	€/t	35	
Erlöse Nebenprodukt			2 100 000
Spezifische Produktionskosten Hauptprodukt	€/kWh	0,25	
Spezifische Erlöse Trocknung	€/kWh	-0,09	
Spezifische Produktionskosten Hauptprodukt (zzgl Erlöse)	€/kWh	0,16	

Tabelle C 32: Entwicklung Stromgestehungskosten (brutto) aus Annuitäten der kapital-, verbrauchs-, betriebsgebundenen und sonstigen Kosten für KA3(ET)

Kapitalgebundene Kosten		
Kapitalwert von Investition- und Instandhaltungskosten	€	-38 023 840
Annuitätsfaktor a		0,074
Annuität der kapitalgebunden Kosten	€/a	-2 797 861
Verbrauchsgebundene Kosten		
Gesamtwärmezufuhr	kW	12 709
Vollbenutzungsstunden	h/a	3 500
Strompreis Versorger	€/kWh	0,06
Strombedarf	kWh/a	0
Vollbenutzungsstunden Betrieb Trocknung	h/a	7 500
Strombedarf	kWh/a	4 252 679
Annuität der verbrauchsgebundenen Kosten	€/a	- 251 161
Betriebsgebundene Kosten		
Personalkosten		
Anzahl Mitarbeiter	-	12
spezifischer Personalaufwand	€/Pers	60 000
Jährlicher Personalaufwand		- 720 000
Wartung und Reinigung		
Anteil der Investitionen	%	1,00%
Jährliche Kosten Wartung und Reinigung	€/a	- 179 822
Betriebsgebundene Kosten	€/a	- 899 822
Betriebsgebundener Annuitätsfaktor bab	-	1
Annuität der betriebsgebundenen Kosten	€/a	- 899 822
Sonstige Kosten		
Versicherung		
Prozentualer Anteil zur Investition	%	0,75%
Jährliche Versicherungskosten	€/a	- 285 179
Verwaltung		
Prozentualer Anteil zur Investition	%	0,50%
Jährliche Verwaltungskosten		- 190 119
Sonstige Kosten	€/a	- 475 298
Annuitätsfaktor sonstige Kosten		1
Annuität der sonstigen Kosten	€/a	- 475 298
Hauptprodukt		
Elektrische Bruttoleistung (Betrieb Trocknung)	kW	983
Bruttostromerzeugung	kWh/a	7 374 019
Nebenprodukt		
Durchsatz Trocknungsgut	t/a	60 000
Vergütung	€/t	35
Erlöse Nebenprodukt		2 100 000
Spezifische Produktionskosten Hauptprodukt	€/kWh	0,60
Spezifische Erlöse Trocknung	€/kWh	-0,28
Spezifische Produktionskosten Hauptprodukt (zzgl Erlöse)	€/kWh	0,32

Tabelle C 33: Entwicklung Stromgestehungskosten (brutto) aus Annuitäten der kapital-, verbrauchs-, betriebsgebundenen und sonstigen Kosten für KU1

Kapitalgebundene Kosten		
Kapitalwert von Investition- und Instandhaltungskosten	€	-43 500 582
Annuitätsfaktor a		0,074
Annuität der kapitalgebunden Kosten	€/a	-3 200 849
Verbrauchsgebundene Kosten		
Gesamtwärmezufuhr	kW	22 456
Vollbenutzungsstunden	h/a	5 750
Strompreis Versorger	€/kWh	0,06
Strombedarf	kWh/a	6 212 603
Vollbenutzungsstunden Betrieb Trocknung	h/a	1 750
Strombedarf	kWh/a	2 399 332
Annuität der verbrauchsgebundenen Kosten	€/a	- 591 053
Betriebsgebundene Kosten		
Personalkosten		
Anzahl Mitarbeiter	-	12
spezifischer Personalaufwand	€/Pers	60 000
Jährlicher Personalaufwand		- 720 000
Wartung und Reinigung		
Anteil der Investitionen	%	1,00%
Jährliche Kosten Wartung und Reinigung	€/a	- 223 054
Betriebsgebundene Kosten	€/a	- 943 054
Betriebsgebundener Annuitätsfaktor bab	-	1
Annuität der betriebsgebundenen Kosten	€/a	- 943 054
Sonstige Kosten		
Versicherung		
Prozentualer Anteil zur Investition	%	0,75%
Jährliche Versicherungskosten	€/a	- 326 254
Verwaltung		
Prozentualer Anteil zur Investition	%	0,50%
Jährliche Verwaltungskosten		- 217 503
Sonstige Kosten	€/a	- 543 757
Annuitätsfaktor sonstige Kosten		1
Annuität der sonstigen Kosten	€/a	- 543 757
Hauptprodukt		
Mittlere elektrische Bruttoleistung	kW	2 976
Bruttostromerzeugung	kWh/a	22 323 195
Nebenprodukt		
Thermische Nettoleistung	MW	4
Vollaststunden Wärmeversorgung	h/a	1 750
Nutzwärmemenge	kWh/a	7 065 625
Wärmespezifische Erlöse Nebenprodukt	€/kWh$_{th}$	0,10
Erlöse Nebenprodukt		706 563
Spezifische Produktionskosten Hauptprodukt	€/kWh	0,24
Stromspezifische Erlöse Nebenprodukt	€/kWh	-0,03
Spezifische Produktionskosten Hauptprodukt (zzgl Erlöse)	€/kWh	0,20

Tabelle C 34: Entwicklung Stromgestehungskosten (brutto) aus Annuitäten der kapital-, verbrauchs-, betriebsgebundenen und sonstigen Kosten für KU2

Kapitalgebundene Kosten			
Kapitalwert von Investition- und Instandhaltungskosten	€		-49 545 755
Annuitätsfaktor a		0,074	
Annuität der kapitalgebunden Kosten	€/a		-3 645 663
Verbrauchsgebundene Kosten			
Gesamtwärmezufuhr	kW	34 143	
Vollbenutzungsstunden	h/a	3 500	
Strompreis Versorger	€/kWh	0,06	
Strombedarf	kWh/a	6 107 611	
Vollbenutzungsstunden Betrieb Trocknung	h/a	4 000	
Strombedarf	kWh/a	7 376 034	
Annuität der verbrauchsgebundenen Kosten	€/a		-1 152 845
Betriebsgebundene Kosten			
Personalkosten			
Anzahl Mitarbeiter	-	12	
spezifischer Personalaufwand	€/Pers	60 000	
Jährlicher Personalaufwand			- 720 000
Wartung und Reinigung			
Anteil der Investitionen	%	1,00%	
Jährliche Kosten Wartung und Reinigung	€/a		- 252 119
Betriebsgebundene Kosten	€/a		- 972 119
Betriebsgebundener Annuitätsfaktor bab	-	1,0	
Annuität der betriebsgebundenen Kosten	€/a		- 972 119
Sonstige Kosten			
Versicherung			
Prozentualer Anteil zur Investition	%	0,75%	
Jährliche Versicherungskosten	€/a		- 371 593
Verwaltung			
Prozentualer Anteil zur Investition	%	0,50%	
Jährliche Verwaltungskosten			- 247 729
Sonstige Kosten	€/a		- 619 322
Annuitätsfaktor sonstige Kosten		1	
Annuität der sonstigen Kosten	€/a		- 619 322
Hauptprodukt			
Mittlere elektrische Bruttoleistung	kW	3 166	
Bruttostromerzeugung	kWh/a	23 747 549	
Nebenprodukt			
Thermische Nettoleistung	MW	8	
Vollaststunden Wärmeversorgung	h/a	4 000	
Nutzwärmemenge	kWh/a	32 300 000	
Wärmespezifische Erlöse Nebenprodukt	€/kWh$_{th}$	0,10	
Erlöse Nebenprodukt			3 230 000
Spezifische Produktionskosten Hauptprodukt	€/kWh	0,27	
Stromspezifische Erlöse Nebenprodukt	€/kWh	-0,14	
Spezifische Produktionskosten Hauptprodukt (zzgl Erlöse)	€/kWh	0,13	

Tabelle C 35: Entwicklung Stromgestehungskosten (brutto) aus Annuitäten der kapital-, verbrauchs-, betriebsgebundenen und sonstigen Kosten für KU3

Kapitalgebunde Kosten			
Kapitalwert von Investition- und Instandhaltungskosten	€		-39 100 875
Annuitätsfaktor a		0,074	
Annuität der kapitalgebunden Kosten	€/a		-2 877 111
Verbrauchsgebundene Kosten			
Gesamtwärmezufuhr	kW	8 483	
Vollbenutzungsstunden	h/a	5 750	
Strompreis Versorger	€/kWh	0,06	
Strombedarf	kWh/a	2 316 100	
Vollbenutzungsstunden Betrieb Trocknung	h/a	1 750	
Strombedarf	kWh/a	838 013	
Annuität der verbrauchsgebundenen Kosten	€/a		- 246 464
Betriebsgebundene Kosten			
Personalkosten			
Anzahl Mitarbeiter	-	12	
spezifischer Personalaufwand	€/Pers	60 000	
Jährlicher Personalaufwand			- 720 000
Wartung und Reinigung			
Anteil der Investitionen	%	1,00%	
Jährliche Kosten Wartung und Reinigung	€/a		- 173 201
Betriebsgebundene Kosten	€/a		- 893 201
Betriebsgebundener Annuitätsfaktor bab	-	1	
Annuität der betriebsgebundenen Kosten	€/a		- 893 201
Sonstige Kosten			
Versicherung			
Prozentualer Anteil zur Investition	%	0,75%	
Jährliche Versicherungskosten	€/a		- 293 257
Verwaltung			
Prozentualer Anteil zur Investition	%	0,50%	
Jährliche Verwaltungskosten			- 195 504
Sonstige Kosten	€/a		- 488 761
Annuitätsfaktor sonstige Kosten		1	
Annuität der sonstigen Kosten	€/a		- 488 761
Hauptprodukt			
Mittlere elektrische Bruttoleistung	kW	970	
Bruttostromerzeugung	kWh/a	7 274 746	
Nebenprodukt			
Thermische Nettoleistung	MW	3	
Vollaststunden Wärmeversorgung	h/a	1 750	
Nutzwärmemenge	kWh/a	5 475 859	
Wärmespezifische Erlöse Nebenprodukt	€/kWh$_{th}$	0,10	
Erlöse Nebenprodukt			547 586
Spezifische Produktionskosten Hauptprodukt	€/kWh	0,62	
Stromspezifische Erlöse Nebenprodukt	€/kWh	-0,08	
Spezifische Produktionskosten Hauptprodukt (zzgl Erlöse)	€/kWh	0,54	

Tabelle C 36: Entwicklung Stromgestehungskosten (brutto) aus Annuitäten der kapital-, verbrauchs-, betriebsgebundenen und sonstigen Kosten für KA1(KV)

Kapitalgebundene Kosten			
Kapitalwert von Investition- und Instandhaltungskosten	€		-46 694 329
Annuitätsfaktor a		0,074	
Annuität der kapitalgebunden Kosten	€/a		-3 435 850
Verbrauchsgebundene Kosten			
Gesamtwärmezufuhr	kW	30 202	
Vollbenutzungsstunden	h/a	0	
Strompreis Versorger	€/kWh	0,06	
Strombedarf	kWh/a	0	
Vollbenutzungsstunden Betrieb Trocknung	h/a	7 500	
Strombedarf	kWh/a	11 840 032	
Annuität der verbrauchsgebundenen Kosten	€/a		- 706 402
Betriebsgebundene Kosten			
Personalkosten			
Anzahl Mitarbeiter	-	12	
spezifischer Personalaufwand	€/Pers	60 000	
Jährlicher Personalaufwand			- 720 000
Wartung und Reinigung			
Anteil der Investitionen	%	1,00%	
Jährliche Kosten Wartung und Reinigung	€/a		- 259 705
Betriebsgebundene Kosten	€/a		- 979 705
Betriebsgebundener Annuitätsfaktor bab	-	1	
Annuität der betriebsgebundenen Kosten	€/a		- 979 705
Sonstige Kosten			
Versicherung			
Prozentualer Anteil zur Investition	%	0,75%	
Jährliche Versicherungskosten	€/a		- 350 207
Verwaltung			
Prozentualer Anteil zur Investition	%	0,50%	
Jährliche Verwaltungskosten			- 233 472
Sonstige Kosten	€/a		- 583 679
Annuitätsfaktor sonstige Kosten		1	
Annuität der sonstigen Kosten	€/a		- 583 679
Hauptprodukt			
Elektrische Bruttoleistung (Betrieb Trocknung)	kW	4 228	
Bruttostromerzeugung	kWh/a	31 712 888	
Spezifische Produktionskosten Hauptprodukt	€/kWh	0,18	
Stromspezifische Erlöse Nebenprodukt	€/kWh	-0,08	
Spezifische Produktionskosten Hauptprodukt (zzgl Erlöse)	€/kWh	0,10	

Tabelle C 37: Entwicklung Stromgestehungskosten (brutto) aus Annuitäten der kapital-, verbrauchs-, betriebsgebundenen und sonstigen Kosten für KA2(KV)

Kapitalgebunde Kosten		
Kapitalwert von Investition- und Instandhaltungskosten	€	-54 269 817
Annuitätsfaktor a		0,074
Annuität der kapitalgebunden Kosten	€/a	-3 993 268
Verbrauchsgebundene Kosten		
Gesamtwärmezufuhr	kW	40 527
Vollbenutzungsstunden	h/a	0
Strompreis Versorger	€/kWh	0,06
Strombedarf	kWh/a	0
Vollbenutzungsstunden Betrieb Trocknung	h/a	7 500
Strombedarf	kWh/a	16 937 584
Annuität der verbrauchsgebundenen Kosten	€/a	-1 012 255
Betriebsgebundene Kosten		
Personalkosten		
Anzahl Mitarbeiter	-	12
spezifischer Personalaufwand	€/Pers	60 000
Jährlicher Personalaufwand		- 720 000
Wartung und Reinigung		
Anteil der Investitionen	%	1,00%
Jährliche Kosten Wartung und Reinigung	€/a	- 283 195
Betriebsgebundene Kosten	€/a	-1 003 195
Betriebsgebundener Annuitätsfaktor bab	-	1
Annuität der betriebsgebundenen Kosten	€/a	-1 003 195
Sonstige Kosten		
Versicherung		
Prozentualer Anteil zur Investition	%	0,75%
Jährliche Versicherungskosten	€/a	- 407 024
Verwaltung		
Prozentualer Anteil zur Investition	%	0,50%
Jährliche Verwaltungskosten		- 271 349
Sonstige Kosten	€/a	- 678 373
Annuitätsfaktor sonstige Kosten		1
Annuität der sonstigen Kosten	€/a	- 678 373
Hauptprodukt		
Elektrische Bruttoleistung (Betrieb Trocknung)	kW	4 451
Bruttostromerzeugung	kWh/a	33 380 850
Spezifische Produktionskosten Hauptprodukt	€/kWh	0,20
Stromspezifische Erlöse Nebenprodukt	€/kWh	-0,07
Spezifische Produktionskosten Hauptprodukt (zzgl Erlöse)	€/kWh	0,13

Tabelle C 38: Entwicklung Stromgestehungskosten (brutto) aus Annuitäten der kapital-, verbrauchs-, betriebsgebundenen und sonstigen Kosten für KA3(KV)

Kapitalgebundene Kosten			
Kapitalwert von Investition- und Instandhaltungskosten	€		-41 384 936
Annuitätsfaktor a		0,07358175	
Annuität der kapitalgebunden Kosten	€/a		-3 045 176
Verbrauchsgebundene Kosten			
Gesamtwärmezufuhr	kW	10 191	
Vollbenutzungsstunden	h/a	3 500	
Strompreis Versorger	€/kWh	0,06	
Strombedarf	kWh/a	0	
Vollbenutzungsstunden Betrieb Trocknung	h/a	4 000	
Strombedarf	kWh/a	4 803 762	
Annuität der verbrauchsgebundenen Kosten	€/a		- 284 226
Betriebsgebundene Kosten			
Personalkosten			
Anzahl Mitarbeiter	-	12	
spezifischer Personalaufwand	€/Pers	60 000	
Jährlicher Personalaufwand			- 720 000
Wartung und Reinigung			
Anteil der Investitionen	%	1,00%	
Jährliche Kosten Wartung und Reinigung	€/a		- 197 722
Betriebsgebundene Kosten	€/a		- 917 722
Betriebsgebundener Annuitätsfaktor bab	-	1	
Annuität der betriebsgebundenen Kosten	€/a		- 917 722
Sonstige Kosten			
Versicherung			
Prozentualer Anteil zur Investition	%	0,75%	
Jährliche Versicherungskosten	€/a		- 310 387
Verwaltung			
Prozentualer Anteil zur Investition	%	0,50%	
Jährliche Verwaltungskosten			- 206 925
Sonstige Kosten	€/a		- 517 312
Annuitätsfaktor sonstige Kosten		1	
Annuität der sonstigen Kosten	€/a		- 517 312
Hauptprodukt			
Elektrische Bruttoleistung (KW-Betrieb)	kW	1 782	
Elektrische Bruttoleistung (Betrieb Trocknung)	kW	1 782	
Bruttostromerzeugung	kWh/a	13 363 039	
Spezifische Produktionskosten Hauptprodukt	€/kWh	0,36	
Stromspezifische Erlöse Nebenprodukt	€/kWh	-0,12	
Spezifische Produktionskosten Hauptprodukt (zzgl Erlöse)	€/kWh	0,23	

Tabelle C 39: Entwicklung Stromgestehungskosten (brutto) aus Annuitäten der kapital-, verbrauchs-, betriebsgebundenen und sonstigen Kosten für KA1(EV)

Kapitalgebundene Kosten			
Kapitalwert von Investition- und Instandhaltungskosten	€		-55 634 293
Annuitätsfaktor a		0,074	
Annuität der kapitalgebunden Kosten	€/a		-4 093 669
Verbrauchsgebundene Kosten			
Gesamtwärmezufuhr	kW	49 614	
Vollbenutzungsstunden	h/a	0	
Strompreis Versorger	€/kWh	0,06	
Strombedarf	kWh/a	0	
Vollbenutzungsstunden Betrieb Trocknung	h/a	7 500	
Strombedarf	kWh/a	15 469 090	
Annuität der verbrauchsgebundenen Kosten	€/a		-5 412 145
Betriebsgebundene Kosten			
Personalkosten			
Anzahl Mitarbeiter	-	12	
spezifischer Personalaufwand	€/Pers	60 000	
Jährlicher Personalaufwand			- 720 000
Wartung und Reinigung			
Anteil der Investitionen	%	1,00%	
Jährliche Kosten Wartung und Reinigung	€/a		- 354 585
Betriebsgebundene Kosten	€/a		-1 074 585
Betriebsgebundener Annuitätsfaktor bab	-	1	
Annuität der betriebsgebundenen Kosten	€/a		-1 074 585
Sonstige Kosten			
Versicherung			
Prozentualer Anteil zur Investition	%	0,75%	
Jährliche Versicherungskosten	€/a		- 417 257
Verwaltung			
Prozentualer Anteil zur Investition	%	0,50%	
Jährliche Verwaltungskosten			- 278 171
Sonstige Kosten	€/a		- 695 429
Annuitätsfaktor sonstige Kosten		1	
Annuität der sonstigen Kosten	€/a		- 695 429
Hauptprodukt			
Elektrische Bruttoleistung (Betrieb Trocknung)	kW	8 259	
Bruttostromerzeugung	kWh/a	61 944 975	
Spezifische Produktionskosten Hauptprodukt	€/kWh	0,18	

Tabelle C 40: Entwicklung Stromgestehungskosten (brutto) aus Annuitäten der kapital-, verbrauchs-, betriebsgebundenen und sonstigen Kosten für KA2(EV)

Kapitalgebunde Kosten			
Kapitalwert von Investition- und Instandhaltungskosten	€		-57 889 463
Annuitätsfaktor a		0,074	
Annuität der kapitalgebunden Kosten	€/a		-4 259 608
Verbrauchsgebundene Kosten			
Gesamtwärmezufuhr	kW	49 107	
Vollbenutzungsstunden	h/a	0	
Strompreis Versorger	€/kWh	0,06	
Strombedarf	kWh/a	0	
Vollbenutzungsstunden Betrieb Trocknung	h/a	7 500	
Strombedarf	kWh/a	18 179 511	
Annuität der verbrauchsgebundenen Kosten	€/a		-4 146 771
Betriebsgebundene Kosten			
Personalkosten			
Anzahl Mitarbeiter	-	12	
spezifischer Personalaufwand	€/Pers	60 000	
Jährlicher Personalaufwand			- 720 000
Wartung und Reinigung			
Anteil der Investitionen	%	1,00%	
Jährliche Kosten Wartung und Reinigung	€/a		- 332 501
Betriebsgebundene Kosten	€/a		-1 052 501
Betriebsgebunder Annuitätsfaktor bab	-	1	
Annuität der betriebsgebundenen Kosten	€/a		-1 052 501
Sonstige Kosten			
Versicherung			
Prozentualer Anteil zur Investition	%	0,75%	
Jährliche Versicherungskosten	€/a		- 434 171
Verwaltung			
Prozentualer Anteil zur Investition	%	0,50%	
Jährliche Verwaltungskosten			- 289 447
Sonstige Kosten	€/a		- 723 618
Annuitätsfaktor sonstige Kosten		1	
Annuität der sonstigen Kosten	€/a		- 723 618
Hauptprodukt			
Elektrische Bruttoleistung (Betrieb Trocknung)	kW	6 613	
Bruttostromerzeugung	kWh/a	49 600 200	
Spezifische Produktionskosten Hauptprodukt	€/kWh	0,21	

Tabelle C 41: Entwicklung Stromgestehungskosten (brutto) aus Annuitäten der kapital-, verbrauchs-, betriebsgebundenen und sonstigen Kosten für KA3(EV)

Kapitalgebundene Kosten			
Kapitalwert von Investition- und Instandhaltungskosten	€		-51 477 211
Annuitätsfaktor a		0,07358175	
Annuität der kapitalgebunden Kosten	€/a		-3 787 783
Verbrauchsgebundene Kosten			
Gesamtwärmezufuhr	kW	26 590	
Vollbenutzungsstunden	h/a	3 500	
Strompreis Versorger	€/kWh	0,06	
Strombedarf	kWh/a	0	
Vollbenutzungsstunden Betrieb Trocknung	h/a	4 000	
Strombedarf	kWh/a	7 834 126	
Annuität der verbrauchsgebundenen Kosten	€/a		-3 526 048
Betriebsgebundene Kosten			
Personalkosten			
Anzahl Mitarbeiter	-	12	
spezifischer Personalaufwand	€/Pers	60 000	
Jährlicher Personalaufwand			- 720 000
Wartung und Reinigung			
Anteil der Investitionen	%	1,00%	
Jährliche Kosten Wartung und Reinigung	€/a		- 291 634
Betriebsgebundene Kosten	€/a		-1 011 634
Betriebsgebundener Annuitätsfaktor bab	-	1	
Annuität der betriebsgebundenen Kosten	€/a		-1 011 634
Sonstige Kosten			
Versicherung			
Prozentualer Anteil zur Investition	%	0,75%	
Jährliche Versicherungskosten	€/a		- 386 079
Verwaltung			
Prozentualer Anteil zur Investition	%	0,50%	
Jährliche Verwaltungskosten			- 257 386
Sonstige Kosten	€/a		- 643 465
Annuitätsfaktor sonstige Kosten		1	
Annuität der sonstigen Kosten	€/a		- 643 465
Hauptprodukt			
Elektrische Bruttoleistung (Betrieb Trocknung)	kW	5 220	
Bruttostromerzeugung	kWh/a	39 148 085	
Spezifische Produktionskosten Hauptprodukt	€/kWh	0,23	

Tabelle C 42: Entwicklung Stromgestehungskosten (brutto) aus Annuitäten der kapital-, verbrauchs-, betriebsgebundenen und sonstigen Kosten für KK1(KV)

Kapitalgebundene Kosten			
Kapitalwert von Investition- und Instandhaltungskosten	€		-52 126 899
Annuitätsfaktor a		0,07358175	
Annuität der kapitalgebunden Kosten	€/a		-3 835 588
Verbrauchsgebundene Kosten			
Gesamtwärmezufuhr	kW	30 202	
Vollbenutzungsstunden KWK Betrieb	h/a	3 500	
Strompreis Versorger	€/kWh	0,06	
Strombedarf KWK Betrieb	kWh/a	4 725 357	
Vollbenutzungsstunden Betrieb Trocknung	h/a	4 000	
Strombedarf Betrieb Trocknung	kWh/a	7 299 063	
Annuität der verbrauchsgebundenen Kosten	€/a		- 717 465
Betriebsgebundene Kosten			
Personalkosten			
Anzahl Mitarbeiter	-	14	
spezifischer Personalaufwand	€/Pers	60 000	
Jährlicher Personalaufwand			- 840 000
Wartung und Reinigung			
Anteil der Investitionen	%	1,00%	
Jährliche Kosten Wartung und Reinigung	€/a		- 258 146
Betriebsgebundene Kosten	€/a		-1 098 146
Betriebsgebundener Annuitätsfaktor bab	-	1	
Annuität der betriebsgebundenen Kosten	€/a		-1 098 146
Sonstige Kosten			
Versicherung			
Prozentualer Anteil zur Investition	%	0,75%	
Jährliche Versicherungskosten	€/a		- 390 952
Verwaltung			
Prozentualer Anteil zur Investition	%	0,50%	
Jährliche Verwaltungskosten			- 260 634
Sonstige Kosten	€/a		- 651 586
Annuitätsfaktor sonstige Kosten		1	
Annuität der sonstigen Kosten	€/a		- 651 586
Hauptprodukt			
Elektrische Bruttoleistung (KWK-Betrieb)	kW	4 057	
Elektrische Bruttoleistung (Betrieb Trocknung)	kW	4 057	
Bruttostromerzeugung	kWh/a	30 424 399	
Nebenprodukt			
Thermische Nettoleistung	MW	4	
Vollaststunden Wärmeversorgung	h/a	1 750	
Nutzwärmemenge	kWh/a	7 065 625	
Wärmespezifische Erlöse Nebenprodukt	€/kWh$_{th}$	0,10	
Erlöse Nebenprodukt			706 563
Spezifische Produktionskosten Hauptprodukt	€/kWh	0,21	
Stromspezifische Erlöse Fernwärme	€/kWh	-0,02	
Stromspezifische Erlöse Klärschlamm	€/kWh	-0,08	
Spezifische Produktionskosten Hauptprodukt (zzgl Erlöse)	€/kWh	0,11	

Tabelle C 43: Entwicklung Stromgestehungskosten (brutto) aus Annuitäten der kapital-, verbrauchs-, betriebsgebundenen und sonstigen Kosten für KK2(KV)

Kapitalgebundene Kosten		
Kapitalwert von Investition- und Instandhaltungskosten	€	-60 324 360
Annuitätsfaktor a		0,074
Annuität der kapitalgebunden Kosten	€/a	-4 438 772
Verbrauchsgebundene Kosten		
Gesamtwärmezufuhr	kW	38 254
Vollbenutzungsstunden KWK Betrieb	h/a	3 500
Strompreis Versorger	€/kWh	0,06
Strombedarf KWK Betrieb	kWh/a	8 731 318
Vollbenutzungsstunden Betrieb Trocknung	h/a	4 000
Strombedarf Betrieb Trocknung	kWh/a	8 821 207
Annuität der verbrauchsgebundenen Kosten	€/a	-1 049 151
Betriebsgebundene Kosten		
Personalkosten		
Anzahl Mitarbeiter	-	14
spezifischer Personalaufwand	€/Pers	60 000
Jährlicher Personalaufwand		- 840 000
Wartung und Reinigung		
Anteil der Investitionen	%	1,00%
Jährliche Kosten Wartung und Reinigung	€/a	- 275 150
Betriebsgebundene Kosten	€/a	-1 115 150
Betriebsgebundener Annuitätsfaktor bab	-	1
Annuität der betriebsgebundenen Kosten	€/a	-1 115 150
Sonstige Kosten		
Versicherung		
Prozentualer Anteil zur Investition	%	0,75%
Jährliche Versicherungskosten	€/a	- 452 433
Verwaltung		
Prozentualer Anteil zur Investition	%	0,50%
Jährliche Verwaltungskosten		- 301 622
Sonstige Kosten	€/a	- 754 055
Annuitätsfaktor sonstige Kosten		1
Annuität der sonstigen Kosten	€/a	- 754 055
Hauptprodukt		
Elektrische Bruttoleistung (KWK-Betrieb)	kW	4 202
Elektrische Bruttoleistung (Betrieb Trocknung)	kW	4 202
Bruttostromerzeugung	kWh/a	31 514 100
Nebenprodukt		
Thermische Nettoleistung	MW	8
Vollaststunden Wärmeversorgung	h/a	4 000
Nutzwärmemenge	kWh/a	32 300 000
Wärmespezifische Erlöse Nebenprodukt	€/kWh$_{th}$	0,08
Erlöse Nebenprodukt		2 584 000
Spezifische Produktionskosten Hauptprodukt	€/kWh	0,23
Stromspezifische Erlöse Nebenprodukt	€/kWh	-0,08
Stromspezifische Erlöse Klärschlamm	€/kWh	-0,08
Spezifische Produktionskosten Hauptprodukt (zzgl Erlöse)	€/kWh	0,07

Tabelle C 44: Entwicklung Stromgestehungskosten (brutto) aus Annuitäten der kapital-, verbrauchs-, betriebsgebundenen und sonstigen Kosten für KK3(KV)

Kapitalgebundene Kosten			
Kapitalwert von Investition- und Instandhaltungskosten	€		-43 816 106
Annuitätsfaktor a		0,07358175	
Annuität der kapitalgebunden Kosten	€/a		-3 224 066
Verbrauchsgebundene Kosten			
Gesamtwärmezufuhr	kW	9 835	
Vollbenutzungsstunden KWK Betrieb	h/a	3 500	
Strompreis Versorger	€/kWh	0,00	
Strombedarf KWK Betrieb	kWh/a	1 691 239	
Vollbenutzungsstunden Betrieb Trocknung	h/a	4 000	
Strombedarf Betrieb Trocknung	kWh/a	2 633 587	
Annuität der verbrauchsgebundenen Kosten	€/a		4 000
Betriebsgebundene Kosten			
Personalkosten			
Anzahl Mitarbeiter	-	14	
spezifischer Personalaufwand	€/Pers	60 000	
Jährlicher Personalaufwand			-840 000
Wartung und Reinigung			
Anteil der Investitionen	%	1,00%	
Jährliche Kosten Wartung und Reinigung	€/a		-182 982
Betriebsgebundene Kosten	€/a		-1 022 982
Betriebsgebundener Annuitätsfaktor bab	-	1	
Annuität der betriebsgebundenen Kosten	€/a		-1 022 982
Sonstige Kosten			
Versicherung			
Prozentualer Anteil zur Investition	%	0,75%	
Jährliche Versicherungskosten	€/a		-328 621
Verwaltung			
Prozentualer Anteil zur Investition	%	0,50%	
Jährliche Verwaltungskosten			-219 081
Sonstige Kosten	€/a		-547 701
Annuitätsfaktor sonstige Kosten		1	
Annuität der sonstigen Kosten	€/a		-547 701
Hauptprodukt			
Mittlere elektrische Bruttoleistung	kW	1 244	
Bruttostromerzeugung	kWh/a	5 001 699	
Nebenprodukt			
Thermische Nettoleistung	MW	3	
Vollaststunden Wärmeversorgung	h/a	1 750	
Nutzwärmemenge	kWh/a	5 475 859	
Wärmespezifische Erlöse Nebenprodukt	€/kWh$_{th}$	0,10	
Erlöse Nebenprodukt			547 586
Spezifische Produktionskosten Hauptprodukt	€/kWh	0,96	
Stromspezifische Erlöse Nebenprodukt	€/kWh	-0,11	
Stromspezifische Erlöse Klärschlamm	€/kWh	-0,17	
Spezifische Produktionskosten Hauptprodukt (zzgl Erlöse)	€/kWh	0,67	

Tabelle C 45: Entwicklung Stromgestehungskosten (brutto) aus Annuitäten der kapital-, verbrauchs-, betriebsgebundenen und sonstigen Kosten für KK1(EV)

Kapitalgebundene Kosten		
		-60 539
Kapitalwert von Investition- und Instandhaltungskosten	€	544
Annuitätsfaktor a		0,074
Annuität der kapitalgebunden Kosten	€/a	-4 454 606
Verbrauchsgebundene Kosten		
Gesamtwärmezufuhr	kW	49 340
Kosten Energieholz	€/kWh	0,02
Hochenthalpiewärme Energieholz	kWh/a	154 902 174
Vollbenutzungsstunden KWK Betrieb	h/a	3 500
Strompreis Versorger	€/kWh	0,06
Strombedarf KWK Betrieb	kWh/a	6 954 452
Vollbenutzungsstunden Betrieb Trocknung	h/a	4 000
Strombedarf Betrieb Trocknung	kWh/a	8 733 874
Annuität der verbrauchsgebundenen Kosten	€/a	-4 035 343
Betriebsgebundene Kosten		
Personalkosten		
Anzahl Mitarbeiter	-	14
spezifischer Personalaufwand	€/Pers	60 000
Jährlicher Personalaufwand		- 840 000
Wartung und Reinigung		
Anteil der Investitionen	%	1,00%
Jährliche Kosten Wartung und Reinigung	€/a	- 354 157
Betriebsgebundene Kosten	€/a	-1 194 157
Betriebsgebundener Annuitätsfaktor bab	-	1
Annuität der betriebsgebundenen Kosten	€/a	-1 194 157
Sonstige Kosten		
Versicherung		
Prozentualer Anteil zur Investition	%	0,75%
Jährliche Versicherungskosten	€/a	- 454 047
Verwaltung		
Prozentualer Anteil zur Investition	%	0,50%
Jährliche Verwaltungskosten		- 302 698
Sonstige Kosten	€/a	- 756 744
Annuitätsfaktor sonstige Kosten		1
Annuität der sonstigen Kosten	€/a	- 756 744
Hauptprodukt		
Mittlere elektrische Bruttoleistung	kW	8 235
Bruttostromerzeugung	kWh/a	61 762 955
Nebenprodukt		
Thermische Nettoleistung	MW	4
Vollaststunden Wärmeversorgung	h/a	1 750
Nutzwärmemenge	kWh/a	7 065 625
Wärmespezifische Erlöse Nebenprodukt	€/kWh$_{th}$	0,10
Erlöse Nebenprodukt		706 563
Spezifische Produktionskosten Hauptprodukt	€/kWh	0,17
Stromspezifische Erlöse Nebenprodukt	€/kWh	-0,01
Spezifische Produktionskosten Hauptprodukt (zzgl Erlöse)	€/kWh	0,16

Tabelle C 46: Entwicklung Stromgestehungskosten (brutto) aus Annuitäten der kapital-, verbrauchs-, betriebsgebundenen und sonstigen Kosten für KK2(EV)

Kapitalgebundene Kosten			
Kapitalwert von Investition- und Instandhaltungskosten	€		-63 315 101
Annuitätsfaktor a		0,074	
Annuität der kapitalgebunden Kosten	€/a		-4 658 836
Verbrauchsgebundene Kosten			
Gesamtwärmezufuhr	kW	46 940	
Kosten Energieholz	€/kWh	0,02	
Hochenthalpiewärme Energieholz	kWh/a	153 000 000	
Vollbenutzungsstunden KWK Betrieb	h/a	3 500	
Strompreis Versorger	€/kWh	0,06	
Strombedarf KWK Betrieb	kWh/a	8 895 249	
Vollbenutzungsstunden Betrieb Trocknung	h/a	4 000	
Strombedarf Betrieb Trocknung	kWh/a	8 907 003	
Annuität der verbrauchsgebundenen Kosten	€/a		-4 124 135
Betriebsgebundene Kosten			
Personalkosten			
Anzahl Mitarbeiter	-	14	
spezifischer Personalaufwand	€/Pers	60 000	
Jährlicher Personalaufwand			- 840 000
Wartung und Reinigung			
Anteil der Investitionen	%	1,00%	
Jährliche Kosten Wartung und Reinigung	€/a		- 329 107
Betriebsgebundene Kosten	€/a		-1 169 107
Betriebsgebundener Annuitätsfaktor bab	-	1	
Annuität der betriebsgebundenen Kosten	€/a		-1 169 107
Sonstige Kosten			
Versicherung			
Prozentualer Anteil zur Investition	%	0,75%	
Jährliche Versicherungskosten	€/a		- 474 863
Verwaltung			
Prozentualer Anteil zur Investition	%	0,50%	
Jährliche Verwaltungskosten			- 316 576
Sonstige Kosten	€/a		- 791 439
Annuitätsfaktor sonstige Kosten		1	
Annuität der sonstigen Kosten	€/a		- 791 439
Hauptprodukt			
Mittlere elektrische Bruttoleistung	kW	6 458	
Bruttostromerzeugung	kWh/a	48 432 840	
Nebenprodukt			
Thermische Nettoleistung	MW	8	
Vollaststunden Wärmeversorgung	h/a	4 000	
Nutzwärmemenge	kWh/a	32 300 000	
Wärmespezifische Erlöse Nebenprodukt	€/kWh$_{th}$	0,08	
Erlöse Nebenprodukt			2 584 000
Spezifische Produktionskosten Hauptprodukt	€/kWh	0,22	
Stromspezifische Erlöse Nebenprodukt	€/kWh	-0,05	
Spezifische Produktionskosten Hauptprodukt (zzgl Erlöse)	€/kWh	0,17	

Tabelle C 47: Entwicklung Stromgestehungskosten (brutto) aus Annuitäten der kapital-, verbrauchs-, betriebsgebundenen und sonstigen Kosten für KK3(EV)

Kapitalgebundene Kosten			
Kapitalwert von Investition- und Instandhaltungskosten	€		-53 731 511
Annuitätsfaktor a		0,07358175	
Annuität der kapitalgebunden Kosten	€/a		-3 953 659
Verbrauchsgebundene Kosten			
Gesamtwärmezufuhr	kW	26 393	
Kosten Energieholz	€/kWh	0,02	
Hochenthalpiewärme Energieholz	kWh/z	118 529 568	
Vollbenutzungsstunden KWK Betrieb	h/a	3 500	
Strompreis Versorger	€/kWh	0,06	
Strombedarf KWK Betrieb	kWh/a	3 245 571	
Vollbenutzungsstunden Betrieb Trocknung	h/a	4 000	
Strombedarf Betrieb Trocknung	kWh/a	8 617 795	
Annuität der verbrauchsgebundenen Kosten	€/a		-3 078 393
Betriebsgebundene Kosten			
Personalkosten			
Anzahl Mitarbeiter	-	14	
spezifischer Personalaufwand	€/Pers	60 000	
Jährlicher Personalaufwand			- 840 000
Wartung und Reinigung			
Anteil der Investitionen	%	1,00%	
Jährliche Kosten Wartung und Reinigung	€/a		- 278 634
Betriebsgebundene Kosten	€/a		-1 118 634
Betriebsgebundener Annuitätsfaktor bab	-	1	
Annuität der betriebsgebundenen Kosten	€/a		-1 118 634
Sonstige Kosten			
Versicherung			
Prozentualer Anteil zur Investition	%	0,75%	
Jährliche Versicherungskosten	€/a		- 402 986
Verwaltung			
Prozentualer Anteil zur Investition	%	0,50%	
Jährliche Verwaltungskosten			- 268 658
Sonstige Kosten	€/a		- 671 644
Annuitätsfaktor sonstige Kosten		1	
Annuität der sonstigen Kosten	€/a		- 671 644
Hauptprodukt			
Mittlere elektrische Bruttoleistung	kW	4 487	
Bruttostromerzeugung	kWh/a	33 649 366	
Nebenprodukt			
Thermische Nettoleistung	MW	3	
Vollaststunden Wärmeversorgung	h/a	1 750	
Nutzwärmemenge	kWh/a	5 475 859	
Wärmespezifische Erlöse Nebenprodukt	€/kWh$_{th}$	0,10	
Erlöse Nebenprodukt			547 586
Spezifische Produktionskosten Hauptprodukt	€/kWh	0,27	
Stromspezifische Erlöse Nebenprodukt	€/kWh	-0,02	
Spezifische Produktionskosten Hauptprodukt (zzgl Erlöse)	€/kWh	0,25	

Anhang D: Ökologische Analyse

Tabelle D 1: Basisdaten Sachbilanz Bau Untertage

Bau unter Tage	Rohstoff, Prozess, Produkt	Menge	Einheit
Bohrplatzvorbereitung	Energie durch Dieselgeneratoren	20 000	MJ/Bohrplatz
	Zement, unspezifisch	300	MJ/Bohrplatz
Bohrvorgang	Diesel im Arbeitsgerät	7 492	MJ/m
Spülvorgang	Diesel im Arbeitsgerät	181,3	MJ/m
	Weicher Lehm, Bentonite	7,7	kg/m
	Anorganische Chemikalien	6,7	kg/m
	Stärke	12,8	kg/m
	Kalkstein	5,4	kg/m
	Wasser, entkarbonisiert	671,4	kg/m
	Calciumkarbonat	6,7	kg/m
	Entsorgung Bohrklein	456	kg/m
Verrohrung	Stahl, hoch legiert, ab Werk	34,0	kg/m
	Stahlproduktherstellung, hoch legiert	34,0	kg/m
	Stahl, niedrig legiert, ab Werk	69,1	kg/m
	Stahlproduktherstellung, niedrig legiert	69,1	kg/m
Zementation	Weicher Lehm, Bentonite	0,2	kg/m
	Anorganische Chemikalien	0,4	kg/m
	Portlandkalksteinzement	23,5	kg/m
	Quarzsand	7,0	kg/m
	Zement, unspezifisch	7,3	kg/m
	Wasser, entkarbonisiert	16,9	kg/m
Transport Bohrung	LKW-Transport 32t	288 000	tkm
	Bahn-Transport	826 000	tkm
Stimulation	Diesel im Arbeitsgerät	3 000	GJ/Bohrloch
	Wasser, entsalzen	260 000	t/Bohrloch
Thermalwasserkreislauf	Stahl, hoch legiert, ab Werk	93,6	kg/(m³/h)
	Stahlproduktherstellung, hoch legiert	93,6	kg/(m³/h)
	Stahl, niedrig legiert, ab Werk	189,9	kg/(m³/h)
	Stahlproduktherstellung, niedrig legiert	189,9	kg/(m³/h)
	Diesel im Arbeitsgerät	7,6	MJ/m
	LKW-Transport 32t	40	km
	Bahn-Transport	405	km

Tabelle D 2: Basisdaten Sachbilanz Bau Übertage

Bau über Tage (Stromerzeugung)	Rohstoff, Prozess, Produkt	Menge	Einheit
Kraftwerksgebäude	Beton	16	m³
	Stahl, niedrig legiert	1 250	kg
	Stahlproduktherstellung, niedrig legiert	1 250	kg
	LKW-Transport 32t	40	km
	Bahn-Transport	40	km
Plattenwärmeübertrager	Stahl, hoch legiert	7	kg/kW(th)
	Stahlproduktherstellung, hoch legiert	7	kg/kW(th)
ORC- Prozesskomponenten (Turbine, Rekuperator, Generator, Leit- und Sicherheitstechnik)	Stahl, niedrig legiert	37,8	kg/kW(el)
	Stahlproduktherstellung, niedrig legiert	37,8	kg/kW(el)
	Kupfer	1,2	kg/kW(el)
ORC- Prozesskomponenten (Kühlung, Kondensation)	Stahl, niedrig legiert	1 500	kg/MW(th)
	Stahlproduktherstellung, niedrig legiert	1 500	kg/MW(th)
ORC-Arbeitsmittelfüllung	Organisches Arbeitsmittel	0,3	kg/kW(el)
ORC-Transport	LKW-Transport 32t	50	km
	Bahntransport	2 000	km
Bau über Tage (Wärmenutzung)			
Plattenwärmeübertrager	Stahl, hoch legiert	7	kg/kW(th)
	Stahlproduktherstellung, hoch legiert	7	kg/kW(th)
Thermoöl Kreislauf	Stahl, niedrig legiert	200	kg
	Stahlproduktherstellung, niedrig legiert	200	kg
Bandtrockner	Stahl, niedrig legiert	16,2	kg/(kg/h)
	Stahlproduktherstellung, niedrig legiert	16,2	kg/(kg/h)
	LKW-Transport 32t	400	km
Biomassekessel	Thermoöl	0,3	kg/kW$_{th}$
	Stahl, niedrig legiert	15,7	kg/kWth
	Stahlproduktherstellung, niedrig legiert	15,7	kg/kWth
	Stahlguss	8,8	t/MW
	Stahlgussherstellung	8,8	t/MW
	Feuerfeste Schamottsteine, ab Werk	0,4	kg/kWth
Förderungssystem	Stahl, niedrig legiert	160	kg
	Stahlproduktherstellung, niedrig legiert	160	kg
Lager	Stahl, niedrig legiert	625	kg
	Stahlproduktherstellung, niedrig legiert	625	kg
	Beton	8	t
Transport Trocknungs- Verbren-	LKW-Transport 32t	50	km
Fernwärmenetz	Stahl, niedrig legiert	47,7	kg/m
	Stahlproduktherstellung, niedrig legiert	47,7	kg/m
	Polyethylen	14,6	kg/m
	Polyurethan	9,6	kg/m
	Aushub Frontladeraupe	1	m³/m
Transport	LKW-Transport 32t	500	km
Spitzenlastkessel	Stahl, niedrig legiert	2,645	kg/kW
	Stahlproduktherstellung, niedrig legiert	2,645	kg/kW
Hausübergabestationen	Stahl hoch legiert	270	kg/Station
	Stahlproduktherstellung, hoch legiert	270	kg/Station

Tabelle D 3: Basisdaten Sachbilanz Betrieb

Betrieb	Rohstoff, Prozess, Produkt	Menge	Einheit
Spitzenlastkessel	Brennwert	12	kWh/kg
	Kesselwirkungsgrad Spitzenlast-	0,92	
	Antransport Erdgas	200	km
Reinigung der Filter	Entsorgung von Sonderabfall Fil-	1,5	kg/a/(m³/h)
Wartung bzw Austausch Pumpe	Stahl, hoch legiert	4,5	t/a
	Stahlproduktherstellung, hoch	4,5	t/a
	Stahlabfall	4,5	t/a
	LKW-Transport 32t	250	tkm/a
Reinigung des Wärmetauschers und	Wasser, entkarbonisiert	3	m³/h/MW(th)
der Auffangsysteme	Aschegehalt Klärschlamm Tro-	50	%
	Aschegehalt Pellets Trocken	3	%

Tabelle D 1: Basisdaten Sachbilanz Rückbau

Rückbau	Rohstoff, Prozess, Produkt	Menge	Einheit
Bohrlochfüllung	Kies, Schotter	51,1	kg/m
	Zement, unspezifisch	4,9	kg/m
Gebäude	Entsorgung, Beton	16	m³
ORC- Prozesskomponenten	Entsorgung, Kupfer Mühle	1,2	kg/kW(el)
	Entsorgung, Stahl, niedriglegiert	37,8	kg/kW(el)
	Entsorgung, Sondermüll	0,3	kg/kW(el)
	Entsorgung Stahl	1,5	kg/kWhth
ORC (Kühlung, Kondensation)	Entsorgung, Stahl, niedriglegiert	1 500	kg/MW(th)
Thermalwasserkreislauf	Entsorgung, Stahl, niedriglegiert	189,9	kg/(m³/h)
	Entsorgung, Stahl, hochlegiert	93,6	kg/(m³/h)
	Transport	1 800	tkm
Bandtrockner	Entsorgung, Stahl, niedriglegiert	16	kg/(kg/h)
Biomassekessel	Entsorgung Thermoöl	0,3	kg/kWh$_{th}$
	Entsorgung, Stahl, niedriglegiert	25	kg/kWth
	Feuerfeste Schamottsteine, ab Werk	0,4	kg/kWth
Aschetonne	Entsorgung, Stahl, niedriglegiert	121,6	kg
Fernwärmeversorgung	Entsorgung, Stahl, niedriglegiert	47,7	kg/m
	Entsorgung, Polyethylen	14,6	kg/m
	Entsorgung, Polyurethan	9,6	kg/m
	Aushub	1	m³/m
Spitzenlastkessel	Entsorgung, Stahl, niedriglegiert	2,645	kg/kW
Hausübergabestationen	Entsorgung, Stahl, hochlegiert	270	kg/Station
Lager	Entsorgung, Beton	8	t

Tabelle D 4: Wärmegutschriften dezentrale Gasversorgung und Energieaufwendungen bzw Emissionen deutscher Strommix

	Wärmegutschrift		Energieaufw / Emissionen dt Strommix	
KEA	4,70441417	MJ/kWh$_{th}$	9,807	MJ/kWh
CO_2-Äqu	0,32180281	kg/kWh$_{th}$	598	g/kWh
SO_2-Äqu	3,88E-05	kg/kWh$_{th}$	914	mg/kWh
PO_4-Äqu	0,00050071	kg/kWh$_{th}$	2443	mg/kWh

Tabelle D 5: Ergebnisse der Wirkungsabschätzung Referenzanlagen (R1-R3) absolut

Umwelteinflüsse absolut			R1	R2	R3
Fossiler Energieaufwand	Bau (Erschließung Lager-		212,18	226,70	239,29
KEA in [TJ]	Bau (über Tage)		25,03	35,38	9,37
	Betrieb		5,08	5,45	0,00
	Rückbau		0,12	0,14	0,12
CO2-Äquivalent in [kt]	Bau (Erschließung Lager-		9,74	10,57	10,89
	Bau (über Tage)		1,62	2,30	0,61
	Betrieb		1,04	1,10	0,98
	Rückbau		0,03	0,03	0,03
PO4-Äquivalent in [t]	Bau (Erschließung Lager-		12,19	12,69	13,92
	Bau (über Tage)		0,49	0,70	0,19
	Betrieb		0,32	0,34	0,30
	Rückbau		0,01	0,01	0,01
SO2-Äquivalent in [t]	Bau (Erschließung Lager-		91,77	96,83	104,13
	Bau (über Tage)		7,85	11,11	2,92
	Betrieb		4,94	5,14	4,73
	Rückbau		0,06	0,07	0,06

Tabelle D 6: Ergebnisse der Wirkungsabschätzung Referenzanlagen (R1-R3) spezifisch

Umwelteinflüsse spezifisch		R1	R2	R3
Fossiler Energieaufwand	Bau (Erschließung Lagerstätte)	502,49	637,33	1 831,83
in [GJ/GWh]	Bau (über Tage)	59,27	99,47	71,76
	Betrieb	12,02	15,31	0,04
	Rückbau	0,28	0,39	0,90
CO2-Äquivalent in [t/GWh]	Bau (Erschließung Lagerstätte)	23,07	29,72	83,40
	Bau (über Tage)	3,84	6,46	4,66
	Betrieb	2,46	3,10	7,48
	Rückbau	0,07	0,08	0,00
PO4-Äquivalent in [kg/GWh]	Bau (Erschließung Lagerstätte)	28,87	35,68	106,59
	Bau (über Tage)	1,17	1,97	1,43
	Betrieb	0,76	0,95	2,32
	Rückbau	0,02	0,02	0,06
SO2-Äquivalent in [kg/GWh]	Bau (Erschließung Lagerstätte)	217,33	272,23	797,13
	Bau (über Tage)	18,59	31,23	22,37
	Betrieb	11,69	14,44	36,19
	Rückbau	0,14	0,19	0,47

Tabelle D 7: Ergebnisse der Wirkungsabschätzung Kopplungskonzepte (KU1-KU3) absolut

Umwelteinflüsse absolut		KU1	KU2	KU3
Fossiler Energieaufwand	Bau (Erschließung Lagerstätte)	212,18	226,70	239,29
KEA in [TJ]	Bau (über Tage)	55,07	61,25	22,66
	Betrieb	548,59	2 453,81	334,60
	Rückbau	0,22	0,24	0,16
	Gutschrift	-997,19	-4 558,58	-598,31
	Summe	-181,13	-1 816,58	-1,60
CO2-Äquivalent in [kt]	Bau (Erschließung Lagerstätte)	9,74	10,57	10,89
	Bau (über Tage)	3,16	3,64	1,30
	Betrieb	18,79	82,24	3,30
	Rückbau	0,36	0,30	0,16
	Gutschrift	-68,21	-311,83	-40,93
	Summe	-36,17	-215,07	-25,27
PO4-Äquivalent in [t]	Bau (Erschließung Lagerstätte)	12,19	12,69	13,92
	Bau (über Tage)	0,90	1,07	0,37
	Betrieb	2,21	8,98	1,44
	Rückbau	0,03	0,03	0,02
	Gutschrift	-8,22	-37,59	-4,93
	Summe	7,12	-14,82	10,82
SO2-Äquivalent in [t]	Bau (Erschließung Lagerstätte)	91,77	96,83	104,13
	Bau (über Tage)	14,32	17,00	5,86
	Betrieb	29,22	116,16	19,30
	Rückbau	0,21	0,13	0,12
	Gutschrift	-106,13	-485,19	-63,68
	Summe	29,38	-255,06	65,73

Tabelle D 8: Ergebnisse der Wirkungsabschätzung Kopplungskonzepte (KU1-KU3) spezifisch

Umwelteinflüsse spezifisch		KU1	KU2	KU3
Fossiler Energieaufwand in [GJ/GWh]	Bau (Erschließung Lagerstätte)	506,67	744,49	1 914,45
	Bau (über Tage)	131,50	201,14	181,33
	Betrieb	1 310,00	8 058,40	2 677,05
	Rückbau	0,53	0,79	1,31
	Gutschrift	-2 381,21	-14 970,52	-4 786,91
	Summe	-432,52	-5 965,70	-12,77
CO2-Äquivalent in [t/GWh]	Bau (Erschließung Lagerstätte)	23,26	34,72	87,17
	Bau (über Tage)	7,54	11,96	10,43
	Betrieb	44,86	270,07	26,40
	Rückbau	0,85	1,00	1,30
	Gutschrift	-162,89	-1 024,05	-327,45
	Summe	-86,37	-706,31	-202,15
PO4-Äquivalent in [kg/GWh]	Bau (Erschließung Lagerstätte)	29,11	41,67	111,39
	Bau (über Tage)	2,16	3,52	2,99
	Betrieb	5,28	29,50	11,51
	Rückbau	0,08	0,10	0,14
	Gutschrift	-19,64	-123,46	-39,48
	Summe	16,99	-48,67	86,57
SO2-Äquivalent in [kg/GWh]	Bau (Erschließung Lagerstätte)	219,14	318,01	833,09
	Bau (über Tage)	34,19	55,82	46,89
	Betrieb	69,77	381,48	154,45
	Rückbau	0,50	0,43	0,97
	Gutschrift	-253,44	-1 593,37	-509,49
	Summe	70,15	-837,63	525,91

Tabelle D 9: Ergebnisse der Wirkungsabschätzung Kopplungskonzepte (KA1KT-KA3ET) absolut

Umwelteinflüsse absolut		KA1KT	KA1ET	KA2KT	KA2ET	KA3KT	KA3ET
Fossiler Energieaufwand KEA in [TJ]	Bau (Erschließung Lagerstätte)	212,18	212,18	226,70	226,70	239,29	239,29
	Bau (über Tage)	55,07	39,69	56,09	51,49	13,24	15,51
	Betrieb	15,33	15,36	15,94	15,94	14,65	14,65
	Rückbau	0,17	0,18	0,22	0,22	0,22	0,14
	Gutschrift	- 5 866,71	- 2 707,71	- 5 866,71	- 2 707,71	- 3 982,26	- 2 707,71
	Summe	- 5 583,96	- 2 440,30	- 5 567,75	- 2 413,36	- 3 714,86	- 2 438,12
CO_2-Äquivalent in [kt]	Bau (Erschließung Lagerstätte)	9,74	9,74	10,57	10,57	10,89	10,89
	Bau (über Tage)	3,16	2,55	3,62	3,31	0,86	1,00
	Betrieb	1,04	1,04	1,09	1,09	0,43	0,98
	Rückbau	0,03	0,03	0,03	0,03	0,03	0,03
	Gutschrift	- 401,31	- 185,22	- 401,31	- 185,22	- 272,40	- 185,22
	Summe	- 387,34	- 171,86	- 386,00	- 170,21	- 260,20	- 172,32
PO_4-Äquivalent in [t]	Bau (Erschließung Lagerstätte)	12,19	12,19	12,69	12,69	13,92	13,92
	Bau (über Tage)	0,90	0,75	1,07	0,98	0,26	0,30
	Betrieb	0,32	0,32	0,34	0,34	0,30	0,30
	Rückbau	0,01	0,01	0,01	0,01	0,01	0,01
	Gutschrift	- 48,38	- 22,33	- 48,38	- 22,33	- 32,84	- 22,33
	Summe	- 34,96	- 9,05	- 34,27	- 8,31	- 18,34	- 7,80
SO_2-Äquivalent in [t]	Bau (Erschließung Lagerstätte)	91,77	91,77	96,83	96,83	104,13	104,13
	Bau (über Tage)	14,32	11,61	16,63	15,16	3,98	4,52
	Betrieb	4,93	4,94	5,11	5,11	4,73	4,73
	Rückbau	0,07	0,08	0,09	0,09	0,02	0,07
	Gutschrift	- 624,42	- 288,19	- 624,42	- 288,19	- 423,85	- 288,19
	Summe	- 513,32	- 179,79	- 505,74	- 170,99	- 310,98	- 174,74

Tabelle D 10: Ergebnisse der Wirkungsabschätzung Kopplungskonzepte (KA1KT-KA3ET) spezifisch

Umwelteinflüsse spezifisch		KA1KT	KA1ET	KA2KT	KA2ET	KA3KT	KA3ET
Fossiler Energieaufwand in [GJ/GWh]	Bau (Erschließung Lagerstätte)	573,54	522,32	819,42	724,43	2 978,84	2 555,37
	Bau (über Tage)	148,85	97,71	202,76	164,52	164,81	165,68
	Betrieb	41,45	37,81	57,62	50,94	182,35	156,43
	Rückbau	0,45	0,45	0,79	0,70	2,74	1,53
	Gutschrift	-15 858,34	-6 665,60	-21 205,47	-8 652,57	-49 574,64	-28 916,11
	Summe	-15 094,05	-6 007,31	-20 124,87	-7 711,97	-46 245,89	-26 037,09
CO_2-Äquivalent in [t/GWh]	Bau (Erschließung Lagerstätte)	26,33	23,98	38,21	33,78	135,63	116,35
	Bau (über Tage)	8,53	6,27	13,07	10,58	10,65	10,65
	Betrieb	2,81	2,56	3,95	3,49	5,30	10,44
	Rückbau	0,08	0,07	0,12	0,10	0,41	0,34
	Gutschrift	-1 084,78	-455,96	-1 450,55	-591,87	-3 391,13	-1 977,99
	Summe	-1 047,03	-423,07	-1 395,20	-543,91	-3 239,14	-1 840,21
PO_4-Äquivalent in [kg/GWh]	Bau (Erschließung Lagerstätte)	32,95	30,01	45,87	40,55	173,33	148,69
	Bau (über Tage)	2,45	1,86	3,87	3,15	3,22	3,17
	Betrieb	0,87	0,79	1,22	1,08	3,79	3,25
	Rückbau	0,03	0,03	0,05	0,04	0,16	0,10
	Gutschrift	-130,78	-54,97	-174,88	-71,36	-408,84	-238,47
	Summe	-94,49	-22,29	-123,88	-26,54	-228,35	-83,27
SO_2-Äquivalent in [kg/GWh]	Bau (Erschließung Lagerstätte)	248,06	225,91	350,01	309,44	1 296,26	1 111,99
	Bau (über Tage)	38,70	28,58	60,12	48,46	49,52	48,24
	Betrieb	13,34	12,17	18,48	16,33	58,93	50,55
	Rückbau	0,20	0,19	0,33	0,29	0,29	0,74
	Gutschrift	-1 687,86	-709,44	-2 256,98	-920,93	-5 276,41	-3 077,65
	Summe	-1 387,56	-442,59	-1 828,04	-546,40	-3 871,40	-1 866,12

Tabelle D 11: Ergebnisse der Wirkungsabschätzung Kopplungskonzepte (KA1KV-KA3EV) absolut

Umwelteinflüsse absolut		KA1KV	KA1EV	KA2KV	KA2EV	KA3KV	KA3EV
Fossiler Energieaufwand	Bau (Erschließung Lagerstätte)	212,18	212,18	226,70	226,70	239,29	239,29
KEA in [TJ]	Bau (über Tage)	39,43	89,67	79,25	98,87	16,57	35,71
	Betrieb	15,60	16,57	16,36	16,79	14,69	15,11
	Rückbau	0,18	0,22	0,38	0,25	0,14	0,16
	Summe	267,38	318,65	322,70	342,61	270,68	290,27
CO_2-Äquivalent in [kt]	Bau (Erschließung Lagerstätte)	9,74	9,74	10,57	10,57	10,89	10,89
	Bau (über Tage)	2,55	5,73	5,10	6,31	1,07	2,28
	Betrieb	1,06	1,15	1,13	1,17	0,98	1,02
	Rückbau	0,03	0,00	0,03	0,03	0,03	0,03
	Summe	13,38	16,62	16,84	18,08	12,98	14,23
PO_4-Äquivalent in [t]	Bau (Erschließung Lagerstätte)	12,19	12,19	12,69	12,69	13,92	13,92
	Bau (über Tage)	0,77	1,68	1,52	1,85	0,32	0,67
	Betrieb	0,33	0,35	0,35	0,36	0,31	0,32
	Rückbau	0,01	0,00	0,01	0,01	0,01	0,01
	Summe	13,29	14,23	14,57	14,91	14,56	14,92
SO_2-Äquivalent in [t]	Bau (Erschließung Lagerstätte)	91,77	91,77	96,83	96,83	104,13	104,13
	Bau (über Tage)	11,92	25,86	23,46	28,30	4,95	10,28
	Betrieb	5,01	5,31	5,24	5,38	4,74	4,87
	Rückbau	0,08	0,10	0,10	0,10	0,07	0,08
	Summe	108,78	123,04	125,62	130,61	113,88	119,35

Tabelle D 12: Ergebnisse der Wirkungsabschätzung Kopplungskonzepte (KA1KV-KA3EV) spezifisch

Umwelteinflüsse spezifisch		KA1KV	KA1EV	KA2KV	KA2EV	KA3KV	KA3EV
Fossiler Energieaufwand in [GJ/kWh]	Bau (Erschließung Lagerstätte)	262,83	152,18	459,56	240,50	998,61	252,89
	Bau (über Tage)	48,84	64,31	160,66	104,89	69,17	37,74
	Betrieb	19,32	11,89	33,17	17,81	61,29	15,97
	Rückbau	0,22	0,16	0,78	0,27	0,58	0,17
	Summe	331,22	228,54	654,18	363,47	1 129,64	306,78
CO_2-Äquivalent in [t/GWh]	Bau (Erschließung Lagerstätte)	12,07	6,99	21,43	11,21	45,47	11,51
	Bau (über Tage)	3,15	4,11	10,34	6,70	4,46	2,41
	Betrieb	1,32	0,82	2,29	1,24	4,09	1,08
	Rückbau	0,04	0,00	0,07	0,04	0,13	0,03
	Summe	16,58	11,92	34,14	19,18	54,15	15,04
PO_4-Äquivalent in [kg/GWh]	Bau (Erschließung Lagerstätte)	15,10	8,74	25,72	13,46	58,10	14,71
	Bau (über Tage)	0,95	1,21	3,08	1,96	1,34	0,71
	Betrieb	0,41	0,25	0,71	0,38	1,28	0,33
	Rückbau	0,01	0,00	0,03	0,02	0,04	0,01
	Summe	16,47	10,20	29,54	15,82	60,76	15,77
SO_2-Äquivalent in [kg/GWh]	Bau (Erschließung Lagerstätte)	113,68	65,82	196,30	102,73	434,55	110,05
	Bau (über Tage)	14,77	18,55	47,55	30,02	20,64	10,86
	Betrieb	6,21	3,81	10,61	5,70	19,80	5,15
	Rückbau	0,10	0,07	0,20	0,11	0,28	0,08
	Summe	134,75	88,25	254,66	138,56	475,27	126,14

Tabelle D 13: Ergebnisse der Wirkungsabschätzung Kopplungskonzepte (KK1KV-KK2EV) absolut

Umwelteinflüsse absolut		KK1KV	KK1EV	KK2KV	KK2EV	KK3KV	KK3EV
Fossiler Energieaufwand KEA in [TJ]	Bau (Erschließung Lagerstätte)	212,18	212,18	226,70	226,70	239,29	239,29
	Bau (über Tage)	83,91	121,32	111,41	128,70	29,87	29,87
	Betrieb	15,60	16,57	15,63	16,79	14,69	14,69
	Rückbau	0,28	0,33	0,33	0,35	0,18	0,18
	Gutschrift	- 997,19	- 997,19	- 4	- 4 558,58	- 772,82	- 772,82
	Summe	- 685,21	- 646,79	- 4	- 4 186,04	- 488,81	- 488,81
CO2-Äquivalent in [kt]	Bau (Erschließung Lagerstätte)	9,74	9,74	10,57	10,57	10,89	10,89
	Bau (über Tage)	5,00	7,36	6,84	7,90	1,76	1,76
	Betrieb	1,06	1,15	1,07	1,17	0,98	0,98
	Rückbau	0,36	0,36	0,31	0,31	0,16	0,16
	Gutschrift	- 68,21	- 68,21	- 311,83	- 311,83	- 52,86	- 52,86
	Summe	- 52,05	- 49,60	- 293,04	- 291,88	- 39,06	- 39,06
PO4-Äquivalent in [t]	Bau (Erschließung Lagerstätte)	12,19	12,19	12,69	12,69	13,92	13,92
	Bau (über Tage)	1,49	2,12	2,00	2,29	0,51	0,51
	Betrieb	0,33	0,35	0,33	0,36	0,31	0,01
	Rückbau	0,04	0,04	0,03	0,04	0,02	0,02
	Gutschrift	- 8,22	- 8,22	- 37,59	- 37,59	- 6,37	- 6,37
	Summe	5,82	6,48	- 22,54	- 22,22	8,38	8,09
SO2-Äquivalent in [t]	Bau (Erschließung Lagerstätte)	91,77	91,77	96,83	96,83	104,13	104,13
	Bau (über Tage)	22,69	32,73	30,95	35,15	7,88	7,88
	Betrieb	5,01	5,31	5,02	5,38	4,74	0,16
	Rückbau	0,23	0,24	0,22	0,23	0,13	0,13
	Gutschrift	- 106,13	- 106,13	- 485,19	- 485,19	- 82,25	- 82,25
	Summe	13,56	23,92	- 352,16	- 347,59	34,63	30,04

Tabelle D 14: Ergebnisse der Wirkungsabschätzung Kopplungskonzepte (KK1KV-KK3EV) spezifisch

Umwelteinflüsse spezifisch		KK1KV	KK1EV	KK2KV	KK2EV	KK3KV	KK3EV
Fossiler Energieaufwand in [GJ/GWh]	Bau (Erschließung Lagerstätte)	385,72	153,93	507,74	265,51	1 528,24	325,12
	Bau (über Tage)	152,55	88,01	249,52	150,73	190,74	40,58
	Betrieb	28,35	12,02	35,01	19,66	93,79	19,95
	Rückbau	0,51	0,24	0,74	0,41	1,14	0,24
	Gutschrift	- 1 812,79	- 723,41	- 10 209,78	- 5 338,91	- 4 935,75	- 1 050,04
	Summe	- 1 245,65	- 469,21	- 9 416,76	- 4 902,60	- 3 121,84	- 664,14
CO2-Äquivalent in [t/GWh]	Bau (Erschließung Lagerstätte)	17,71	7,07	23,68	12,38	69,58	14,80
	Bau (über Tage)	9,10	5,34	15,33	9,26	11,26	2,40
	Betrieb	1,93	0,83	2,39	1,37	6,27	1,33
	Rückbau	0,65	0,26	0,69	0,36	1,05	0,22
	Gutschrift	- 124,00	- 49,48	- 698,39	- 365,21	- 337,63	- 71,83
	Summe	- 94,61	- 35,98	- 656,32	- 341,84	- 249,47	- 53,07
PO4-Äquivalent in [kg/GWh]	Bau (Erschließung Lagerstätte)	22,16	8,84	28,42	14,86	88,92	18,92
	Bau (über Tage)	2,71	1,54	4,48	2,68	3,25	0,69
	Betrieb	0,60	0,26	0,74	0,42	1,95	0,01
	Rückbau	0,06	0,03	0,08	0,04	0,12	0,03
	Gutschrift	- 14,95	- 5,97	- 84,20	- 44,03	- 40,71	- 8,66
	Summe	10,59	4,70	- 50,48	- 26,03	53,54	10,99
SO2-Äquivalent in [kg/GWh]	Bau (Erschließung Lagerstätte)	166,83	66,57	216,88	113,41	665,02	141,48
	Bau (über Tage)	41,24	23,74	69,31	41,17	50,35	10,71
	Betrieb	9,11	3,86	11,25	6,30	30,30	0,21
	Rückbau	0,41	0,18	0,50	0,27	0,81	0,17
	Gutschrift	- 192,94	- 77,00	- 1 086,66	- 568,24	- 525,33	- 111,76
	Summe	24,65	17,35	- 788,73	- 407,09	221,16	40,82

Lebenslauf

Persönliche Daten:

Name:	Nils Kock, Dipl.-Ing.
Geburtsdatum:	29. Dezember 1980
Geburtsort:	Preetz, Germany
Telefon:	+49 176 222 85857
Mail:	nils.kock@gmx.net
Nationalität:	Deutsch
Beziehungsstatus:	Ledig

Akademische und schulische Ausbildung	Zeitraum
Promotion am Institut für Umwelttechnik und Energiewirtschaft Technische Universität Hamburg-Harburg – Angestrebter Abschluss: Doktor-Ingenieur (Dr.-Ing.)	2009 – 2013
Studium Maschinenbau – Produktentwicklung Technischen Universität Hamburg-Harburg Abschluss: Diplom Ingenieur (Dipl.-Ing.)	2006 – 2009
Studium Maschinenbau Technischen Universität München Abschluss: Vordiplom (Cand.-Ing.)	2003 – 2006
Fachgymnasium Technik an der Beruflichen Schule des Kreises Ostholstein in Eutin – Abschluss: Allgemeine Hochschulreife	1999 – 2002

Berufserfahrung	Zeitraum
Package Manager Fabrication Foundations HOCHTIEF Solutions AG – Civil Engineering Marine and Offshore (Geschäftsbereich Wind Offshore)	Seit 2013
Projektingenieur; Bauleiter HOCHTIEF Solutions AG – Civil Engineering Marine and Offshore (Geschäftsbereich Wind Offshore) Projekt: Offshore Foundation Drilling	2012 – 2013
Wissenschaftlicher Mitarbeiter und Doktorand Institut für Umwelttechnik und Energiewirtschaft Technische Universität Hamburg-Harburg	2009 – 2012
Werkstudent h.t.i. Interservice Engineering & Consulting Kiel, Projektmanagement Health and Safety, Bauüberwachung, Dokumentation	2006 – 2009
Zivildienstleistender Ostholsteiner Behindertenhilfe Eutin	2002 – 2003

Hamburg, den 26.11.2013

Aus unserem Verlagsprogramm:

Sebastian Voigt
The Impact of Environmental Policy on Economic Indicators
Moving from Global to Sectoral and Regional Perspectives
Hamburg 2013 / 286 Seiten / ISBN 978-3-8300-7374-1

Marten Waller
„Neue Energie" für die kommunale Selbstverwaltung
Kommunale Daseinsvorsorge und (Re-)Kommunalisierung
im Zeichen der Energiewende
Hamburg 2013 / 318 Seiten / ISBN 978-3-8300-7036-8

Dieter Varelmann
Akzeptanz von Smart Metering im Kontext intelligenter Energienetze
Identifikation von Akzeptanztreibern und Ableitung
praktischer Handlungsempfehlungen
Hamburg 2013 / 352 Seiten / ISBN 978-3-8300-6960-7

Annett Brehme
Marktpreisbasierte Kalkulation und Steuerung von
Ergebnisbeiträgen in Energieversorgungsunternehmen
Hamburg 2013 / 414 Seiten / ISBN 978-3-8300-6882-2

Kathrin Armborst • Dirk Degel • Pascal Lutter • Urs Pietschmann •
Sebastian Rachuba • Katrin Schulz • Lara Wiesche (Hrsg.)
Management Science – Modelle und Methoden zur
quantitativen Entscheidungsunterstützung
Festschrift zum 60. Geburtstag von Brigitte Werners
Hamburg 2013 / 380 Seiten / ISBN 978-3-8300-6851-8

Carsten Felden, Ivonne Servaes & Stefan Krebs (Hrsg.)
Nachhaltigkeit im IT-Management am Beispiel der Energiewirtschaft
Hamburg 2012 / 142 Seiten / ISBN 978-3-8300-6716-0

Ralf Stetter, Agathe Koller-Hodac & Stefan Kleinmann (Hrsg.)
Advanced Control and Diagnosis of Industrial Pump Systems
Hamburg 2012 / 242 Seiten / ISBN 978-3-8300-6657-6

Lukas D. Schuchardt
Regulierungsmanagement in der Energiewirtschaft
Ergebnisse einer empirischen Analyse unter
besonderer Berücksichtigung des institutionellen Wandels
Hamburg 2012 / 310 Seiten / ISBN 978-3-8300-6577-7

Sascha Patrick Meßmer
Die politische Ökonomie der Erdölmärkte
Eine Analyse des Einflusses von politischen Ereignissen
Hamburg 2012 / 288 Seiten / ISBN 978-3-8300-6445-9

VERLAG DR. KOVAČ

FACHVERLAG FÜR WISSENSCHAFTLICHE LITERATUR

Postfach 57 01 42 · 22770 Hamburg · www.verlagdrkovac.de · info@verlagdrkovac.de